城市更新与生活美学研究

张鸿雁　林建忠　主编

中国建筑工业出版社

图书在版编目（CIP）数据

城市更新与生活美学研究 / 张鸿雁，林建忠主编
. —北京：中国建筑工业出版社，2022.12（2024.11 重印）
ISBN 978-7-112-28003-2

Ⅰ.①城…　Ⅱ.①张…②林…　Ⅲ.①城市学—美学
—研究　Ⅳ.① B834.2

中国版本图书馆 CIP 数据核字（2022）第 178593 号

责任编辑：黄　翊
责任校对：张　颖
特约编辑：唐　盈

城市更新与生活美学研究

张鸿雁　林建忠　主编

*

中国建筑工业出版社出版、发行（北京海淀三里河路9号）
各地新华书店、建筑书店经销
北京雅盈中佳图文设计公司制版
北京中科印刷有限公司印刷

*

开本：850 毫米 ×1168 毫米　1/32　印张：12¾　字数：366 千字
2023 年 1 月第一版　2024 年 11 月第三次印刷
定价：**58.00** 元
ISBN 978-7-112-28003-2
（40141）

自序
城市更新需要生活美学介入

　　美国思想家、文学家爱默生有一句名言，"虽然我们走遍世界去寻找美，但是美这东西要不是存在于我们内心，就无从寻找。[1]"追求美和创造美是人类的天性。城市作为人类文明的发祥地，是区别于乡村的一种生活方式。为了追求具有美学的生活方式，人类才走进城市里，城市是人类生活美学的容器。从城市产生的那天起，城市从来没有停止过创造生活、创造生活美学，应该说，美学与城市生活是天然联系在一起的，城市应该是美学的创造地和创新地。在经过工业化以后，人们更懂得了城市美学的价值，更懂得了城市更新本身就是城市再现代化的过程，而现代化在本质上是城市生活方式美的现代化。也就是说，城市现代化过程，就是创造生产方式和生活方式，特别是空间美再生产的过程。

　　城市是一个动态体，自产生那天起，就从来没有停止过流动、运动和变迁。人在流动，物在流动，信息在流动，货币在流动，新的街区在生成，旧的街区在老化……无时无刻不在吐故纳新。从空间社会学的意义上来说，城市的更新与接替是永恒的，只是不同时空流动的方式、形式、规模有差异。所谓城市更新有很多种解释，从最简单的角度理解，就是将城市中已经不适应现代化城市社会生活的区域、历史地段、老旧街区和建筑空间做必要的、有计划的改建，以维护、整建、拆除等方式，使城市土地得以经济、合理地再利用，从而强化城市功能，提高生活品质，创造城市美，进而促进城市的健全发展。

　　城市更新是一个城市从现代化到再现代化的过程，是一个城市高质量发展的过程，也是创造使人民舒适就业、创业空间和机会的过程。国务院总理李克强在政府工作报告中介绍"十四五"时期主要目标任务时指出，要发展壮大城市群和都市圈，实施城市更新行动，完善住房市场体系和住房保障体系，提升城镇化发

1 Ralph Emerson.Nature[M].
London：Penguin Books，
2010：1.

展质量，并将"城市更新"首次写入政府工作报告。这也意味着我国已到了明确提出城市更新和城市再现代化的发展新阶段。其原因大体有三：

其一，随着我国城镇化和城市现代化的发展，城镇化率的快速提升导致城市人口增多。改革开放40多年，已经有6亿～7亿农业人口走进城市，城市基础设施、服务功能的不完善日益凸显，因此城市内部需要不断更新改造，来满足城市人口的生产生活需求。

其二，不断发展的科学技术、日渐发达的交通路网和私家车交通方式的普及，改变了人们的工作方式、交通方式和就业方式，也迫使原有的城市空间格局得以改变：城市半径变大了，城市空间框架拉开了，城市越来越国际化了，城市具有新功能的新区出现了，街区的结构功能转变了……城市"被迫"处于日新月异的更替之中，变化成了常态，更新成为城市进化的表征。

其三，人民对城市社会生活高品质的要求日益提升，以及政府主导下的城乡高质量发展的要求，使得城市更新与更替迫在眉睫。特别是人们在追求生活美的同时，更在创造城市空间美学。城市空间的美，不仅成为城市生活方式的一部分，也成为消费的一部分，同时也成为生产和工作的一部分。同时，我们也多次提倡，要把城市当作艺术品来打造。

因此，城市更新就是城市空间里生产的一种创新，而且城市更新在今天已成为医治"城市病"的必然选择之一，同时也与目前提出的"城市高质量发展"互为表里，即让城市更宜居、更宜业、更生态、更美丽。

与西方部分国家的城市发展历程类似，在经历了最初无序的工业化、以投资驱动和增量发展为主的城市化发展阶段后，我国城市便进入了以转型为发展，以存量资源为载体的发展阶段。在以内涵提升为核心的存量乃至减量的空间规划新常态下，城市更新更加注重城市内涵发展、城市空间优化发展，更加强调以人为本，强调人民城市为人民，更加重视人居环境的改善和城市活力与品质的提升。

实施城市更新也要遵循"熵定律"，即从无序走向有序。在此过程中，城市远见尤为可贵。要按照先策划、后规划、再建设"三步走"，要能够做到对城市文化历史空间精准保护、精准开发，把城市更新的过程变为把城市当作艺术品打造的过程，而且还要通盘考虑到未来的网络社会、智能社会和5G社会对空间价值、交通方式、交往方式、工作方式带来的改变。

眼下，我国的城市更新还有深厚的潜力待挖掘。

一是存量资源的更新与改造还缺乏更高质量的规划，政府应注重对老旧厂区、老旧社区、产业园区产业更新的跟踪管理，并建立相关标准和具体要求，如实现景观化、生态化、多功能化、"涉旅化"、特色商圈的共同体化。

二是城市扩展过程中还缺乏更细致的谋划，有些地方和城市出现某种"建设性破坏"的现象，规划者、建设者应统筹考量，不能急功近利，要有历史责任感，让功能性、历史性与美学化在一个空间中多维合一。

三是要创造属于中国城市特色文化形态的城市更新，通过城市更新建构新的有中国文化底色的城市空间形态，从而使中国的城市能够成为中国文化的创新者和守望者，而不是继乡愁再出现"城愁"的遗憾。

如何具体做好城市更新？本书作出了多方面的回答。应该说这是一个永恒命题，是一个城市可持续的伟大工程，既要挖掘存量，如通过改造老厂区、旧厂房和老旧社区的更新赋予其新功能与新使命。更要让城乡空间更具中国文化底蕴的人文价值，如城市空间美化、城市空间再生产、城市空间的居艺美学等，构建符合国际化水准和城市社会高质量发展要求的城市新空间。

当然，城市更新绝不是简单的推陈出新，而是一个城市的新生活方式的再建构和空间再生产。我在《城市文化资本论》一书中提出，城市承载着历史文化与情感记忆，而空间就是时间的切面。在城市规划与建设时，要意识到空间的价值，以城市美学和美学生活化的眼光，赋予其新功能、新智慧、新能量和新的人文指向，留住城市文化符号与基因，创造独属于一座城市的"集体记忆"与"地点精神"。

在城市更新中，我们还需要总结世界城市发展规律，在解决城市体和城市现代化问题的同时，避免走西方曾经走过的弯路，对新出现的城市社会发展形式和新的城市社会问题应有超前的战略思考，对新的交通技术、通信技术带来的"城市非集聚形态"应高度重视，否则就会重蹈西方城市化老路，从城市化到城市现代化，再到城市空心化及至郊区化这一循环，这将会造成巨大损失，延缓中国现代化的步伐。

本书邀请国内的著名专家、学者和相关研究者，从不同角度对城市更新加以分析研究，试图在新的发展阶段为"城市更新"提出新的思路与方法；试图在城市更新与生活美学的结合创新中，找出中国大城市中心区的复兴与永续之路，特别是为一些老城区找到一种基于美学价值观的解决方法，面对城市的各种灾难，从韧性城市的视角对城市规划与设计进行反思等。总之，本书是多学科、多专业的学者和企业家共同探讨城市更新的创新，希望能为中国的城市更新与美学的结合创造中国经验。

张鸿雁　教授、博士生导师

南京大学城市科学研究院院长

江苏省城市现代化研究基地主任、首席专家

江苏省扬子江创新型城市研究院院长

江苏匠工营国规划设计有限公司董事长

2022 年 10 月 16 日

目录

栏目五
美学建构：形美与神美

栏目六
居艺生活：守成与创新

后记

学术前沿：
更新与更替

崔
功
豪

　　崔功豪，1934年生，浙江宁波人，南京大学建筑与城市规划学院教授、博士生导师，长期从事城市与区域规划研究工作，曾任住房和城乡建设部城乡规划专家委员会委员、国家特许注册规划师、中国城市科学研究会常务理事、美国亚洲城市研究协会国际组委等职。著有《城市总体规划》《中国城镇发展研究》《城市地理学》《区域分析与区域规划》《当代区域规划导论》等专著。崔功豪教授是中国最早进行城镇化和城市发展相关研究的学者之一，也是经济地理界介入城市规划领域的先行者之一。2016年，崔功豪教授获得中国城市规划学会颁授的"中国城市规划终身成就奖"。

新发展阶段『城市更新』创新路径探究

——访中国城市规划终身成就奖获得者崔功豪教授

崔功豪

《中华人民共和国国民经济和社会发展第十四个五年规划和2035年远景目标纲要》提出，"加快转变城市发展方式，统筹城市规划建设管理，实施'城市更新'行动，推动城市空间结构优化和品质提升。""城市更新"已升级为国家战略。2022年3月1日，南京大学建筑与城市规划学院教授、博士生导师，原中国地理学会城市地理专业委员会副主任，中国城市规划终身成就奖获得者崔功豪教授接受了江苏城市智库高级研究员、江苏省城市经济学会副秘书长邵颖萍博士的专访，对"城市更新"发表了独特见解。

邵颖萍博士（以下简称"邵"）：崔老师，您好！您在城市化、城市空间结构、城镇体系、城市战略规划等方面的研究成绩卓著，那您如何看待"城市更新"和城市现代化的关系？

崔功豪教授："城市更新"提出来后，住建部把"城市更新"作为当前乃至今后一段时间抓城市工作的重要方向。住房和城乡建设部总经济师杨保军专门写过一篇文章谈对"城市更新"的认识，认为不要把"城市更新"看作具体的项目或具体的事，它实际上是城市发展过程中的必然选择。

现在谈论"城市更新"这个问题很有必要，我先谈谈我对"城市更新"的认识。实际上我最早对"城市更新"的认识是基于对城市化过程的理解。城市化有4个阶段，即集中城市化、郊区化、逆城市化和再城市化。再城市化体现在市中心更新，也称为"绅士化""中产阶级化"，这里就涉及"城市更新"。我当时的注意力不在于研究"城市更新"，而是从研究城市化的角度探讨"城市更新"。后来我把这个问题带回来给朱喜钢教授，让他去研究这个问题——"城市更新"给市中心带来什么影响？他后来成立了南京大学中国中产化研究中心。实际上都是"城市更新"问题，"绅士化"或"中产阶级化"就是更新问题，但那个时候的更新是物质性的东西。物质性具体表现在建筑物、建筑群体、建筑空间，更多的是区域的建筑更新变化，主要是为了解决闲置建筑维护上的困境。城市政府变成了欠债的政府，房子在这儿没人住、没人交税，造成了城市资源的浪费。因此，政府采取各种措施吸引人才，特别是年轻人来工作来创业，逐步把城市建筑用起来，得以复兴。所以当时的"城市更新"都是物质性的，从英文看，Rebuilding、Reconstruction、Renew，都是一些具体建筑的变化。

我曾经去过英国，有位华裔教授陪我参观爱丁堡。参观过程中到了一个区域，看到了一些五六层的建筑，保存都很好。但他跟我讲这地方要拆了，我说按照中国的标准这些房子都很好，为什么要拆了？他说这些房子住的大多是低收入或没有收入的群体，这样的群体集聚会产生社会波动因素，所以政府考虑要把这块房子拆除，拆除后不只是在原地建房子，而是改变这个地方的社会环境，解决原住民的就业问题，要建设很多的商业空间，为这些人提供工作岗位。这就把更新的问题从建筑层面转变到了社会层面，所以它就叫"regeneration"，现在叫"城市再生"。我也是第一次接触到将建筑环境的改变转变为社会环境的改变。这一地区获得了巨大改变，产业改变了，老百姓能够就业，各种人才也都吸引过来。所以我开始注意到"城市更新"的问题。

实际上"城市更新"是城市发展过程中不可缺少的一个步骤、一个阶段，因为城市是延续的产物。城市作为一个有机生命体，它总是从发展到衰退到再改造的一个延续的过程，所以说"城市更新"是城市发展的必然阶段是没有问题的，它只是更新了每个阶段的目标、实践、做法、形式等。所以说"城市更新"和城市现代化有什么关系？城市要现代化，"城市更新"也必然有相应的过程。使破旧的或者不符合时代要求的建筑得到改变，包括人文环境改变、生态环境改变等，不仅是现代化的过程，也是"城市更新"的内容。

城市在发展过程中不断地更新。当前提出"城市更新"是国家层面重视存量发展的表现，因为我国城市发展已经从增量阶段进入存量阶段。怎么样更好地发挥存量作用，并能从安全、生产、效益、利民各方面，对城市的建筑、环境、遗产不断地进行改造建设？"城市更新"必然是和现代化联系在一起的，因为现代化也是阶段性的。20 世纪 50 年代讲现代化，80 年代讲现代化，到现在还在讲现代化，"城市更新"也必然是跟着这样的过程来更新的。

邵颖萍博士：2021 年"城市更新"首次被写入政府工作报告。《中华人民共和国国民经济和社会发展第十四个五年规划和 2035 年远景目标纲要》中也提出将实施"城市更新"行动。您如何看待"城市更新"升级为国家战略？

崔功豪教授：过去最早开始旧城改造，主要是解决居住问题。当时有两种做法，一种是"针灸"式"城市更新"——这栋房子有问题改造一下，那栋房子有问题再改造一下；还有一种是成片改造。这些都是城市建设中"城市更新"的做法，在中国城市建设过程中都有这些内容，只是在工业化阶段强调扩张，重点在于新片区土地怎么开发，把更新改造的问题放在一个很次要的位置。

目前到了存量发展阶段、高质量发展阶段，讲究生态、人文等，在这样的情况下对"城市更新"的要求就不一样了，上升到了新的高度。江苏省住建厅（江苏省住房和城乡建设厅）就曾把"城市提质""城市更新"问题向住建部报告，建议作为国家战略。乡村有乡村振兴战略，区域有区域一体化战略，城市应该有城市更新战略，乡村、城市、区域这三者是不可分割的，"乡村＋城市"就构成整个区域。"城市更新"上升为国家战略是十分有必要的。

邵颖萍博士：2021年8月底，住建部发布了《住房和城乡建设部关于在实施城市更新行动中防止大拆大建问题的通知》（建科〔2021〕63号），您如何看待"城市更新"政策进一步收紧？

崔功豪教授：分析这些问题，都是非常契合当下需要的，现在也成为规划界在项目中主要探讨的问题。现在主攻两个方向，一个是国土空间，另一个是"城市更新"。各单位在研究具体问题的时候都出现了很多矛盾。现在并没有一个非常明确的学术界的共识，都搞不清楚到底应该做什么、怎么做，都不断地改变，不断地调整，不断地修改规范。

邵颖萍博士："城市更新"是一个不断发展和多学科交叉的研究课题。在城市规划理论中，有没有哪些前沿理论观点能够对"城市更新"进行理论指导？

崔功豪教授：规划界是从空间角度理解对"城市更新"的认识，它就是空间的再利用、再改造、再优化，从建筑空间到社区空间再到区域空间。"城市更新"是一种空间优化的过程，因此空间优化的理论、空间调整的理论、空间重组的理论都是"城市更新"的理论基础。推荐大家看看东南大学吴明伟和阳建强的学术著作，他们从20世纪80年代开始就一直研究旧城改造、"城市更新"。另外，还有同济大学王伟强教授的学术著作，他搞建筑出身，也从事"城市更新"研究。

邵颖萍博士：崔老师，国内现在很多城市都在做"城市更新"的实践，截至2021年底，中国已有411座城市实施了2.3万个"城市更新"项目。您觉得国内哪些城市在"城市更新"方面的经验做法值得学习和借鉴？

崔功豪教授：我喜欢阅读上海的《文汇报》，上海有两件事情让我比较触动。第一个是"上海城市考古"的发展，发掘上海自建成以来特别是近代以来的各种建筑遗产和文化遗产。在今天强调文化自信、强调历史保护的背景下，关键是怎么样把它挖掘出来，成为城市新的地标，产生新的增长点，成为新的网红点。特别是谈到复兴中路、衡山路的几大建筑，将建筑改造成为供人们体验过去、感受历史渊源的建筑风格，成为重要的地标，这是一个考古性的提法。考古性就带有历史性，是对历史文化的探索。从这个角度来搞"城市更新"的思路我认为非常好。第二个是关于"城市第三空间"的建设，常见的如图书馆、咖啡馆等。上海先提出来要建设世界一流"设计之都"，这些具体体现在哪儿？南京的"1865""1912"是一种改造方式，主要是艺术文创。上海建设"设计之都"是非常灵活、非常贴近市民的，打造可以让大家近距离接触、沉浸式体验的各种空间，表现为各类的博物馆、展览馆、艺术馆等多元化空间，体现了设计理念和文化内涵，让老百姓近距离感受观赏。如果在三四十年前搞音乐厅、搞交响乐，是没有观众的，还没到时候。而现在人们温饱问题已经得到基本解决，需要一些精神慰藉。上海本身的文化地位又很高，多元化人性化文化空间应运而生。所以我认为在当下"城市更新"应将人性化、贴近老百姓需求、让老百姓享受到和随时参与作为未来更新的重要发展方向。

邵颖萍博士：崔老师您刚提到的我感触也特别深。我最近研读伦敦、芝加哥、巴黎等国际大都市2020年发布的文化发展战略或城市发展战略，我印象特别深的是伦敦。伦敦聚焦打造"创意之都"典范，自2003年以来陆续出台《市长文化战略草案》。其中，2018年颁布的《文化发展战略》主题是"面向全民的文化"，提出要将公共文化空间作为"城市更新"中文化优质生长的重要载体。从城市规划设计角度看，您认为"城市更新"中应该着重注意哪些问题？

崔功豪教授：我们需要了解当前这个阶段城市老百姓需求的是什么，需求除了物质需求，还有文化需求。过去我们做的大空间不行，只有微空间才是老百姓随时能享受的，像口袋公园，一出门就能享受到。所以我觉得"城市更新"是贴近老百姓的更新战略。在现代化进程中，高楼大厦非常重要，但是高楼大厦很少有老百姓可以享受。例如，南京的紫峰大厦作为南京最高的大厦，除了上楼顶看风景，老百姓平时很难享受到其他功能。再如上海的金茂大厦，20世纪90年代上海陆家嘴金茂大厦刚建成时，一位加拿大专家参观后说："确实很现代化，完全能与世界顶级城市相媲美"。但当我抬头往上看时，我觉得我太渺小了，它不是大众老百姓能感受享受的东西。高楼大厦作为现代化的标志很重要，在城市建设中，金茂大厦是上海现代化、产业升级的标志，但我们不能过多地盲目追求这种高楼大厦，更重要的还是解决老百姓的需求。

现在"城市更新"已经进入到文化提升阶段，或者叫城市文化关系阶段，文化的重要性更加凸显，需要考虑在"城市更新"中如何充分发挥文化的作用。这就是现在国家层面对历史文化保护这么重视的原因，这也给各地"城市更新"带来很好的指导——要重视历史性。我刚刚谈的上海城市考古实际上也是这种精神的延伸。当然"城市更新"一定要有总体战略，然后再来具体组织工作。需要有总体的建设思想，通过"城市更新"的手段，明确要把这座城市建成什么样，现在的城市达到什么水平。

邵颖萍博士：城市发展有梯度化的指导意见，"城市更新"能不能有梯度化的指导意见？请给小县城"城市更新"提供一些建议。

崔功豪教授：不同的城市在"城市更新"时，做法不一样，要求不一样，目标也不一样。再简单地讲，现在很多县城都在面临改造问题，一个县城的改造要求和南京市的改造要求肯定不一样，因为县城发展的目标、要求不一样，同样地，南京市也不可能按照深圳的要求、目标更新。

不管是大城市还是小县城，更新改造的关键首先在于先把目标定好了，主导战略定好。其次还要结合城市发展的不同阶段谋划发展路径。事物总是在不断发展，但是这个发展总是有阶段性的。只有很好地认识到社会发展到了什么阶段，当下需要解决什么问题，"城市更新"才能做得起来。这个阶段性就涉及社会学、规划学的问题，包括战略定位、空间规划、产业提升等。再次是要关注城市老百姓的需求，这又和一座城市社会阶层的构成有关系。例如，上海这种城市老百姓对文化修养的需求就很高；一个落后的县城，老百姓首先关注的还是温饱、就业等基本问题。

"城市更新"是一个系统工程，现在大城市在做"城市更新"，小县城也在做更新。现在，梯度指导和分类指导其实相对还是薄弱的。乡村振兴战略已经有了分类指导和梯度指导意见，但反过来"城市更新"则没有。我认为"城市更新"，第一要"因地制宜"，每座城市都不一样，每个乡镇都有自己的特点和发展要求；第二要"因时制宜"，每个发展的阶段不一样，有些比较落后的县城还没到"城市更新"阶段，而是城市新建阶段；第三要"因势制宜"，跟世界国际发展趋势结合，和国家发展形势相适应。

张
鸿
雁

张鸿雁，南京大学教授、博士生导师，现任南京大学城市科学研究院院长、江苏省城市现代化研究基地主任和首席专家、江苏省城市经济学会会长、江苏省扬子江创新型城市研究院院长，1993年获得享受国务院政府特殊津贴专家荣誉。

长期从事城市经济学、城市社会学、城市文化学、城乡规划、文化旅游规划、城市经济史和城市发展战略等领域的研究，先后出版各类学术专著30余部，包括《城市化理论重构与城市发展战略》《城市定位论——城市社会学理论视野下的可持续发展战略》《城市进化论——中国城市化进程中的社会问题与治理创新》《城市社会学理论与方法》《侵入与接替——城市社会结构变迁新论》《循环型城市社会发展模式——城市可持续创新战略》《春秋战略城市经济发展史论》《中西文化比较研究》《全域旅游的江宁发展之路》等，主编"城市前沿科学丛书""中外城市比较研究丛书""世界城市研究精品译丛"等10余套。在《社会学研究》《管理科学》《民族研究》《历史研究》等期刊发表学术论文300多篇。主持国家社科重大、重点课题及省部级课题30余项，其中国家哲学社会科学重大招标课题1项、教育部重大招标攻关课题1项，主持各种省部级、市级策划、规划项目及城市文化发展战略等研究400多项。学术成果先后获得江苏省哲学社会科学优秀成果一等奖2项、二等奖4项，其他各类奖项30多项。

在2000年创新性提出了"城市文化资本"和"城市文化资本再生产"的理论、概念与体系，陆续出版了"城市文化资本"三部曲——《城市形象与城市文化资本论》（2002年）、《城市文化资本论》（2010年）、《城市文化资本与文化软实力》（2018年），合计160余万字。这一系列研究的学术体系和范式，应用于当代城市经济、城市文化和旅游发展的研究中，受到学界关注。

【人生格言】

兰生幽谷不为莫服而不香，舟在江河不为莫乘而不浮。

城市更新与生活美学：中国大城市中心区的复兴与永续 [1]

张鸿雁

摘要：

从本质上说，城市更新是城市追求生活美学、建构城市美学生活方式的一种表达，也是城市进化与进步的证明，更是人类追求美好城市生活方式的一种理想类型。在现实的城市建设中，城市更新往往存在"权力与资本干预"过度的问题，导致很多以城市更新为名，实则急功近利之实，造成了某种"建设性破坏"。针对这一情况，本文从实际案例出发，提出了城市更新的美学价值创新思考：一是强调城市更新在精准保护历史文化和现代文化融合创新上的价值创新；二是强调赋予传统空间以"城市文化资本"意义，从而进行"城市文化资本"的再生产；三是强调城市更新与城市发展创新的内容焦点的聚合，强调地点精神和原生态空间的价值创新，本文据此提出城市更新与更替的十大策略。总之，城市更新与城市美学创新的结合，应是这个时代城市发展的关键问题之一。

关键词：

城市更新与更替；城市文化资本；地点精神；苏式江南文化

1 本篇文章是张鸿雁教授主持的南京市熙南里、南捕厅等历史街区、历史地段的策划和规划项目文本的一部分，张鸿雁教授及其团队跟踪研究多年，有些内容是团队研究的创新性想法、创意性策划和建议。

城市更新的过程本质上应该是一种城市生活美学的创造过程，是在建构城市居民群体意义上的生活空间美学。从城市诞生的那一天起，城市更新就已经成为城市发展的永恒主题。第二次世界大战之后，很多国家大都市的中心区都出现了衰败和没落的景象。为了防止这种衰败和没落，很多城市开展了大规模的城市更新和"城市造美"运动，用以焕发城市发展的活力。但是，因为有些城市更新在权力与资本的介入下，出现了急功近利的情况，特别是一些城市大规模推倒重建的城市更新方式，既破坏了城市文脉传承，也破坏了街区空间肌理的原生性和完整性。更有甚者，某些城市盲目地进行城市更新，使得历史文化遗迹几乎荡然无存。回望历史，我们不仅要深刻反思以往城市更新的经验与问题，还要把空间再生产意义上的城市更新的创新放到提升城市品质、创造本土化城市空间特色的高度上来认识，并且要创造一系列符合中国城市现代化发展的城市更新理论和方法，以保证中国的城市化和城市现代化能够健康地高质量发展。

├一├
原生态街区文化再造：
空间再生产与传统街巷的空间矛盾

城市更新在表象上是物化的环境空间更新，其核心是强调城市文化的更新和社会的更新，城市更新不仅是创造有吸引力的城市空间使城市更宜居，而且，可以让居住在这里的人能够充分就业和创业。文化的传承与发展造就了城市空间的吸引力[1]，作为古都城，城市中心的区位具有特殊的"中心性效应"——是城市文化特色的集中展现地，也是一座城市中多数人的生态和心理上的最短距离，往往具有"生活心理中心"的意义，同时还有某种生活的指向性和市民文化心理的依赖性。一般意义上的古都的传统中心，对于一座城市来说还具有历史性、区位的高价值性、文化中心性、邻里身份性、民俗地方性、老建筑的怀旧性等"城市文化资本"的价值属性，在民风民俗、城市文化传说、原住居民生

1 Hans Kjetil Lysgård. The definition of culture in culture-based urban development strategies: antagonisms in the construction of a culture-based development discourse[J]. International Journal of Cultural Policy, 2013（2）: 182-200.

1 张鸿雁, 等. 循环型城市社会发展模式——城市可持续创新战略[M]. 南京: 东南大学出版社, 2007.

2 张鸿雁. 城市定位论——城市社会学理论视野下的可持续发展战略[M]. 南京: 东南大学出版社, 2008.

3 张鸿雁. 中国城市化理论新模式的建构[J]. 学术月刊, 2012, 44(8): 14-22.

4 张鸿雁. 城市文化资本论[M]. 南京: 东南大学出版社, 2010.

5 乔纳森·罗斯. 什么造就了城市[M]. 北京: 北京时代华文书局, 2021.

6 城市化理论重构与城市化战略研究[M]. 北京: 经济科学出版社, 2012.

活特质等方面都具有属于这座城市的总体象征性的特殊意义。一个外地人, 也包括本地人, 初识一座新城市, 最想知道的是城市的中心在哪儿, 因为这里有许许多多的想象和可能! 可能是最繁华的地方, 可能是最有地道风味的地方, 也可能是最高档的地方等, 因为, 所有的人都会对城市中心区寄予无限希望。城市中心区位, 往往是这座城市的历史起点……

本文以"循环型城市社会理论"[1]"城市定位理论"[2]"有机城市更新理论"[3]"城市文化资本理论"[4]等为指导, 综合思考南京老城南的南捕厅区域城市更新的总体定位、未来方向与具体策略, 既关注文化的传承, 又关注居民的生活; 既关注经济的发展, 又关注邻里关系的再造; 既关注老建筑, 又关注新业态; 既关注物化遗存, 又关注非物质文化的再创造; 既关注新中式主义的塑造, 又关注江南文化的传承和发扬。通过南京老城南区域的有机更新, 我们创造了一个概念规划和设计——"江南七十二坊"的概念设计与定位, 力求打造有中国传统文化底色的"城市慢生活"文化空间, 实现产业、人文、历史、社区、邻里、情感、生活、精神和江南文化等要素的有机融合, 创造结构紧凑、生活多样、绿色生态、主客共享、网络智慧、精准保护的后现代历史文化地段, 表现为"和谐城市"的五种特质, 即凝聚、循环、韧性、社区和同情[5]。

大城市中心区的城市更新与文化复兴是世界性问题, 世界各国的大城市都会面临同样的问题。总结世界上现存的城市化模式和城市发展方针, 一般可分为以下几类模式: 一是以大城市群发展为主的模式, 二是以大城市为区域核的发展模式, 三是以大城市和中小城市两条线路平衡发展的模式, 四是以中小城市发展为主的模式, 五是以城乡二元结构分异为主的发展模式, 六是以城乡一体化为主的发展模式, 七是以城市整体现代化为主的发展模式, 八是以后现代城市社会深度发展为主的模式[6]。中国的城镇化现行的发展模式是以都市圈、城市群、大城市为主体, 大、中、小城市差序化格局全面发展的新模式, 其中"大城市为主"的概念表达, 说明从全球视野出发, 中国大城市和都市圈的发展不仅走在了世界前列, 而且空间扩张迅猛, 合理、科学的城市更新的任务繁重，问题相对也比较多。雅各布斯在《美国大城市的死与生》中专门提出了大城市的发展问题，在我们的研究成果中，也对大城市的发展问题作出了自己的回答。如果从人类城市进化论和社会变迁、城市文明、国家总人口、地理环境以及城市生活方式等多重视角来分析，这一问题更易达成统一的认识，即中国应该走以大城市为主体的城镇化发展道路，同时要大、中、小城市（镇）网状结构并存，这是由中国的特殊国情所决定的[1]。本文则以中国大都市之一——南京城市中心区位的南捕厅作为研究样本，采用文献研究、文脉梳理、实地考察、实地访谈等多种研究方法，研究城市的更新与更替、城市更替过程中的矛盾与冲突、城市更替过程中主客体的博弈、城市更替过程中的"城市文化资本"再生产等，创意、策划、研究城市历史街区的重生，提出城市更新的顶层设计与概念定位，通过创意和策划，力图打造以江南文化为核心的都市"慢文化空间"与"城市慢生活方式"，从而创造有"苏派风格"的城市更新方式。

城市作为人类最伟大的艺术作品[2]，是人类的发展动力，是地域生产构成的集中表现，左右着人类社会发展的进程。"城市是文化的容器"[3]，积累、保存、传承人类文化的精华，而大城市的中心地带更具有城市的集体记忆性和强烈的"地点精神"。从文化地理学对空间认识的角度上看，南捕厅区域属于南京老城南——没落贵族文化与市井烟火气相融合的历史人文风情社区，是孕育和创造南京地方特色文化的重要区域之一，也是南京人的社会、文化、生活在心理上具有高度文化认同感的地方，老城南对于"老南京人"来说是一个文化心理符号和情愫。

在我们的研究中，一直提倡本土化城市形态的民族性与世界城市性——新中式主义城市形态的新主张[4]。一座伟大的城市一定有独特的历史文化和城市空间肌理，也是一个让人留下永恒记忆的地方[5]。这些记忆正是城市文化与历史地段文化要素的时空组合。南捕厅的空间景观文化元素主要由区域内的古建筑、院落格局、街巷建筑空间、建筑肌理、那些沿用了几百年的老地名、民风民俗以及部分文物遗存构成的文化景观意象组合而成。缭绕在物化的历史文化遗存之间的是关于老城南地区的生活传说、市井民俗、

1 张鸿雁，邵颖萍. 中国大城市的死与生——论中国大城市的发展模式[J]. 中国名城，2012（12）：10-16.
2 刘易斯·芒福德. 城市文化[M]. 宋俊岭，周鸣浩，李翔宁，译. 北京：中国建筑工业出版社，2009.
3 刘易斯·芒福德. 城市发展史：起源、演变和前景[M]. 倪文彦，宋俊岭，译. 北京：中国建筑工业出版社，1989.
4 张鸿雁. 城市化理论重构与城市化战略研究[M]. 北京：经济科学出版社，2012.
5 张鸿雁. 再论中国大城市死与生——新型城镇化语境下大城市的发展与创新[J]. 中国名城，2014（1）：4-12.

家长里短、你来我往的生活日常，是典型的"首属群体"邻里的生活方式，是附着于南捕厅街区文化空间的南京人行为方式的一种象征，又是典型的"里坊生活"，或者说是"街坊生活"，一种城市里的"熟人社会"。这样的中式主义城市空间文化不仅表现在建筑与街巷之间，更表现在由这些硬质景观所富含的文化元素所象征的文化意象，是一种中式主义的风格、一种传统民族的腔调、一种江南人生活的底色。故而我们说，南京南捕厅不仅是传统建筑空间、街巷肌理、地名意蕴，而且能够唤起人们心中对传统中国都市生活的怀旧与"城愁"。

全球城市化和城市现代化的竞争使得各国的城市都在努力改变自身的城市形象、经济构成和城市的核心竞争力，通过城市更新与更替，创造后现代意义上的"城市文艺复兴"，实现从工业城市到"文化之都"的转变，如伦敦、巴黎、东京、纽约和新加坡等[1]，国家依赖城市的国际化和良好的城市形象参与全球竞争。南京是一座正在全力融入全球化的大都市，应该直面并对标萨森教授提出的"全球城市"指标体系，面对全球化，南京必须创造"世界文化身份"识别度，这是城市更新的重要目的之一。南京南捕厅区域空间的再生产，具有深刻的社会生活空间向"空间再生产"的结构性转型意义。在都市功能区的表现上，南捕厅的"抽象社会空间"与"实体化空间"应该朝着城市现代性的价值提升方向进行形塑。一是可以创造南京良好的国际城市形象和文化识别度，创造具有全球化意义的文化识别符号和独立 IP，从而使南京能够创造具有地方性和国际性的双重经济与文化价值。二是可以创造城市多中心的文化圈与商业文化价值高地，成为一个具有高端文化消费和创意群体集聚办公的地方。正如西方发达国家经历的那样，创意阶层、"创客"阶层崛起并回归到城市中心区居住和创业，这样的新阶层所形成新的就业群体必然与新的生活方式、新的生活品位相联系，引导城市生活方式和文化崇尚新格调[2]。三是可以创造传统街区空间的现代商务新功能，可以学习威尼斯的圣马克广场文化——传统历史保护空间里有经典的现代商业文化和奢侈品商业文化。以南捕厅历史街区这一中国古典式空间，创造新型的国际时尚商务、新中式办公场所、新业态的消费空间，创造具

1 Evans Graeme. Cultural planning: an urban renaissance? [M]. Taylor and Francis, 2002.
2 张鸿雁. 城市文化资本论 [M]. 南京: 东南大学出版社, 2010.

有国际化商贸特色的中心区、有地方文化传统特色和外向型程度高的都市中央商务休闲消费区。四是在南捕厅这样的街区空间可创造新的商业概念，即集江南文化传统与江南商业文化之大成，在老城南文化记忆永固的前提下，注入江南美学文化元素，形成特有的南京老城南与江南文化的整合与新生。

近代工业化以来，几乎在全世界范围内都经历了都市中心区的兴衰过程，可谓是潮起潮落的几番轮回。从南捕厅的具体空间结构分析，其中式明清建筑空间的容积率较低，特别是1949年以后，由于各单位对城市内部空间的无序竞争，很多建筑成为各国营单位的房产，加之"文革"后大量知青返城，在街区内无序乱搭乱建，南捕厅区域的居住空间涌入大量新的住户，在原有建筑空间的基础上，大量违章搭建填满了整个街区，出现了前所未有的空间衰败问题：一是形成了极其恶劣的生活环境；二是高密度的居住人口；三是生活设施不配套，大部分老居民仍然保持某种"原始的生活方式"，甚至表现为"底层社会"的生活样态。另外，在城市化的发展中，本区域的拆迁、重建增加了安置成本，形成显性化矛盾。这一旧有空间的衰败与复兴的过程所引出的城市更新，具有城市化和城市现代化发展与老城区改造发生矛盾冲突的案例典型性，可以作为大城市中心区位以及老城区衰败与重生研究的样板。

20世纪50年代以来大量违章建筑和不合理的空间打造，不仅加速了历史建筑空间的破败，也改变了原先的建筑肌理与街巷布局。同时，作为历史风貌区，南捕厅因为具有历史地段的价值，在保护性开发方面有各种各样的限制规定，保护、修复、开发的空间再生产与现实居民住房需求之间的矛盾非常突出，空间发展的主体与现实居住和商业化需求存在尖锐冲突。更重要的是，历史文化风貌区的保护性开发、街区肌理文化保护与空间的现代利用具有法律政策的敏感性。其一，有些物业空间的产权关系不明确。因为历史上城市管理的原因，无法探求南捕厅地段一些住户的合法权属来源，政策性的搬迁和生活需求补偿方式有难度。其二，片区开发的主题创新与原生文化的复兴以及传统街巷文化风情表现这三者之间有着文化交织性的文化困境。其三，当下的住户中绝大部分不是历史民俗学文化意义上的原住民，并不能代表地段的历史文化与生活记忆。究其原因，他们也是作为"制度性"安排入住的群体，而并非具有自然历史延承关系的文化继承。其四，在城市化进程中，市政生活配套设施占有的空间大量增加，导致建设、改造成本升高而出现"投入不经济"的困境。其五，原来的破落大院里有高密度居住模式，有的一户人家只占有几平方米的居住面积，一些住户获取地段赔偿面积和价值总额无法交换成一个正常居住空间，甚至有使之成为无房户的可能。其六，原住户既希望获取高额的赔偿，又希望借原住民的名义获取本地安置的便利性等[1]。

对于这样一个城市中心的老城地段，城市更新的目标之一就在于要为南京塑造一个具有国际化、民族性、特色文化意义的"城市客厅"，同时兼具市井生活烟火气的生活空间，这样的城市才有温度、有个性，才能做到"城市如家"。美国学者乔纳林·罗斯在他的《什么造就了城市》一书中提出了"和谐城市的五种特质"，这一论述因具有独创性而被理论界所接受。"和谐城市"的第一种特质是凝聚（Coherence），他强调这和《平均律钢琴曲集》所体现的"城市需要一个框架来让不同的项目、部门和想法意愿实现融合统一"相一致。"和谐城市"的第二种特质是循环（Circularity），就是要合理地流动、循环而不耗能，笔者曾经提出"循环型城市社会发展理论"，也是在这个意义上来说的，最终实现人类社会发展成为一个"循环型零耗能城市社会"。"和谐城市"的第三种特质是韧性（Resilience），使城市能够适应自然、回归自然，更宜居、更舒适，可避免各种天灾甚至人祸。"和谐城市"的第四种特质是社区（Community），和谐的社会网络和人际及邻里关系要有更好的"社区照顾体系"，从而形成一种社区如家的生活体系，即"普遍的繁荣、安定、健康、教育、社会联系、集体效率以及公平的福利分配等良好的社会福祉。""和谐城市"的第五种特质是同情（Compassion），强调个人幸福和集体利益之间的平衡关系，当灾害来临之后，"恢复秩序的一个关键条件就是同情。它是个人和集体之间的纽带，让我们关注那些超越自我之上的东西，关心他人，是通向个人完整以及群体完整的

1 Asaf Arch. Sustainable urban renewal: the tel aviv dilemma[J]. Sustainability, 2014, 6 (5): 2527-2537.

大门 [1]。"这五个城市特质在一定程度上说明了城市在现代社会的意义，笔者所理解的是，一个好的历史街区的重生，也应该遵循城市的这五个特质，也可以把它视为某种原则。

斯宾格勒说过，"一切伟大的文化都是城市文化，""但是真正的奇迹是一座城市的心灵的诞生"[2]。文化是城市发展的动力源，全球化加剧了城市竞争，文化策略俨然是现今城市生存的关键[3]。南捕厅历史街区的城市更新要以文化为引擎和动力，特别是在原生态文化上，要注意三个层面的问题：一是现存的文物、古建筑等具有历史文化元素与价值的物化遗存；二是现存记载的与南捕厅区域相关的文化记忆；三是住户中零星流传下来或创作的非物质文化遗产。对于这三个层面的原生态文化，除却文本的文化记忆，无论是物化遗存还是非物质文化遗产，现状都已经处于逐步弥散状态，要深度挖掘、精准保护、精准规划和精准施策。人，如果没有记忆，是苍白的，等于没有灵魂，是不可能有作为的；城市，如果也没有了记忆，必然会失去文化灵魂而没有积累，没有创新能力。丧失了城市记忆，自然就丧失了城市自己独有的文化，必然降低城市的生存力和创造力，更重要的是失去了城市的记忆，在很大程度上就失去了民族文化认同的内有机制，这是民族文化的一种悲哀[4]。

城市记忆是可以穿越时空的文化价值符号，既拥有过去，也拥有现在，更拥有未来[5]。集体记忆存在于历代人的生活阅历中，当你走进南捕厅时，物化的历史遗存零散且随处可见，但是想象中的老城南的传统市井生活已是往事如烟独留风痕而已……南捕厅就如同一个破落的"城中村"，道路拥挤，环境恶劣，空间狭小，垃圾、噪声、臭水沟等污染现象充斥其间，这就是 2009 年以前真实的老城南——南捕厅片区。如何重现南捕厅的人类生活集体记忆？必须在保护物化遗存的同时，重新梳理、整合、重缀、创造与创新。

历史文化名城保护最大的文化误区就在于不开发，只是单纯的保护，这样文化遗存往往是因经费不足或管理不善而在单纯的保护中慢慢"死亡"。要想保护、解放、创造和再生产一个传统空间，必须进行"空间的生产"创新和"城市文化资本"的再生产。

1 乔纳森·罗斯. 什么造就了城市 [M]. 北京：北京时代华文书局，2021.
2 斯宾格勒. 西方的没落 [M]. 张兰平，译. 西安：陕西师范大学出版社，2008.
3 Zukin S. The Cultures of Cities[M]. Blackwell, 1995.
4 张鸿雁. 城市化理论重构与城市化战略研究 [M]. 北京：经济科学出版社，2012.
5 张鸿雁. 城市化理论重构与城市化战略研究 [M]. 北京：经济科学出版社，2012.

城市更新为南捕厅原生态文化的再创造和保护提供了机遇：一方面，现有物化遗存通过精准保护，寿命可以延长；另一方面，项目的文化创意整合，将有助于各种文化记忆与非物质文化遗产的整体保存与延续。文本的文化记忆，只有获得物化空间的再创造，才能迸发出内在张力与文化感染功能。非物质文化遗产只有得到整体化、整合化的组织、学习、扩散、溢出、再创造，才能表现出价值。

十二十

街区细节、品位与怀旧文化整合
——六朝古都市井烟火气

南京元素的内涵与空间分布中，不仅有中山陵的"博爱情怀"、夫子庙的"天下文枢"、颐和路的"民国公馆"、明故宫的"皇家院落"，也应有南捕厅历史片区的"都市民俗与民风"。在这些"老城南"的风土人情、市井烟火中，蕴藏着民国时代升州路的商业繁华、明清士人的社会生活。然而，这些南京都市民俗文化元素仅仅分布在各类文本记忆、物化历史文化资源之中，并没有更加集中和内在机理性地组织展现出来。任何文化元素、文化资源在没有形成"城市文化资本"之前，都难以直接表现文化的价值和功能。南捕厅区域的城市更新与发展可以系统梳理南京都市民俗文化元素，以更加凝练的概念主题与更富创意的形式来展示。如此，甘熙故居、八角楼和传统街巷等物化遗存资源才能被赋予都市民俗文化意义，能够成为南京真正的都市民俗文化资本，发挥其应有的价值，促进城市文化要素"产生崇高影响"，并创造"永恒的利息"[1]。而最值得创造的是"一个活的六朝古都"、一个"动感的六朝古都"，进而可以推动南京走向世界。

1976 年发布的《内罗毕建议》正式表述了"历史地段"的概念，指出其应包括"史前遗址、历史城镇、老城区、老村庄、老村落以及相似的古迹群"[2]。而 1987 年的《华盛顿宪章》则对"历史地段"的概念进行了进一步完善，提出历史城镇和城区保护范

1 张鸿雁. 城市化理论重构与城市化战略研究 [M]. 北京: 经济科学出版社, 2012.
2 陈志华, 译. 内罗毕建议 [J]. 世界建筑, 1989 (4).

围还应包括"该城镇和城区与周围环境的关系,包括自然的和人工的"[1]。蒂姆·希斯(Tim Heath)等将城市历史地段概括为"具有相对较小尺度、混合功能、良好的步行环境(满足但不鼓励使用汽车)、不同类型与尺度的建筑以及使用权的多样化"[2]。历史地段表述的空间具有相对性,与"历史地段"相类似的概念有"历史地区""建筑、城市和风景遗产保护区""历史风貌区"等。"历史文化街区既是历史文化名城的有机组成部分,又是广大人民群众日常生活的场所,更是城市发展的文脉所在[3]。"保护好城市的历史地段是传承和发扬城市文脉的一种方法,也是缓和城市更新中保护与发展矛盾的重要手段。而在历史地段的更新与更替中,艺术的嵌入性(Embedded Ness)或被译为"镶嵌""根植",则可以看作一种有特殊意义的方法和理论。20世纪80年代,美国新经济社会学代表人物格兰诺维特将波拉尼的"嵌入性"概念引入社会学。而南京南捕厅的城市更新就是用一种文化"嵌入性"的城市更新策划设计方法,在不破坏建筑风貌、街区景观和空间肌理的基础上,进行"艺术嵌入性"的"根植",打造新的空间景观,从以往的"乡愁"到今天的"城愁"——创造具有文化历史连续性的文化价值链。

以往的城市记忆都成了人们心中的情结,那挥之不去的就是"嵌入性"的旧城、城南往事,如同老北京胡同的城市记忆——曾经是皇城根下的"嵌入性"生活。对于南京老城南的南捕厅来说,纵然守着几处文化源远流长的深宅大院,却掩不住城南居民区空间衰败和居民对拆迁改善居住环境的期望。对于将与老城南告别的原住民来说,这里旧城、旧影、旧事是一代人的伤感,而改善居住环境、提高生活质量是最紧迫的现实问题。老城南最有价值的东西,是这一带街巷空间、建筑肌理、建筑风格以及那些沿用了几百年的老地名。对于一般的城市来说,城市的建筑艺术往往是在各种艺术中独树一帜,建造任何空间都不能单纯地考虑空间表现,不管是建造住宅、教堂还是其他室内空间,都不仅是建造一个适用方便的空处,而是建构一个内部的生活方式世界[4],是体现城市与人的价值、理念、精神、文化、记忆和未来。其更新的方法有很多,基本原则包括:一是保护原生态结构,保护传统街巷肌理,保护原住民文化风俗;

1 陈志华,译. 华盛顿宪章[J]. 世界建筑, 1989(2).
2 Eley Peter. Revitalising historic urban quarters[J]. URBAN DESIGN International, 1996, 1(2): 189-190.
3 单霁翔. 保护历史文化街区 延续城市发展文脉[N]. 中国文化报, 2011-01-19 (5).
4 布鲁诺赛维,建筑空间论[M]. 张似赞, 译. 北京: 中国建筑工业出版社, 2006.

二是强调空间轮廓和建筑与景观的视觉角度，在进行建筑尺度控制的同时要错落有致并能曲径通幽；三是还原老地名文化并打上城市历史变迁的烙印，构筑历史信息载体，使南京老城南的里巷地名作为一座历史文化名城历尽沧桑、可记忆的人文符号，希望能通过城市更新使之再传千古；四是老城南的街坊四通八达、纵横交错，街街相望，巷巷相通，路路相连，形成网状结构。因此，活化城南旧事，寻找城南旧影，注入城南街巷组织的文化，建构南京城南南捕厅老街老巷的文化风俗场景，可能会使一座古都真正成为一个城里人和旅居者都喜爱的城市。

城市更新的目的之一是赋予空间文化以新的生命。南京，十朝古都之一，拥有悠久的文脉和历史底蕴，理应是"中国传统优秀城市空间文化"的典型代表，在城市更新的美学意义上，南捕厅街区空间的创新在于以求"实"和求"似"相结合的原则，不仅要原汁原味地保留明清代的宅院、会馆、旅社，近代的洋房、筒子楼、里弄式住宅以及一些 1949 年后有价值的特色厂房、宿舍等，为本地的建筑历史研究提供丰富的样本，还要把这些特定的实体空间文化要素抽象化，"抽象空间文化"要素符号化，并能够结构化、系统化和可识别化，成为老南京文化的一个具有地方文化特质的完整符号系统[1]。

创造南京古典历史文化的丰富场景，使现代与历史生活相结合。一个时代的精神总归会在一代人具体而微的生活细节上加以展现。南捕厅地段的城市更新可以让部分老城南人回迁，为南京的民俗文化提供丰富的保护性生活场景。从文化的地方性文化底色来看，南京的"士文化""市井文化"并存，养成了一种特有的南京"城市慢文化"，可谓是六朝"名士文化"遗风加市井文化的烟火。本地段作为"江南"文化元素的集中地，丰富、多样、可选择性的消费空间创新是一个大亮点。其中必须有安全、便捷、舒适怡人的特色交通文化。当然南捕厅区域的更新设计中，车道可以全部留在地下，所有的地上空间都可以安全地散步，自由地呼吸新鲜空气[2]。

著名藏书家甘熙在《白下琐言》中写道："金陵五方杂处，会馆之设，甲于他省[3]。"南京是一个南北文化汇集的地方，而南

1 Fan Qingxi. Repair, rebirth and recreation in urban renewal[C]. Proceedings of the 2016 2nd International Conference: Arts, Design and Contemporary Education, 2016.

2 Cui Jianqiang, et al. Underground space utilisation for urban renewal[R]. Tunnelling and Underground Space Technology Incorporating Trenchless Technology Research, 2021: 108.

3 徐龙梅，徐延平. 旧时的南京会馆[J]. 江苏地方志，2005（4）：60.

捕厅片区曾经也是人文荟萃的地方，这样有文化底蕴的历史地段在更新的实施过程中，本身必须创造权威性的文化表述、高水平的实践创新能力与独特的创意意境，才能经受得起历史的检验。尤其在区域更新的直接运作过程中，经得起推敲的创新能力与意境是区域更新与开发顺利进行的重要保证。在开发上，一定要强调一种前提，就是精准保护性开发，或者强调精准保护和精准开发相结合。一方面，在打造经典建筑的原则下，从地方文化中溯源汲取营养，复建或创建经典建筑空间，与历史文化保护区形成历史、现在和未来的文化对话，而不是简单地延伸和模仿；另一方面，以中国城市形态空间的文化演绎和延伸为原则，不是建"假古董"，而是以现代科技方式与传统工艺结合，对古建筑的复原式建设，集成零星分布的建筑元素。更重要的是，在城市更新与文化接替中，力求创造具有时代特质的街区文化符号，也能够创造未来中国人的集体记忆。

南捕厅区域作为一个历史地段，总体上还是一个小体量空间，从尊重历史的角度，创造文化价值、经济资本价值、土地效益价值的最优结合视角，最终形成一个成功的案例。在此必须再次强调：在精准保护下的精准开发，必须做到"五精准主张"，即精准规划、精准设计、精准保护、精准开发和精准业态设置，这样才能创造一个真正连通过去、现在和未来的时空切面，如对建筑的风貌、街区意向、立体空间、新材料使用和各种创意及"建筑工法""建筑工艺"等方面的创新，把一个传统的历史街区当作艺术品来打造。特别是通过文化创意的手法，将空间转化为"时间的切面"、历史瞬间的凝滞，将空间的各部细节进行艺术化、历史化、再现化设计，增强空间的阅读性与文化深度，使南捕厅区域的历史文化空间成为一个"南京集体记忆的城市切面"。

有学者说："现在有人错误地理解保护古城、古镇、古村落就是恢复历史建筑，重建古建筑物，热衷于盖庙修塔，新建传统特色街，以致拆了'真古董'去做'假古董'[1]。"该问题的核心并不是古董本身的真假，而是我们对待仿旧建筑的建设态度、目的和追求的价值是什么，如果仅仅为了经济利益，任何假的古建筑都没有文化灵魂，都是对传统文化的亵渎。关键在于我们是否

1 王蔚，等．大拆建 假古董 商业化——直击传统村落保护三大怪相 [N]．中国建设报，2014-12-01．

抱着一种对历史负责的态度去建设一座城市，每一个建筑的设计与建设是以打造百年建筑为目标，还是以经济利益为目标？可以立见分晓。

一定要有这样一个认识：21世纪的20年代，应该有什么样的中国时代建筑风格？我们这一代人设计的建筑，能否成为100年后中国人的城市记忆？

应该指出的是，任何城市的城市文脉都不仅包括古代文化的传承，也包含着当代市民文化中提炼出的新精神、新文化和新时尚。南京老城南区域的城市更新，要做好文脉的弘扬与传承，注重历史文脉的重构与创新发展，作中国优秀传统文化的守望者。例如，南京老城南的文化空间，虽然是有地方特色意向的，但是，用一句话概括起来说，整体是碎片化的，一些老建筑要进行抢救性修复，尽可能做到局部整体性恢复。南京城南的街巷有江南文化的风格底蕴——"多进穿堂式建筑群组合"，是一种民俗画卷式的风情空间，可以演绎出很多过往的时代和现代性意义的符号。明清时期，具有"江南烟水"时尚的南京，每至梅雨时节，家家便会搬出大缸于庭院之中收集雨水，烹制当年新茶。徐士宏曾赋诗曰："阴晴不定是黄梅，暑气熏蒸润绿苔，瓷瓮竞装天雨水，烹茶时候客初来[1]。"《金陵物产风土志》也明确记载："雨水较江水洁，较泉水清，必判分昼夜，让过梅天，炭火粹之，叠换缸瓮，留待三年，芳甘清冽；所谓为忆金陵好，家家雨水茶是也。"这一时期，南京人不但用梅雨烹茶，还形成"雨集"，其中妙相庵的雨集最为著名。文献学家陈作霖在《可园备忘录》中曾记述："五月雨集妙相庵……皆具文社、会饮。"可见，"老城南"的空间更替与更新不仅应该保留南京的物质性居住文化经典，还应保留这种非物质性文化经典场景，让这种文化有存在的空间有时代表现的场景。还有，对这种空间文化符号的创新，可以在居住环境的建设中体现，如保留古井符号，给瓮缸留下放置空间以及创新性的"雨集"文化等，这也是城市的细节，我们强调把城市当作艺术品来打造，就是要创造这些城市细节文化来提升城市品质，创造"城市家具"和"城市如家"的文化感知要素。

1 孙锦宜.南京梅雨茶俗[J].农业考古，1999（4）：86.

南京首先是一座具有优秀传统的文化之城,这是一笔古老的遗产和资产,并且是需要不断地被经营和创新的城市,把遗产和资产变成"城市文化资本"。只有如此,南京才能成为像巴黎一样的城市,"巴黎永远是首创精神,是向前发展的尊严之故乡,是才智的中心和发源地,是想象力的火山[1]。""人文价值"是南京城市形象中最主要的部分——"天下文枢,博爱金陵,龙蟠虎踞,和平之都"。南京的灵魂在十朝文化中有其独特的文化要素,要重构南京的城市"风雅"与"名仕"文化形象,必须做到如下几点。一是强化城市精神的建构,精神内核是"博爱""文枢""创新""和平"。二是强化城市空间文化——建筑文化的可读性、时代性及地方性的场所精神。"老建筑能提供丰富多样的形式、细部和质感,在城市中过多的现代建筑会显得单调,缺少建筑的可读性并导致文化表达的贫乏[2]。"三是创造城市细节,创造在统一认知前提下的文化多样性。四是创造性地开发"南京居住与文学故事"[3]。人们对于一座城市的想象和记忆往往源于作家的描述和想象。20世纪80年代,南京曾拍摄了一部连续剧叫《秦淮人家》,以老南京城南的四合院日常的市井生活为背景,一共拍摄了110集,曾是一代人的记忆。

时空穿梭与历史经典的"元宇宙"创新——还原"一个仍然鲜活的十朝古都"。城市不是也不应当永远凝固不变,每一个时代都在城市中留下了自己的痕迹。这些支离破碎的城市映像需要经过整合,让其更有风韵、更有风雅,创造新旧结合空间,表达时代在一定建筑空间和时间中的定格。

1 克里斯多夫·普罗夏松. 巴黎 1900 历史文化散论 [M]. 王殿忠, 译. 桂林: 广西师范大学出版社, 2005.
2 荆其敏, 张丽安. 城市接触 都市空间观察 [M]. 上海: 上海科学技术出版社, 2003.
3 这句话原写于 2009 年, 现在南京已经是"世界文学之都"。

┤ 三 ├

新经济、新业态、新场景、新时尚: 城市更新美学文化创意创新十策

建筑即是社会历史的镜子,梁思成先生说过:"我们有传统习惯和趣味:家庭组织、生活程度、工作、游憩以及烹饪、缝纫,室内的书画陈设,室外的庭院花木,都不与西人相同。这一切表

1 张鸿雁. "中国式城市文艺复兴"新论——布尔迪厄"社会炼金术"的启示[J]. 社会科学, 2009(3): 9.
2 张鸿雁. "中国式城市文艺复兴"新论——布尔迪厄"社会炼金术"的启示[J]. 社会科学, 2009(3): 9.

象的总表现曾是我们的建筑。现在我们不必削足就履，将生活来将就欧美的部署。我们要创造适合于自己的建筑！"中国正面临"中国式城市文艺复兴"。中国城市社会整体形成的文艺复兴所表现的传统与现代文化，从来没有像今天这样。在世界一体化浪潮袭来的时代，"中式""中式话语""中式语前缀""中国元素"以前所未有的姿态走向世界舞台，并将得到世界的整体认同。"中式"和"中式的"作为一个范畴的文化表意限定词，成为 21 世纪全球的时尚、流行和热点潮流之一[1]。对中国城市与街区空间文化元素的发掘与重现，既具有世代传承的价值和意义，又具有世界文化范畴的创新意义。

策略一：从城市文化资源向"城市文化资本"再生产的转变。这种对中国元素、江南元素、金陵元素和老城南元素进行创造性发掘与重现，把原有碎片化的历史风物进行梳理、重提，让南京的集体记忆成为人类的整体记忆之一并使之进一步完善，其意义可谓千古流芳。把城市文化资源转化为"城市文化资本"，应该是城市研究者和城市规划者的责任，这一过程和结果会成为人类集体记忆的共同财富，具有世代传承的价值。城市真正有了"城市文化资本"价值，就会具有"公共性"、历史价值刚性和城市发展的可持续性[2]。

策略二：从传统怀旧空间向"城市时代客厅"转变。"老城南"中心区是由体现历史文化风貌的传统多进式民居、传统沿街商铺组成，同时创意性布局现代商住两用住宅、特色商行街区及未来场景。人文区位和地点精神的再造首先要提出"城市时代客厅"概念价值所在，因为它将会是南京特色风土人情、"城南旧事"文化的展示和品味区。其次，"古今交融"的文化汇集空间，与南京新街口、夫子庙、朝天宫文化形成一个有特色的"连续空间组合"，建构一个"老城南"的整体城市意向。再次，"文化混杂化空间的整合"这一概念本身是一个文化的国际化概念，源于"克里奥尔化"的文化现象，即全球本地化的另一个同义词就是"克里奥尔化"，"克里奥尔"这个术语一般指的是混种人，但它已被延伸到"语言的克里奥尔化"。"克里奥尔化"与混合化经常可以相互交换使用。下面的例子或许可以用来说明这两个概念（以及全球本地化的概念），"坐在伦敦的一家（星巴克）咖啡店里（现在，它们在那里非常普遍了），伴随美国的'海滩男孩'乐队的演唱'但愿她们都是加利福尼亚姑娘'，喝着一位阿尔及利亚的侍者送上来的意大利浓咖啡"[1]。一座大都市的中心复兴，一定要有某种国际化的场景表达，即古都城市中心区一定是文化与旅游高度融合、消费与时尚高度融合、传统与现代高度融合的地方。

策略三：从"天人合一"的自然法则向天然的城市面孔与有机更新美学转化。建筑不仅承载着"空间里的生产"，还是被生产的空间，即"空间的再生产"，更重要的是承载着劳动者、居住者和"生活着"的人们的情感、希望和家的温情。在城市更迭与更新中，整体上应呈现新中式风格前提下的"苏式""苏派"和"苏式江南"的文化风格，简洁而委婉，明快且朦胧……以中式建筑符号为母体，白墙黛瓦为主色调，空间收放、进退有序，天际线高低错落，以现代工艺书写中国传统"居艺文化"的精髓。

在建筑设计中继承中式建筑的理念精髓，可以表达传统院落"庭院深深"的情怀，其创造的初衷应该是打造城市中的"原生态"自然空间，创造"无修饰的新自然主义城市生活"，这是"道法自然"文化观念的现代呈现[2]。在现代的水泥——灰色的城市中，绿色是那么珍贵。从江南文化的地方特色出发，南京的城市复兴要借鉴江南园林的造园技巧，叠山理水，建亭筑台，莳花种树，通过移步换景、以小见大、以实化虚等手法，再现自然造化之神奇，但是其中一定有现代人的意识和主张，而不是纯粹的复古，是在可居的园林里，通过景观的精妙塑造强调人与自然最大化的接触，以后现代的人文精神，创造"原生态文化"的自然空间，使人在其中实现物我两忘的生活方式。

策略四：从精准保护向对传统文化的重缀、重拾、重构和再创的时代记忆高度转化，规划、设计新的历史地段，建构新的有地方文化和商业老字号文化内容的"江南七十二坊"[3]。"六朝金粉地，金陵帝王州。"明朝初年的都城是南京，当时被作为政治和经济的中心。后明成祖迁都北京，设南京为留都，明初设置了许多官营的作坊并在南京的城南屯兵十万，其中有"十八坊"这

1 里茨尔.虚无的全球化[M].王云桥，宋兴无，译.上海：上海译文出版社，2006.
2 张鸿雁.城市定位的本土化回归与创新："找回失去100年的自我"[J].社会科学，2008（8）：64-71，189.
3 "江南七十二坊"是笔者在2009年提出的一个创意概念，主要是因为在"老城南"的南捕厅一带做策划、规划时，发现"大江南"一带的江南文化正在被人们忘却，在笔者的有关江南文化的研究中，特别是在研究中国与世界的城市文艺复兴问题的文章发表后，在社会上得到了一定程度的关注，让笔者更深刻地意识到创造性地挖掘、恢复、弘扬江南文化已经到了关键时刻，并且南京应该有这个担当，设想在南京也能打造一个如"福州三坊七巷"那样的空间体系，并以江南文化为内核，创造性地建设南京的"江南七十二坊"，并将江南文化中的产品与七十二坊结合，策划、规划后，相关各方的领导和管理者都很满意，"江南七十二坊"的名字已经被甲方注册。但是，因为某种原因没有真正打造，实在是可惜。

1 莫祥之，甘绍盘，修同治上江两县志[M]．汪士铎，等纂．南京：江苏古籍出版社，1991.

2 Stevenson Deborah. Cities of culture: a global perspective[M]. Taylor and Francis, 2013.

3 Hudec O. Stepping out of the shadows: legacy of the European Capitals of Culture, Guimarães 2012 and Košice 2013[J]. Sustainability, 2019 (5)：1469.

一名称。清代南京的丝织业很盛，清政府在江宁府设有江宁织造署（局）。"乾、嘉间，有织机以三万余计。其后稍稍零落，然犹万七八千"[1]。从业人数超过十万。所产"江绸、贡缎之名甲天下"。从历史的传承来说，南京"老城南"本来就是商业、手工业的文化传统汇集地，这就是场所精神的一种表达。如德波拉·史蒂文（Deborah Stevenson）所说："场所，象征性的和富有意义的领域关系到归属、共同感和身份。[2]"即使到了民国时期，这里的老字号也特别多，有较为繁华的餐饮店、理发店、摄影店、中药店等生活服务型商业，构成南京传统商业老字号的文化符号代表。从某种程度上来说，打造传统商业街正是规划重塑一种场所精神的必要手法，因为，我们所关注的核心是城市文化以及城市中人的生活，最终目的是给人以归属感和认同感[3]。

策略五：从"历史地段"城市更新到场所精神文化的集大成与再创新。在这一历史地段——大城市古都中心区的传统街区——实际上是多重要素："大城市""古都""中心区""传统街区"，一定要有适合这四层要素的产业和就业。针对上述情况，要素一就是要国际化，要素二就是尊重和传承历史，要素三就是注意城市中心区的价值再造，要素四就是强调精准保护前提下的精准开发。因此，整体的历史地段的业态更新包括文旅产业、商圈经济、老字号、高端商宿、商务会展、文化创意、品牌消费、科技研发等生产性服务业。规划的核心是为这个地方生活的人、旅居的人、创业的人、就业的人创造幸福生活，城市更新的核心是人和人的劳动，即良好居住与充分就业。

策略六：从一般意义上的江南文化品牌，到强化"苏式江南文化品牌"的创建。"江南"一词最早见于《左传·昭公三年》（约公元前400年），近年来有很多江南文化的研究成果，是中国历史文化地理和文化区以及现实生活中的一个重要概念，更是人们心理的文化地理概念，是对一种区域生活方式的地理概念理解。江南就像一种生活方式的摇篮和样板，曾是众人向往的生活地。她孕育了独特的江南文化，创造了多姿多彩的江南文学，造就了丰富的民俗文化，"老城南"具有很典型的江南文化特质，通过本次城市更新，将江南的水乡肌理文化和"城区里坊文化"加以整合，融入建筑文化及商业业态中。"储存文化、流传文化和创造文化"[1]应该是南京的一种文化担当和基本使命。"老城南"的城市更新与更替的目标之一是要打造新中式居住生活样板区，即一种有"苏式江南文化"内涵的生活样板区。"老城南"的更替过程中要以传统里坊为开发单位，在造景方面以"江南"元素来弥补传统里坊空间的拘束和刚硬。强化唯美、柔美的水乡式的城市里巷空间结构美学。

《中国国家地理》曾以"何处是江南"为主题，邀请气象学者、地理学者、历史学者、经济学者、中文学者和语言学者分别从各自的学科视角为"江南"划界。当这些不同的"江南"重叠在一起的时候，所得到的共同的"江南"是太湖和西湖流域，就是苏州和杭州周边地区[2]。其实，就像某种文化表达一样，每个人都有一个心中的"江南"，是人们对美好生活的重塑，是这个社会心理空间的再造过程。我们集体记忆和常识中的那个"江南"，就是白居易的诗句"日出江花红胜火，春来江水绿如蓝"中的"江南"，也是王安石的诗句"春风又绿江南岸，明月何时照我还"中的"江南"。至此，"江南"从一个普通名词演变为一个专有名词——一种生活方式。

由一个抽象符号和空间演变为一个蕴含丰富意义和内容的地方，每个个体都有自己的理解。"集体记忆不是一个既定概念，而是一个社会建构概念"[3]。城市是靠记忆而存在的，一个属于市民的公共空间具有集体记忆的价值，是一个群体的记忆文化，因而会对社会产生凝聚效应[4]。本文创造的"江南七十二坊"要打造的就是这样一种记忆载体。作为一块由民意划分的区域，"江南"凝结了无数次提炼和过滤之后的地方情感，是传统中国人居生活的典范——与西方人的"彼岸"不同，"江南"是中国人生活世界里的"天堂"——"上有天堂，下有苏杭"，是一种触手可及的幸福和希冀。

策略七：从街区空间到创造"坊经济"再到"文化硅巷"的建设。"前店后场""下店上场""前街后坊"的手工业创意工匠坊，是有温度的城市的必然选择，在日本的东京、大阪、京都、奈良等地，个体的作坊是这座城市生存的本能力量。2022年的中国，

1 刘易斯·芒福德. 城市发展史——起源、演变和前景 [M]. 宋俊岭，等译. 北京：中国建筑工业出版社，2005.
2 林之光，等. 何处是江南 [J]. 中国国家地理，2007 (3).
3 莫里斯·哈布瓦赫. 论集体记忆 [M]. 毕然，郭金华，译. 上海：上海人民出版社，2002.
4 张鸿雁. 城市空间的社会与"城市文化资本"论——城市公共空间市民属性研究 [J]. 城市问题，2005 (5)：2-8.

1 在先秦称为"里""闾"或"闾里"，从北魏开始出现了"坊"的称呼，从隋朝开始正式改称"坊"，及至唐代"里"和"坊"的称呼还是经常互用。

2 何清谷．三辅黄图校释[M]．北京：中华书局，2005.

3 曹寅，等．全唐诗[M]．北京：中华书局，1960.

4 宋敏求．长安志卷7[M]．北京：中华书局，1990.

5 三十六行是中国唐代主要行业的统称，其论述见宋代周辉的《清波杂录》：肉稗行、宫粉行、成衣行、玉石行、珠宝行、丝绸行、麻行、首饰行、纸行、海味行、鲜鱼行、文房用具行、茶行、竹木行、酒米行、铁器行、顾绣行、针线行、汤店行、药肆行、扎作行、陶土行、巫行、驿传行、皮革行、故旧行、酱料行、柴行、网罟行、花纱行、杂货行、彩兴行、鼓乐行和花果行。

6 黄时鉴，沙逊．十九世纪中国市井风情 三百六十行[M]．上海：上海古籍出版社，1999.

7 蓝翔，冯懋有．中国·老360行[M]．天津：百合文艺出版社，2006.

8 杨希枚．中国古代的神秘数字论稿，1972.

很多大城市都在打造城市的"市集"烟火气，从苏州的"双塔集市"成为一个网红打卡地就已经说明了这个道理。里坊，或称里、坊[1]，是古代城市的基层居住单位，先秦时期就已出现。《诗·郑风·将仲子》有"将仲子兮，无逾我里"之句。西汉长安城被划分成160里，且"室居栉比，门巷修直"[2]。尔后，里坊制度逐步完善，隋唐长安城达到鼎盛。此时，在城市布局上，里坊整齐划一，"千百家似围棋局，十二街如种菜畦"[3]，诸坊"棋布栉比，街衢绳直，自古帝京未之有也"[4]。其意义非凡，不仅打造出产品文化，更重要的是打造了一种中国"工匠精神"。就非物质形态而言，"明代十八坊"的"副产品"影响深远。首先，"明代十八坊"为江南区域资本主义萌芽的出现打下了深厚的基础，延续了江南地区财富的积聚；其次，纺织业的蓬勃发展，为南京云锦的诞生创造了可能性；再次，南京所特有的"白局文化"也是手工艺人在劳动过程中创造出来的。俗语有："三百六十行，行行出状元"。我国史料中关于行业的记载，始于唐朝的三十六行[5]。在唐朝三十六行的基础上，衍生出民间常说的七十二行或三百六十行的行业分类之说。宋元时期就有一百二十行之说，15世纪末已增至三百六十行[6]。据《清稗类钞·农商类》记载："三十六行者，种种职业也。就其分工而约计之，曰三十六行，倍则为七十二行，十之则为三百六十行[7]。"由此可见，三百六十行仅是对市井各种谋生行当的统称。

在这个基础上，笔者提出了"江南七十二坊"的概念，这是基于中国对行业统称的文化传统，同时强调社会分工细化、职业衍生发达的现代社会背景，将"三百六十行"的约数翻倍，创新性地提出中国的"七百二十行"。另外，"七十二"这个数字有非常重要的文化内涵：《周易》中"三天两地"衍生出天九地八，乃最大的天地数，即阳数和阴数之极，七十二为两个极数之积，具有天地交泰、阴阳合德、至善至美的意义[8]。而这里，在本质上强调的是一种虚数表达，是一种一般性比方，代表多重意义。同时，也许会有更多的坊，就是那些现代"创客"所创造的各种工作坊，也是在推进现代意义上的创意阶层的崛起，助力创意产业的发展。

"江南七十二坊"的概念，实际上是对当代都市生活的意象阐释，是为了向今人乃至后人呈现出过去中国江南地区的生活场景，这些生活场景既包括对从前历史记忆的怀旧再现，也不失对当前现实生活的忠实记录，更可能是未来生活、创业、就业的标杆模型。

策略八：从"市井集市"生活场景区，到现代都市时尚消费特色区，强调的是城市街区历史地段生态"文旅融合"的景观化创新。造园的宗旨是最大限度地发挥生态环境、社会文化、休闲游览和经济等方面的综合效益，实现人与自然和谐共存。可以充分运用"桥、亭、廊、舫、楼、井"[1]江南园林的单体建筑形态或组合建筑形态，作为南京"老城南"的历史地段，更有机会成为一个在传统建筑与现代建筑结合的空间里，以怀旧为首要文化符号的、有江南园林景观的、以城市街区消费特色文化旅游为目的的城市更新样板。

策略九：从创造新业态、新经济、新供给到数字江南文化产业的新兴地。"江南七十二坊"的业态选择是一种创意。永乐帝迁都北京后，南京的民间工商业的发展、留都设置和当地官府衙门各级官员盛行奢靡享乐之风，使得这个地方的商贸与游乐成为当时的首要特征[2]，可谓有呈六朝奢靡之风，延传弥散到民间，"城之南隅，康衢四达。幢幢往来，朝及其夕[3]。"甚至到了民国时期的南京，仍然是一个典型的消费娱乐之城。而今天打造的"新江南主义"强调的是"江南七十二坊"品牌，在继承原"老城南"商贸、游乐功能的基础上，着力于江南文化元素的凝练和地区文化品质的提升，以文化为引力带动地区经济的发展。"江南七十二坊"业态分类，强调的是"手工业创意产业群落"的概念，"江南七十二坊"分别从顶级购物体验、美食休闲分享、高雅艺术传承、传统技艺保留、创意产业激发、交流往来互动、健康生活倡导七个功能出发，通过打造轻奢版、味蕾版、雅韵版、灵动版、创意版五种不同版本的江南形象，勾勒"前世今生，绝版江南"的街区文化意象。

策略十：从"江南坊文化"到"苏派江南坊文化"的转换，强调空间文化创意与象征文化的核心在于"苏派原生态的文化创

1 （清）甘熙《白下琐言》卷
2（三）。陈文述曾有诗云：
"三百余年逝水流，惟留南市
旧名楼。轻烟淡粉销沉尽，何
处春风十四楼？"南京楼便是
明朝"春风十四楼"之一，
早已被焚毁。又据史料记载：
"江西会馆大门前花门楼一座。
皆以磁砌成。尤为壮丽然。"
2 沈旸. 明清南京的会馆与
南京城 [J]. 建筑师，2007
（4）：68–79.
3 （明）周诗等修，李登等
纂. 万历《江宁县志》卷1.
万历26年（1598年）刻本.

1 韦应物.《金谷园歌》："洛阳陌上人回首，丝竹飘飘入青天。"韦应物（公元737—792年），中国唐代诗人。汉族，有10卷本《韦江州集》、两卷本《韦苏州诗集》、10卷本《韦苏州集》。任过苏州刺史，世称"韦苏州"。

2 《中花六板》《三六》《慢三六》《慢六板》《行街》《云庆》《四合如意》《欢乐歌》。此外，流行的江南丝竹乐还包括《老六板》《快六板》《快花六》《柳青娘》《霓裳曲》等。

3 《礼记·乐记》："昔者舜作五弦之琴，以歌《南风》。"五弦之琴即指古琴。

4 古琴造型优美，常见的为伏羲式、仲尼式、连珠式、落霞式、灵机式、蕉叶式、神农式等。古代名琴有绿绮、焦尾、春雷、冰清、大圣遗音、九霄环佩等。

5 （北宋）沈括《图画歌》云："江南董源传巨然，淡墨轻岚为一体。"说的就是国画中的水墨画。

6 （唐）刘禹锡《西山兰若试茶歌》云："僧言灵味宜幽寂，采采翘英为嘉客。""翘英"指茶叶。

7 南京绒花唯一传人赵树宪老师一直在构思一件绒花作品，叫作《凤凰涅槃》，寄望中国的文化遗产能绝处逢生。

8 绒花谐音"荣华"，寓有吉祥祝福之意。

9 （唐）李白《月下独酌》云："花间一壶酒，独酌无相亲。举杯邀明月，对影成三人。"

10 园林专家陈从周教授说："昆曲、黄酒、园林，代表传统的江南文化。"见：陈从周，刘天华.园韵[M].上海：上海文化出版社，1999.

意与创新"。除了强调原生态文化的在地性和本地性外，还重点强调具有金陵文化特质的江南文化的象征性。例如，强化南京及江苏特有的非物质文化遗产和地方性文化的原汁原味地保留和复原，同时也强调江南文化的特殊符号的应用。譬如江南音乐，唐代韦应物在苏州作过官，对江南音乐情有独钟，评价江南"丝竹飘飘入青天"[1]，可谓"声色江南"，如国画泼墨。抑或有人说："听丝竹之声，而天下治。"江南丝竹是"丝竹"乐的分支，流行于江南，盛行于沪宁杭地区。2006年江南丝竹入选首批国家级非物质文化遗产名录。"江南七十二坊"必定设置"丝竹坊"，以丝竹坊为例，内部可设置如下：一是丝竹乐器制作工作堂，二是相关乐器展示堂，三是丝竹制作学艺坊，四是丝竹乐器售卖堂，五是丝竹乐器学习堂，六是丝竹乐器演奏坊，坊间可循环演奏"江南丝竹八大曲"[2]，以歌南风[3]，琴瑟江南。另外，还有很多可创新、创造的地方，如古琴坊内可设古琴知识堂、名琴陈列室[4]、练琴室、听琴室、古琴书籍室等，同时可定期举办琴会切磋琴艺，广交琴友。还有所谓江南烟雨"色"——江南春色。强调淡墨青岚[5]，卷轴江南，以及江南染料坊等，可谓创意无限。

很多江南产品包括文化产品，都可以与"坊文化+"结合，可制作、可展示、可浏览、可游玩、可学习、可观赏……江南自古出名茶，有"采采翘英"[6]，沁香江南：洞庭碧螺春、西湖龙井、庐山云雾……衣袂飘飘，嫣然江南：华服坊内分为展示区、售卖区和定制区三部分；锦绣坊内设绣品室、绣娘坊、生产工艺展示厅等。凤凰涅槃[7]，荣华[8]江南：绒花盛行于武则天时期，清朝更是作为"宫花"，南京的三山街—长乐路一带是康乾时期有名的"花市大街"。2006年，南京绒花被评为省级非物质文化遗产。目前，南京市绒花的继承人仅存一位，绒花技艺被称为"一个人的绝唱"。绒花坊内设绒花工作室、绒花展馆和少儿绒花学艺堂等。花间一壶[9]，醉心江南：黄酒是全球最古老的酒类之一，唯中国有之，和啤酒、葡萄酒合称世界三大古酒。黄酒作为江南文化的代表[10]，具有两千多年的历史。以惠泉黄酒为代表的吴文化和以绍兴黄酒为代表的越文化是两支风格各异的黄酒流派。黄酒坊内设有酒文化陈列馆、酿酒室、品酒室等。比德于玉[1]，温润江南：琢玉坊内设有玉器知识堂、玉器展示厅、玉器定制房。蜯娘采珠，妩媚江南：珍珠坊设在护城河边的画舫上，主要陈列珍珠饰品和珍珠工艺品。白釉青花，素雅江南：瓷器坊内包括"陶瓷之路"[2]模型馆、瓷器知识堂、瓷器展示厅等。红莲满城[3]，写意江南：灯笼坊内设有陈列室、制作室和点灯祈愿室。舞衫歌扇[4]，摇曳江南：古扇坊内设置古扇陈列室、扇面 DIY 工坊等。丁香[5]结愁[6]，烟雨江南：雨巷坊其实是油纸伞坊，设有油纸伞陈列馆和油纸伞制作区。童年记忆，市井江南：游戏坊再现"老城南"居民童年游戏的场域，所展示的游戏包括斗鸡子、一二三到下关、太平天国、翻沙包、吸驼子（也就是跳马）、官兵捉强盗、挑金针、拍洋画等。

　　表 1 为策划初设"坊"名意向，核心是"江南七十二坊"要有就业、创业和消费功能，每个坊都能成为一个集制作、展示、销售、娱乐、消费于一体的场景化空间。

表1　概念设计初设"江南七十二坊"坊名汇总

1 皮具坊	2 中药坊	3 珠宝坊	4 钟表坊
5 鞋帽坊	6 胭脂坊	7 蓝印花布坊	8 雪茄坊
9 绒花坊	10 华服坊	11 云锦坊	12 灯笼坊
13 黄酒坊	14 珍珠坊	15 桂花鸭坊	16 紫砂壶坊
17 龙井坊	18 古扇坊	19 江南地街	20 昆曲坊
21 经书坊	22 丝竹坊	23 泼茶坊	24 古琴坊
25 丹青坊	26 女工坊	27 赌书坊	28 江南书坊
29 客栈坊	30 魔术坊	31 陶艺坊	32 竹简坊
33 乌篷船坊	34 汤泉坊	35 唱片坊	36 藕香坊
37 创意坊	38 绸布坊	39 老洋行坊	40 香油坊
41 宠物坊	42 古玩坊	43 杏林坊	44 雨巷坊（油纸伞坊）
45 辑里丝坊	46 青团坊	47 苏绣坊	48 国瓷坊
49 霓裳坊	50 云糕坊	51 小笼包坊	52 发艺坊
53 四宝坊	54 大闸蟹坊	55 饮冰坊	56 巧克力屋
57 膳食坊	58 酒酿坊	59 糕点坊	60 咖啡馆
61 龙泉坊	62 怀旧坊	63 钱业公所	64 梨园坊
65 江南食坊	66 典当坊	67 秦淮坊	68 五德坊
69 杭邦坊	70 东江鱼坊	71 车轮饼坊	72 青花瓷坊

1 《礼记·聘义》："昔者君子比德于玉焉。温润而泽，仁也。缜密以栗，知也。廉而不刿，义也。垂之如坠，礼也。叩之其声，清越以长，其终诎然，乐也。瑕不掩瑜，瑜不掩瑕，忠也。孚尹旁达，信也。气如白虹，天也。精神见于山川，地也。圭璋特达，德也。天下莫不贵者，道也。"

2 "陶瓷之路"是日本古陶瓷学者三上次男先生在20世纪60年代提出的，人们多称之为"海上丝绸之路"。

3 欧阳修《蓦山溪·元夕》云："纤手袖香罗，剪红莲、满城开遍。""红莲"即"莲花灯"，此处引申为灯笼。

4 苏轼《朝云》云："经卷药炉新活计，舞衫歌扇旧因缘。"

5 戴望舒《雨巷》云："撑着油纸伞，独自彷徨在悠长、悠长又寂寥的雨巷，我希望逢着一个丁香一样地结着愁的姑娘。"

6 李璟《浣溪沙》云："青鸟不传云外信，丁香空结雨中愁。"

1 格雷姆·埃文斯. 文化规划:一种城市复兴 [M]. 李健盛, 编译. 北京: 北京师范大学出版社, 2022.

这是推动江南文化再兴的策划和规划，也是一个全新的"文化规划"，"文化规划涉及构成一个社会文化资源的活动、设备和便利设施。这种规划的框架已经得到了发展，在一定程度上体现了从文化规划视角为政策制定提供的不同领域：'一个监测并对城市文化资源的经济、文化、社会、教育、环境、政治以及象征意义发挥作用的过程'。"[1]但愿，我们的策划、规划和创意能够实现。

Constructing the Aesthetics of Life: Rejuvenation and Sustainability of Urban Center Areas in China: Ten strategies for planning and creativity about urban renewal and replacement

ZHANG Hongyan

Abstract: Essentially, urban renewal is an expressio of life aesthetics in cities which is an expression of constructive aesthetic lifestyle, and it is also urban evolution which is an ideal situation for human beings to pursue a better urban lifestyle. In the actual urban construction, there are often the problems of excessive "power and capital intervention", resulting in a lot of "constructive destruction" in the name of urban renewal. In this case: this paper proposes innovative perspectives on the aesthetic values of urban renewal based on practical cases: Firstly, to emphasize the value innovation of urban renewal in accurately protecting the integration and innovation of historical culture and modern culture; Secondly, to emphasize the meaning of "City Culture Capital" given to traditional space, so as to reproduce the "City Culture Capital". Thirdly, to emphasize the focus aggregation of urban renewal and urban development, thereby emphasizing the innovation of place spirit and actual ecological space value. Based on this, this paper proposes ten strategies for urban renewal and replacement. In conclusion, the combination of urban renewal and urban aesthetic innovation should be considered as one of the cores and key issues of urban development in the contemporary era.

Keyword: urban renewal and replacement; city culture capital; place spirit; Southern Yangtze culture in Jiangsu

叶
南
客

　　叶南客，1960 年出生，江苏淮安人，一级巡视员。原江苏省社会科学联合会副主席、原南京市社会科学联合会主席、南京市社科院院长，研究员、博士生导师；享受国务院政府特殊津贴专家，江苏省社科名家，江苏省"333 工程"科技领军人才。现兼任中国社会学会学术委员会委员、中国生活方式研究会会长、中国老年教育学术委员会主任，南京大学、河海大学、南京师范大学等多所高校教授和研究生导师，江苏创新型城市研究院首席专家，江苏省文化强省研究基地首席专家。

　　叶南客教授长期从事社会学、城市学、文化学和区域现代化研究，是中国较早研究社会转型时期城市管理、文化战略与人的现代化的著名专家。主持完成近 10 项国家和省部级重点规划课题。获 1999 年中国青年科技论坛特等奖 1 项；获得省部级政府科研成果一、二等奖励 10 多项。在《中国社会科学》《新华文摘》《社会学研究》《政治学研究》《马克思主义与现实》等国家级权威刊物上发表论文 30 余篇，出版专著、编著 40 多部，在国内外报刊发表论文、译文、调研报告 800 余篇。

【人生格言】

　　立言立人，求新求真。

城市更新七十年：历程演进与南京实践

叶南客[1] 何 淼[2]

摘要：

　　城市更新是城市高质量发展的关键议题。在中国城市更新价值日趋多元的语境下，南京经历了计划经济体制中的旧城修补与产权更新、体制力量主导下的解困性旧城形体改造、社会经济转型中的大规模"旧城再开发"以及协商式、渐进式有机更新四个阶段，并形成了特色实践。面向"十四五"，南京城市更新应注重谋求新价值、探索新模式、展现新风貌，进一步发挥好城市更新对城市高质量发展所产生的驱动作用与牵引价值。

关键词：

　　城市更新；历程演进；南京实践；"十四五"展望

1 叶南客，南京市雨花台红色文化研究院研究员，江苏文化强省研究基地首席专家。

2 何淼，南京市社会科学院副研究员，江苏省扬子江创新型城市研究院专家。

习近平总书记曾指出，人民城市人民建，人民城市为人民。无论是城市规划还是城市建设，无论是新城区建设还是老城区改造，都要坚持以人民为中心，聚焦人民群众的需求，让人民有更多获得感，为人民创造更加幸福的美好生活。在为人民创造更加美好的城市过程中，城市更新作为充分挖掘城市存量空间、提升城市发展韧性、实现社会与经济效益双增长的重要手段，是当下时空背景下城市可持续发展的重要议题。系统梳理城市更新的历程演进，总结提炼可继承的经验与做法，对于探索一条内涵式、集约型、绿色化的城市高质量发展道路是大有裨益的。

┤ 一 ├
城市更新：
城市高质量发展的关键议题

所谓城市更新，是城市的集聚与扩散效应在传统的城市中心区位以新的方式和形式重新出现[1]，是通过一系列复兴与再开发计划应对旧城空间功能不足等问题，提升旧城经济活力，改善旧城文化形象，最终促使城市功能与结构按照特定时期的政治、经济、社会脉络而进行调适与重构，以达到提振城市活力与竞争力的价值目标。作为一种大规模城市实践，城市更新起源于西方城市。早在20世纪30年代，美国芝加哥学派的城市社会学者基于对城市增长与城市发展进行实证研究提出了城市与邻里变迁的"生命周期（Life-cycle）"理论，指出具有有机体般的新陈代谢与"再生"功能。在这一理论影响下，第二次世界大战后的西方各国为实现城市重建、经济复兴等需求，纷纷通过制定、颁布各种城市计划与政策，借助土地再开发，来解决内城衰退和经济凋敝等问题[2]。早期的西方城市更新实践受"形体决定论"影响深远，致力于清除贫民窟、增加住房供给，出现了"扫除式"的内城重建，摧毁了城市当地的邻里与社区。伴随着芒福德、雅各布斯等学者的批评，以及社会各界对20世纪50~70年代城市更新的反思，西方城市更新开始强调回归人本主义，强调综合环境层面的再生与

1 张鸿雁. 城市中心区更新与复兴的社会意义——城市社会结构变迁的一种表现形式[J]. 城市问题, 2001（6）: 4.
2 陈映芳. 都市大开发: 空间生产的政治社会学[M]. 上海: 上海古籍出版社, 2009.

城市服务机能的恢复。20世纪70年代以来，西方城市面对的是大规模的郊区化与城市经济方式"去工业化"转型而来的内城持续衰退，居住环境恶化、动乱骚乱频发、中产阶级流失、贫困日益集中等图景。为了重振内城，避免城市社会空间朝着不均衡的方向持续发展，西方的城市更新出现了"地产主导的城市更新"与"文化主导的城市更新"两大主要模式。在这两大模式的主导或交互作用下，西方城市衰落破旧的内城重新恢复繁荣，实现了大量中产阶级自主回迁内城，并助推了城市第三产业与文化经济的兴起。城市更新构成了一个与西方城市郊区化相反的社会结构变迁，"发达国家的城市中心区位，正在向更高一个层级变迁，城市中心区位的更新与发展正在成为一个新的增长极"[1]，具有城市结构调整、产业功能重构、居民生活重建等社会、经济的不同面向。

在中国，自改革开放以来，高速推进的城市化导致中心地区的空间与功能结构难以满足城市的发展需求等，要求城市中心地区持续不断进行更新与调整，其目的在于实现物质空间以及物质空间内所承载功能结构、人口结构的变迁。旧城更新作为城市发展的调节机制[2]，成为解决计划经济体制时期城市停滞发展、推动城市产业结构调整、"退二进三"、提升城市服务功能以及增强城市吸引力、塑造城市品牌等目标的重要手段。近年来，随着我国城市建设由粗放型转向内涵式、高质量发展，城市化路径由增量扩张转向存量挖潜，城市更新越来越多地得到学界和政界的关注。就理论层面而言，出现了提倡有机更新、微更新等理论，其目的在于应对大规模拆除重建带来的城市文脉断裂等问题，提倡在保护场地原有肌理和历史文脉的前提下，采用适当的规模、合理的尺度进行更新，并鼓励公众参与改造过程，真正实现更新的成果为全民所享。就实践层面而言，伴随我国城镇化率超过60%，城市发展步入存量提质改造和增量结构调整阶段，城市更新正成为中国各大城市面对的普遍课题。不少城市开始积极推进城市更新行动，并将城市更新写入政策法规，《深圳经济特区城市更新条例》《广州市城市更新条例》《上海市城市更新条例（草案）》等一系列条例的出台即为例证。2021年发布的国家"十四五"

1 张鸿雁. 侵入与接替——城市社会结构变迁新论[M]. 南京: 东南大学出版社, 2000.
2 阳建强. 中国城市更新的现况、特征及趋向[J]. 城市规划, 2000（4）: 53-55, 63-64.

规划中进一步指出，"实施城市更新行动，推进城市生态修复、功能完善工程"，城市更新从本质上构成我国城市高质量发展的重要内涵。可以说，作为我国城市化进程深化的阶段性结果与持续过程，城市更新是塑造当代中国城市社会空间变迁的一种基本形式与重要力量，是优化城市功能、增强城市可持续发展能力的战略选择，更是落实习近平总书记提出的"走内涵式、集约型、绿色化的高质量发展路子"要求的必然实践。

｜二｜
从一元到多元：
中国城市更新的价值演进

中国的城市更新在中国特有的历史时空背景下针对旧城、老城或城市传统的中心地区而展开的空间再造与重构。不同于英、美等西方国家在第二次世界大战后推动的城市更新，中国的城市更新并不是城市化进程发展到郊区化现象时的城市空间结构的调整，应对的问题也并非内城经济活力下降、动乱骚乱频发、中产阶级流失等，而是长期计划经济制约下城市长期缓慢、滞后发展而产生的功能结构性缺失，由此而带来的对城市空间调整、功能重塑的需求，以解决城市产业结构与时代发展脱节、基础设施建设难以满足城市与居民所需等问题。根据相关学者的研究，中国的城市更新经历了以下四个阶段的演化[1]（表1）。在此过程中，中国的城市更新跳脱出物质层面的旧城改造，而逐渐结合社会、经济、文化等多方面的价值诉求。

第一阶段（新中国成立初期至改革开放）：生产城市下的空间充分利用与逐步改造。这一阶段在"生产城市"建设的主导下，旧城只能依循"充分利用，逐步改造"的策略，以棚户区和危房、简屋的改造及最为基本的市政设施的提供作为局部的改建或扩建目标，为日后旧城面临公共设施的负荷超载埋下了隐患。同时，期间由于特定历史事件的影响，经济持续衰退与城市建设无人管理相伴而生，旧城也陷入了发展困境之中。

1 相关研究见：吴明伟.走向全面系统的旧城更新[J].城市规划，1996（1）；耿宏兵.90年代中国大城市旧城更新若干特征浅析[J].城市规划，1999（7）；阳建强.中国城市更新的现状、特征及趋向[J].城市规划，2000（4）；李建波，张京祥.中西方城市更新演化比较研究[J].城市问题，2003（5）；刘昕葵.北京城市更新的思想发展与实践特征[J].城市发展研究，2012（10）；阳建强，陈月.1949—2019年中国城市更新的发展与回顾[J].城市规划，2020（2）。

表1　中国城市更新的阶段特征

阶段	时空脉络	指导思想	重点内容与价值导向
新中国成立初期至改革开放	生产性的城市建设,城市改造是为了配合重点工业项目;城市建设出现倒退	"充分利用,逐步改造"	配合城区的重点项目,旧城区充分利用原有的房屋、设施进行局部改造或扩建
改革开放至20世纪90年代初期	城市职工住房需求剧增,多年动乱与贫困造成的城市布局混乱,出现大规模的棚户区和简屋	从旧城边缘向中心的"填空补实""拆一建多"	大量修建住宅改善居民居住条件,结合工业布局的调整,进行工业建设项目的规划;非生产性建设增多,以最少的资金解决最多人的居住问题
20世纪90年代至21世纪前10年	内旧外新的城市景观;伴随经济体制改革,激活商业机能成为核心目的;城市肌理在大规模的更新中遭到破坏,传统风貌丧失	"系统更新""拆、改、留""小规模、渐进式""有机更新"(仅部分在实践中被采纳)	以房地产为导向的推倒式重建,旧城区的大规模拆建
2010年至今	更新改造规模不断扩大,深入城市的危旧房、"城中村"、老工业区、历史街区;城市第三产业发展;全球化经济	"全面系统""文化更新""微更新"	开始注重城市更新中城市文化的保护,提出要保存城市特色,保留城市多样性;大拆大建的模式被否定,强调更为综合、系统、渐进的城市更新模式;如何利用文化资源塑造旧城形象成为重要课题;注重城市更新与第三产业的协同发展;强调城市更新的成果为居民共享

　　第二阶段(改革开放至20世纪90年代初期):城市老城区的集体消费品补足。这一阶段的主要目标是解决下放人员和知青的"返城潮"带来的日益增加的住房需求,增强旧城地区的承载能力。此时大多通过"拆一建多"的方式充分利用旧城、补充生活设施,并对条件较为恶劣的地区进行改造。1984年出台的《城市规划条例》中提出的"加强维护、合理利用、恰当调整、逐步改造"成为当时各地进行旧区改建的指导性原则。

第三阶段（20世纪90年代至21世纪前10年）：市场导向的旧城经济开发。这一时期城市更新的目标在于"成片"的危旧房改造以激发萎缩的商业机能，在追求土地和空间市场利益的导向下，大规模拆建带来的城市空间重构成为这一时期城市空间形态的主要特征。旧城更新也不再只局限于消极地改善城市破败地区的环境质量，再开发、再利用的多重经济价值被挖掘出来，在房地产市场的不断带动下，城市更新也在全国范围内开展，形成了以房地产开发带动为主的改造模式，由此带来大规模的居民动迁与旧城拆建，引发了诸多社会矛盾，"建设性破坏"尤为严重。

第四阶段（2010年至今）：注重多元利益的渐进式有机更新。这一时期，无论是学界还是地方政府都开始对大拆大建式的城市更新进行了广泛反思：一方面，承认城市更新在不同程度上解决了旧城空间格局混乱、居住拥挤、基础设施不足、环境恶劣等问题；但另一方面，中心区过度开发、传统风貌丧失、社会网络破坏等问题引起了广泛批评与关注。这一时期城市更新的范围进一步延伸至危旧房、"城中村"、老工业区、历史街区，在此过程中，延续、利用、开发、再生产城市文化资源，使之服务现代城市的功能，也成为旧城更新的重点之一。同时，在新常态的背景下，中国城市发展重点逐渐转向存量空间，城市更新更加注重城市综合功能、宜居环境、文化魅力的多维度提升。

由此可以看出，中国的城市更新起初以局部危房改造、基础设施建设为主要目标，尚表现为旧城的"形体改造"。随后，伴随着政治经济与城市发展之间的关系演变，城市空间的消费性、文化性都在这一过程中被发掘出来，旧城更新也与第三产业发展、全球资本循环等新的城市发展趋势联系起来，涉及物质性更新、空间功能结构调整、人文环境优化等社会、经济、文化内容的多重目标[1]。近年来，随着中国城镇化进入"下半场"，城市更新的广度与深度都在不断拓展，成为更加有效地配置资源、提升城市治理能力的一股重要力量。

1 李建波，张京祥．中西方城市更新演化比较研究[J]．城市问题，2003（5）：5.

南京旧城更新的历程演进与
特色实践

1. 计划经济体制中的旧城修补与产权更新（1949~1978 年）

从新中国成立至改革开放之前的南京在资金极度缺乏与"生产性城市"的发展思路下，这一时期旧城更新仅仅停留在充分利用旧城原有设施基础之上的物质层面的小规模改造，包括维修现有房屋、市政公共设施等，或进行棚户区和危房的小规模改建或扩建、时断时续的"修补"，或进行道路的修整、秦淮河等河道的疏浚、因陋就简地建房。旧城改造的主要任务在于恢复性工作，其内涵仅仅是在充分利用旧城理念指导下的棚户区修缮。

总体而言，这一时期缺乏长期的、系统的、有效的更新。此外，需要提及的是，虽然物质型更新并不是此时的重担，但产权更新成为这一时期的主要内容[1]。在社会主义房产改造的影响下，私房房主只能保留数个自己居住的房屋，其余大部分通过"国家经租"的方式而转变为公房。由此，南京城市中的私房率持续下降，至1978 年仅为 17%，内城核心地区有大量房管局的公房、单位住房。这也导致在改革开放以后的十余年中，南京的旧城更新多以住房更新为重点任务。

2. 体制力量主导下的解困性旧城形体改造（1978~1992 年）

从新中国成立到改革开放，南京的建设重点是物质生产领域，城市住宅建设等具有社会服务性质的领域往往是受到限制和被忽视的领域。1978 年的十一届三中全会开启了社会主义的现代化建设，也迎来南京城市建设、旧城改造的新阶段。在旧城改造的内容上，以"解困""解危"为目的的住宅建设为主，后期也将商业街市的复苏纳入其中。首先，缓解多年积压下来的住房短缺问题是重中之重。统计数据显示，从 1949 年至 1978 年，南京直接用于住宅建设的投资只占总投资的 5%[2]，至 1978 年，人均住房面积仅为 5.03m²，相较于 1949 年仅增加了 0.2m²[2][3]。因此，自

1 胡毅，张京祥. 中国城市住区更新的解读与重构：走向空间正义的空间生产[M]. 北京：中国建筑工业出版社，2015.
2 姚亦锋. 南京城市地理变迁及现代景观[M]. 南京：南京大学出版社，2006.
3 南京市地方志编纂委员会. 南京城市规划志（上）[M]. 南京：江苏人民出版社，2008.

1978 年起，南京市政府出台了一系列政策推动城市住宅建设，如在 1983 年发布了《关于加快城市住宅建设的暂行规定》，提出"实行改造旧城与开发新区相结合，以改造旧城为主的方针"，并初步划定了 40 个改造片区。在这些城市政策的引导下，南京市在这一时期内先后改造了绣花巷、张府园、榕庄街、芦席营、龙池庵、如意里、中山东路南侧等 96 个旧城改造片区[1]。其次，更新旧城内的基础设施与调整旧城土地使用问题也是相关的内容。这一时期也对旧城内的基础设施进行改善，拓宽了雨花路等道路，建设并改造了电力、煤气、自来水等公共设施，并开始迁出旧城内等污染严重的企业。最后，商业街市的复苏也成为后期的更新重点。在旧城改造的方式上，首先是通过"填平补齐"的方式在旧城内剩下的少量未开发用地上进行居住区建设，新建了瑞金新村、后宰门小区等住宅区；其次，在用最少的资金解决更多人的居住问题、最充分地利用旧城已有基础设施的思路下，通过"拆一建多"的方式对旧城十余个已建小区实施改造，张府园小区、中山东路改造片、娄子巷小区即为其中的典型案例。在旧城改造的主体上，其主导力量依旧限于体制内，但是由原来的政府一家逐渐变成政府和单位两家。

因此，这一时期南京旧城改造的核心出发点在于增强旧城的服务功能，其中缓解多年积压下来的住房短缺问题是重中之重，其主要内容即为住宅建设，一方面在于改善原地居民的住宅条件、增加相当数量的新住宅，另一方面在于充分利用城市现有公用设施和生活配套设施，少占郊区耕地，控制城市发展规模[2]。同时，虽然这一时期商品住房已有出现，但由于房地产经营单位的实力有限，南京市土地经营政策也依旧延续计划经济体制下的行政划拨形式，即土地资源由政府直接划拨，体现的是资源配置的计划性、土地使用的无偿性和行政干预的强制性[3]，加之解决城市居民住房问题被作为政府的"民生工程"，这一时期以住宅建设为内涵的旧城改造其主导力量仍是体制力量。另外，从城市更新的内涵出发，这一时期尚处于旧城的"形体改造"阶段，其目的在于扭转"先生产后生活"下的城市空间格局，弥补前一时期城市住宅的"欠账"。

1 蒋裕德. 南京计划管理志 [M]. 北京：方志出版社，1997.
2 南京市人民政府. 关于加快城市住宅建设的暂行规定 [Z]. 1983.
3 汪毅. 城市社会空间的历时态演变及动力机制——聚焦南京 1949~1998 年的空间结构形成 [J]. 上海城市管理，2016, 25（1）：66-70.

3. 社会经济转型中的大规模"旧城再开发"（1992~2011年）

这一时期是中国社会经济的"转轨期"与城市化的高速发展时期。经济体制从计划经济向市场经济的转轨、日益增强的国际化水平与开放程度，都使得这一时期的城市发展显示出与先前阶段尤为不同的特征。在产业结构的调整、土地有偿使用制度的确立、住房制度的改革、国有企业改革等多重政策的叠加影响下，城市建设进入高速发展期，具体表现为城市内部空间的迅速重构与功能转换，以及外部空间的规模扩张与迅速蔓延。"退二进三"的经济转型、吸引国外资本的压力、孵化土地市场的需求、国家战略布局的调整都使得南京旧城所具有的经济价值被全面激发出来：整顿与更新旧城不再仅仅是为了提升城市破败地区，而是更具有开发与再利用的多重经济价值与资源配置价值。

首先，在"退二进三"的城市经济发展思路下，南京旧城改造的核心目的在于达到城市土地利用结构的重构与城市功能的转换，这使得旧城成为高档的居住、办公、购物、商务服务中心。旧城内工业企业用地大部分都转变为住宅用地和其他第三产业用地。其次，就旧城更新的范围而言，重点区域逐渐由旧城中心与旧城内原工业用地拓展至旧城中相对边缘的危旧房集中片区。尤其是在21世纪初开始的新一轮旧城改造中，除去原有的旧城中心地区仍在持续更新改造之中，出于对旧城环境以及潜在土地价值的考虑，大量危旧房片区也被纳入新一轮旧城改造的重点。最后，在以"道路建设"为重点的旧城改造及相关政策的作用下，南京旧城客观上实现了基础设施的改善与综合环境的提升，但也因为缺乏整体性规划，而在一定程度上破坏了旧城的传统肌理与空间轮廓。

由此，在这一时期，培育第三产业、吸引外资关注的城市经济结构与产业结构的战略调整，土地有偿使用制度的确立和城市土地市场的形成，以及长江三角洲地区成为国家重要战略板块等时代背景，均使得南京的旧城更新被注入新的动力：旧城的物质更新、功能调整、用地结构转换都已成为题中之意。一方面改善了旧城物质环境，并使得旧城形成了以第三产业为主导的经济格局，产业活力得以再造；另一方面却也在"垂直"发展以追求空间收益的过程中，引发了城市文化风貌丧失、空间尺度过大等一系列问题。

4. 协商式、渐进式的有机更新（2011年至今）

党的十八大以来，南京以高质量建设"强富美高"新南京为目标，坚持以人民为中心、人民城市人民建、人民城市为人民的理念，重点围绕历史地段、城镇低效用地再开发、老旧小区改造、居住类地段、环境综合整治等方面，积极探索"留改拆"的协商式、渐进式城市有机更新模式。城市更新进入系统化政策指引、多元化共建共享的新阶段。

在历史地段更新方面，针对历史地段以居住功能为主的保护更新难题，南京在2015年开始采用渐进式的更新方式，更加注重内部功能和传统生活方式的传承，同时注重多方式的公众参与，对文物、历史建筑以外风貌较好的建筑进行活化利用，充分尊重原住民的相关权益，留住了原住民和烟火气，延续的"生活态"。以南京"老城南"地区为例，积极探索对历史文化街区、风貌区的保护更新新模式，结合文化创意和旅游等活化"老城南"历史，增强城市旅游吸引力。例如，以南京中国科举博物馆建设为核心，打造夫子庙传统科举和商业文化展示片区。在城镇低效用地再开发方面，积极实践探索创新，拓宽了开发主体范围，鼓楼原土地使用权人采取联营、入股、转让等方式参与开发；同时，针对南京实际，确定了老城嬗变、产业转型、城市创新、连片开发四种模式；放宽土地供应范式；加大配套激励措施等。通过不断的政策创新实践，大量低效用地价值得到提升。例如，南京第二机床厂更新为南京国家领军人才创业园（国创园），鼓楼白云亭副食品市场更新为文化艺术中心等。在居住类地段更新方面，2020年5月，在市政府多轮研究后，出台了《开展居住类地段城市更新的指导意见》，着力解决居住类地段改造中遇到的土地、资金等瓶颈问题，促进城市更新从传统征收拆迁模式向"留改拆"方式转变。

近年来，在"人民城市"理念的引导下，南京以民生优先、关注群众"急难愁盼"问题，积极探索"微更新"模式：在社区层面，通过对社区层面的公共服务需求进行摸底调查，在社区内部资源挖潜的基础上，增加菜市场、养老服务中心、24小时自助图书馆等生活设施，以更好地满足居民生活需求；在街区层面，以小西湖微更新项目为代表，采用渐进式、小尺度微更新模式，充分尊重老百姓意愿，通过共生院、共享空间、平移安置等多种腾挪方式，将百姓居住和文物保护、商业开发、风貌展示功能进行融合共享，既留住了老城烟火气，又激发了城市新活力。

总体而言，在这一时期南京的城市更新实践有以下几方面转变：一是，更加注重从全局性系统出发，追求综合效益的提升。通过整合存量空间资源，鼓励成片连片更新，实现区域统筹。同时，注重文化传承活化利用以及完善城市功能，提升空间品质与环境质量。二是，更加注重公众参与、人民城市人民建。改变政府"自上而下""大包大揽式"的城市更新，也不是简单制定政策就能自我更新，采取"政府引导、多元参与"的方式，在相关权利人和市场主体达成一致的前提下，采取自愿参与的方式，"自下而上"向政府申请开展城市更新。三是，更加注重制度建设，夯实政策基础。既包括法律法规制度建设，也包括平衡资金制度建设以及管理体制建设（图1~图5）。

图1　南京小西湖现状实景图[1]

图2　南京老门东改造前后对比图[2]

1 南京市规划和自然资源局，南京市城市规划编制研究中心. 南京城市更新规划建设实践探索[M]. 北京：中国建筑工业出版社，2022.
2 同上。

图 3　三条营改造前后对比图 [1]

图 4　白云亭改造前后对比图 [2]

（a）现状东北角鸟瞰　　　　（b）改造后东北角鸟瞰

图 5　南京老烟厂改造前后对比图 [3]

1 南京市规划和自然资源局，南京市城市规划编制研究中心. 南京城市更新规划建设实践探索 [M]. 北京：中国建筑工业出版社，2022.
2 同上。
3 同上。

┤ 四 ├
"十四五"时期南京城市更新展望

　　党的十九届五中全会通过的《中共中央关于制定国民经济和社会发展第十四个五年规划和二〇三五年远景目标的建议》中明确提出实施城市更新行动，这是在准确把握我国城市发展新形势、城镇化新阶段的基础上对城市高质量发展的重大战略部署，阐明了"十四五"时期城市建设的重点任务。对于南京市而言，在建设"社会主义现代化典范城市"的目标指引下,应当以城市更新推动结构调整优化和品质提升,以城市更新增强城市竞争力、提升城市能级,以城市更新传承优秀传统文化,以城市更新不断满足人民群众日益增长的美好生活需要,进一步发挥好城市更新对城市高质量发展所产生的驱动作用与牵引价值。

1. 谋求新价值:将人本价值贯穿城市更新全过程

城市的人本价值强调城市发展处处围绕人、时时为了人,是"人民城市"理念的核心价值。以墨尔本为例,《墨尔本城市规划(2017—2050年)》将建设世界级宜居城市作为七大城市定位目标之一,并将城市更新作为宜居城市建设的重要支撑,全面拓展了城市更新的规划面域,强调城市人居环境韧性发展能力提升、城市活力营造、城市经济社会环境协同发展[1]等多重城市更新的人本价值。对于南京市而言,一要将人本价值贯穿南京城市更新的全过程,摆脱仅注重"增长""效率"和"产出"的单一经济价值观[2],在城市更新的顶层设计、政策工具、工作机制上应充分坚持以关注人的需求为前提,在制度设计上要保障公众在城市更新活动中的知情权、参与权、表达权和监督权,让广大南京市民真正成为城市更新的积极参与者、最大受益者与最终评判者。二要注重城市更新的人性尺度,围绕"人"的要素更新城市空间,围绕空间功能实现有机联系,通过对空间功能和内容的更替,实现城市生活品质、居民精神情感的延伸与更新。三要进一步聚焦"幼有善育、学有优教、劳有厚得、病有良医、老有颐养、住有宜居"的居民现实需求,积极完善老旧社区市政配套、环境卫生、公共服务等设施,让居民的美好生活可依托。目前,从现实情况来看,南京仍有一定数量的居民居住在安全条件不完善、公共设施不完备的环境中,持续推进城市更新工作应当成为提升人民生活质量的重要举措。

2. 探索新模式:构建"存量时代"的高质量城市建设路径

2019年,南京城镇化率已达83.20%[3],处于典型的城镇化中后期。在这一时期,城市更新的重点在于进一步激发城市活力,提升人口和资源要素吸引力,增强美好生活的供给能力,创新城市治理手段与方法。对于南京市而言,一要完善适应于"存量时代"

1 王祝根,李百浩. 墨尔本城市转型中的城市更新范式演进及其启示[J]. 规划师, 2021(10):68-74.
2 阳建强. 走向持续的城市更新——基于价值取向与复杂系统的理性思考[J]. 城市规划, 2018(6):68-78.
3 南京市统计局. 2019年南京市各区主要人口数据[OL]http://www.nanjing.gov.cn/zdgk/202004/t20200409_1830283.html. 2020-04-09.

城市更新的制度体系。作为当前我国城市"存量盘活"发展的重要路径，城市更新往往在实际操作中因为土地用途变更困难、产权关系难以协调、开发利益分配不均等各种制度困境而难以推行[1]。南京市应积极对"增量时代"城市建设的相关政策法规进行修订、完善，加强对存量用地、既有建筑更新改造的制度设计，同时构建有效的城市更新的执行机制，保障城市更新的落实。二要积极探索"存量时代"的城市更新模式。目前，南京市已进行了一些有益探索，如秦淮区在全市率先启动"城市硅巷"建设，立足高校院所老校区、老院区的土地空间和建筑资源亟待重新整合开发的实际，通过有机更新向"存量空间"要"增量价值"，打造校地融合、产城一体的创新集聚区，成功吸引高端人才与创新企业重回主城[2]。未来南京市应进一步推广此类经验，立足于更新实践，打好"组合拳"，实现"产城人"的融合发展。三要将城市更新与城市治理相结合，通过城市更新系统治理"城市病"。应针对南京快速城镇化过程中出现的住房供需不平衡、产业空间结构不合理、公共服务设施供给不充分等问题，通过城市更新予以破解，从而全面提升城市治理现代化水平。

3. 展现新风貌：印刻"美丽古都"的城市记忆

党的十八大以来，习近平总书记多次指示，城市建设工作不能急功近利、不搞大拆大建，要多采用微改造的"绣花"功夫，让城市留下记忆，让人们记住乡愁。作为六朝古都、十朝古都，作为国家首批历史文化名城，南京市应当坚持历史文化保护传承的更新理念，在推动优秀传统文化创造性转化、创新性发展方面作出表率。一要在历史文化街区更新中突出文化内涵。目前，南京的老门东、熙南里等历史街区在更新中已突破了"历史街区，现代商业"的简单拼贴，通过文化业态的植入、文化氛围的营造成为南京的新文化地标。应进一步保护和挖掘好南京各类历史文化街区的价值，在文旅融合的时代潮流下打造集文化消费、休闲消费、体验消费于一体的街区，实现城市文脉和传统风貌的"活态"延续。二要推进传统城区的更新与森林城市建设相结合，以美丽街区、美丽社区、美丽庭院、美丽阳台、美丽天际线建设为契机，构建"记得住乡愁"的美丽人居环境。三要继续推进小规模、渐

1 唐燕，杨东. 城市更新制度建设：广州、深圳、上海三地比较[J]. 城乡规划，2018（4）：22-32.
2 江苏省南京市秦淮区委. 打造中心城区城市更新"秦淮样本"[N]. 学习时报，2021-05-26（4）.

进式的"微更新"。要注重对公共空间实施文化"微更新"改造，在沿江沿河、社区园区商圈和绿地公园广场等，植入丰富多彩的南京文化元素，推出一批城市"微景观"、街头"小游园"，让美丽古都可感知。

Seventy Years of Urban Renewal:
Process Evolution and Nanjing Practice

YE Nanke, HE Miao

Abstract: Urban renewal is the key issue of urban high-quality development. Over the past 70 years of urban renewal, Nanjing has experienced four stages in the context of increasingly diversified urban renewal values in China. Firstly, Old City Renovation and Property Rights Renewal under the Planned Economy System. Secondly, old city renovation guided by institutionalis forces for the purpose of poverty alleviation. Thirdly, large-scale old city renovation in socio-economic transformation.Lastly, gradual organic renewal in consultation. In this process, Nanjing has formed its own unique practice. Facing the 14th Five-Year, Nanjing should focus on seeking new values, exploring new models, showing new features, and further give full play to the driving role and traction value of urban renewal on urban high-quality development.

Keywords: urban renewal; process evolution; Nanjing practice; prospect in the 14th five year plan

潘
知
常

南京大学教授、博士生导师、南京大学美学与文化传播研究中心主任。先后担任澳门电影电视传媒大学筹备委员会专职委员、执行主任（2013至今）、澳门科技大学特聘教授、博士生导师（2007至今）、澳门科技大学人文艺术学院创院副院长（主持工作，2010~2012年）。1992年享受国务院政府特殊津贴，1993年获聘教授。中国民主同盟第八届中央委员会委员、中华全国青年联合会第八届中央委员会委员、中国华夏文化促进会顾问、国际炎黄文化研究会副会长、澳门特别行政区政府文化产业委员会第一与第二届委员会委员、澳门国际电影节秘书长、澳门国际电视节秘书长、澳门比较文化与美学学会创会会长等。曾获江苏省哲学社会科学优秀成果一等奖等18项科研奖励，主持澳门特别行政区政府基金会重大项目"澳门文化产业发展战略研究"等上百项咨询策划项目，担任《当代城市研究》杂志编委。首创"生命美学"（1985年），目前互联网搜索量约3280万条，是改革开放新时期崛起的生命美学学派的领军人物；2007年提出"塔西佗陷阱"，2014年被最高领导在正式讲话中引用，并被列为中国要跨越的"三大陷阱"之一，在国内外产生重大影响，目前互联网搜索量约299万条，成为公认的政治学、传播学定律；2016年今日头条频道根据全国6.5亿计算机用户调查"全国关注度最高的红学家"，排名第四，在喜马拉雅讲《红楼梦》，播放量900多万次。

【人生格言】
    以审美心胸从事现实事业。

城市更新视角：美学的生活与生活的美学

潘知常

摘要：

生活本来就应该是审美的，这是一个不是问题的问题。然而长期以来我们的生活却每每与美无缘。进入现代社会，这一情况出现了根本性的改变。但是，其中也问题多多。在美学的生活或者生活的美学终于进入了我们的视界之后，我们急需关注的是"生活问题"而不是"生活的问题"，也急需我们对生活是否值得一过加以认真省察，并且切记：审美活动可以走向泛美但是却绝不可以走向俗美，可以走向通俗化但是却绝不可以走向庸俗化。

关键词：

生活；艺术；审美；生活问题；生活的问题

远在 20 世纪，生命美学的领唱者叔本华、尼采就曾不约而同地追问：日常生活为何失去了艺术性，我们的生活在何种程度上远离了艺术？

确实，生活本来就应该是审美的，这本来完全不应该成为一个问题。但是，长期以来，"生活"却偏偏在美学中毫无地位。在几乎所有的美学家那里，生活都被不屑一顾地漠视、压抑。借助貌似神明的"审美非功利说"，美与生活之间的联系被无情切断。美与生活完全对立起来，彼此成为互相独立、各不相关的两个领域。即便是在柏拉图的《会饮篇》里，维纳斯也被分为两个：一个是"天上的"，一个是"世俗的"，所谓"神圣的维纳斯"和"自然的维纳斯"。而且，"世俗的""自然的维纳斯"显然也并不能被列入美的疆域。后来的车尔尼雪夫斯基尽管在美学史上第一次提出了"美是生活"的命题，但是，犹如"世俗的""自然的维纳斯"其实并不"维纳斯"，车尔尼雪夫斯基所谓的"生活"其实也并不"生活"。

关于这个问题，多年来笔者始终都在关注与思考，并且陆续发表了《逃向生活——在阐释中理解当代生活的审美化》（《粤海风》1998 年第 6 期）、《荒诞的美学意义》（《南京大学学报》1999 年第 1 期）、《"日常生活审美化"问题的美学困局》（《中州学刊》2017 年第 6 期）、《生活问题的美学困局》（《社会科学战线》2021 年第 7 期）等论文，现在，把这些想法综合起来，笔者想说的是，其中的奥秘在于美学家内心深处的对日常生活的恐惧以及认为日常生活必然无意义的焦虑。

因此，生活被人为地梳理为过去、现在、将来，并且线性地向前发展。在此逻辑系列中，关系是确定的，因果是预设的，这样一来，生活也就不断后移。它永远莅临明天："生活在明天""理想在明天""幸福在明天"。如此一来，所谓"生活"其实就已并非生活，而是"非如此不可"的"沉重"，对它而言，现实的生活永远并非"就是如此"，而是"并非如此"。而且，"对于现实的生活，它永远说不"；而对理想生活，它却永远说"是"。或者，生活的"是这样"和"怎样是"并不重要，重要的是生活"应当是这样"和"必须怎样是"。所以，生活犹如故事，重要的不在多长，而在多好。

由此，美与生活的脱节也是必然的。

传统的美学追问方式无非是两种：神性的或者理性的。也就是说，或者以"神性"为视界，或者以"理性"为视界。而且，在这当中，"至善目的"与神学目的是理所当然的终点，道德神学与神学道德，以及理性主义的目的论与宗教神学的目的论则是其中的思想轨迹。美学家的工作就是先以此为基础去把生活神性化或者理性化，然后，再把审美与艺术作为这种解释的附庸，并且规范在神性世界、理性世界内，并赋予不无屈辱的合法地位。理所当然地，是神学本质或者伦理本质牢牢地规范着审美与艺术的本质。于是，生活的就肯定不是美的，美的则肯定不是生活的。当然，这也就是叔本华这个诚实的欧洲大男孩之所以出来一声断喝："最优秀的思想家在这块礁石上垮掉了"[1]。

令人欣慰的是，在20世纪，在"生活世界的理论"即现象学美学、"以生活为中心的美学"即实用美学、"以人的存在为中心的美学"即生存美学之中，我们开始看到了全新的颠倒。例如，杜威提出了"原经验"，詹姆斯提出了"纯粹经验"，指向的显然是理智、意志、情感世界以及真、善、美世界泯然未分时的产物；海德格尔发现了作为形而上学基础的充满"烦"的"此在"，也无疑是为人类提供了透视生活的窗口。显然，他们都追随于叔本华、尼采身后，开始了美学家走向生活的努力。

于是，所谓"生活"不再是被预设的，而成为被实实在在地度过的。正如尼采所敏捷发现的：所谓宗教，其实只是"投毒者"，所谓道德，则也只是"蜘蛛织网""在奥林匹斯众神引退的地方，希腊人的生活也更加暗淡、更加充满恐惧。基督教完全压扁了人类，粉碎了人类，使人类深深地陷入烂泥里。它要消灭人，粉碎人，使人麻醉，使人陶醉[2]。"然而，事实上生活根本不需要在自身之外去高悬一个所谓的意义，更不需要在这个意义一旦未能达到之

1 叔本华. 自然界中的意志 [M]. 任立, 刘林, 译. 北京: 商务印书馆. 1997.
2 尼采. 人性的，太人性的 [M]. 杨恒达, 译. 北京: 中国人民大学出版社, 2005.

时就转而迁怒于生活。生活，并非人类的敌人。因此，根本就没有必要去把生活与自身对立起来，更没有必要与生活为敌，而应转而与生活为友。而且，即便是因此而导致了生活的平面化、无意义、缺乏深度，也并不可怕。生活中的确定性被还原为不确定性、简单性被还原为复杂性，无疑并不像某些人所气急败坏地痛斥的那样，是把本来十分简单的生活搞复杂了。那无非是因为，生活本来就是复杂的。事实上，生活本来就不像我们长期以来那样以外在的意义去加以规定后的确定和简单。它本来就是不确定和复杂的。生活中何尝存在种种人为的精心安排乃至理想归宿，何尝存在什么光明的前途、大团圆的结局？与其隐匿矛盾、否定矛盾，毋宁实事求是。生活并不像想象的那样美好，这并不是坏事。由此而展开的是广阔天地而不是穷途末路。当然，生活会因此而充满挑战，但也必须看到，这也未必不是充满机会。爱默生说："凡墙都是门"。加缪说："这恰似一个人满怀痛苦地鼓足勇气在澡盆里钓鱼——尽管事先就完全知道最终什么也钓不上来。"于是，生活无罪，也就成为人所共知的事实。

换言之，在传统美学看来，日常生活必然只是有待改造的对象。它本身一直无法获得独立性，更无法获得意义。然而为传统美学所始料不及的是，以日常生活为"人欲横流"，正是站在生活之外看生活的典型表现（即便在中国的"文化大革命"期间，日常生活虽被人为地组织起来，也仍然非但没有接近深度目标，而且反而离它越来越远）。这样，日常生活就成为一块失重的漂浮的大陆，成为"无物之阵"，以致美学根本无法把握到它的灵魂、内涵。而这一偏颇一旦不被限制而且反而被推向极端，就不但会导致传统美学无法影响日常生活，而且会导致传统美学的凌空蹈虚并远离坚实的生活大地。当代美学正是震惊于这一同一性的尴尬，同时面对着当代社会中的日常生活的崛起，用生活"是这样"以及生活"怎样是"（重特殊与个别）拒绝了生活"应当是这样"和"是什么"（重一般与抽象）等"乌托邦"和"罗曼蒂克"。

无疑，这也意味着以"神性"为视界与以"理性"为视界的美学的终结。事实上，它们都不啻令人眼花缭乱的美学谎言。审美根本就无须宗教或者理性来保证。只有刨掉这个总根子，生活之树才会长青。也许，这就是尼采大声疾呼"不要再自欺欺人"的全部理由。宗教与理性在直面生命的名义下遮蔽了生活，生命力因此而衰落，生活也因此而颓废。艺术更是成为仆人、吹鼓手、侍从。叔本华提示的"摩耶之幕"，也就正是这样一种令人们误以为真的生活。然而，其实宗教和理性都只是生活之太阳的光辉的折射，犹如月亮的光辉。以"生命"为视界的美学则全然不同。生活本身不再作为桥梁，而是成为观察世界的阿基米德点。没有非生活的艺术，也没有非艺术的生活。尼采转而再从生产者和创造者的角度出发，而不是从接受者的角度出发，道理应该在此。这意味着传统美学毅然走出了康德的"无功利关系说"，康德的"伦理应然"的设定也被毅然让位于尼采的"审美生存"的设定。美学家们终于发现：天地人生，审美为大。审美与艺术，就是生活的必然与必需，人类的生活也无非就是一次审美与艺术的实验，是"重力的精灵"与"神圣的舞蹈"。在审美与艺术中，人类享受了生命，也生成了生命。这样一来，审美活动与生活自身的自组织、自协同的深层关系就被第一次发现。于是，审美与艺术因此而溢出了传统的藩篱，成为人类的生存本身。并且，审美、艺术与生活成为一个可以互换的概念。生活因此而重建，艺术因此而重建，审美也因此而重建。在这里，对审美与艺术之谜的解答同时就是对人的生活之谜的解答的觉察，回到生活也就是回到审美与艺术。由此，审美和艺术的理由再也不必在审美和艺术之外去寻找，而是毅然决然地回到审美与艺术本身，从审美与艺术本身去解释审美与艺术的合理性，并且把审美与艺术本身作为生活本身，或者，把生活本身看作审美与艺术本身。结论为：真正的审美与艺术就是生活本身。人之为人，以审美与艺术作为生存方式，"生活即审美""审美即生活"。因此，审美与艺术自身不存在任何的外在规范，审美就是审美的理由，艺术就是艺术的理由，犹如生活就是生活的理由。对于一体的审美、艺术与生活而言，没有任何的外在理由，也不需要借助任何的有色眼镜，完全就可以以审美阐释审美、以艺术阐释艺术、以生活阐释生活。因此，尼采才瞩目于希腊人："现在我们来评价那些创造了科学的例外的希腊人的伟大吧！谁谈论他们，谁就谈论了人类精神最英勇的历史[1]！"安简·查特吉也说："艺术让我们的生活更美好[2]。"

1 尼采. 人性的，太人性的 [M]. 杨恒达，译. 北京：中国人民大学出版社，2005.
2 安简·查特吉. 审美的脑 [M]. 林旭文，译. 杭州：浙江大学出版社，2016.

十二
"这就是生命吗？那再来一次"

就是这样，美学的生活或者生活的美学终于进入了我们的视界。

问题的关键在于：人是否有权利为自己而活着？人固然没有理由只为自己而活着，但是，假如一味强调不能为自己活着，这恐怕也会导致另外一种失误，导致对人类尊严的另外一种意义上的贬低。应该说，回答这个问题的前提在于无我与唯我之间的"存我"。所谓"存我"来源于我的正当性、生活的正当性。生活的权利意味着每个人都有权作出自己的选择，有权利正当地创造、享受、实现自己的生命。有权利各竭一己之能力，各得一己之所需，各守一己之权界，各行一己之自由，各本一己之情感。在这方面，马尔库塞强调"人的自由不是个人私事，但如果自由也不是一件个人私事的话，它就什么也不是了"；弗洛姆强调从自私走向自爱，生命与自私对立，但是与自爱并不对立，生命自爱但是并不自私，也应该赋予人们以重要的启示。生活的全部乐趣首先在于生活本身就有乐趣。因此，生活不是被想象出来的，而是被实实在在地度过的。人们经常发现，人们总是渴望另外一种生活，但是却总是过着这样一种生活，因此所谓的另外一种生活，事实上也只能是这一种生活。因此，如果这一种生活是荒诞的，那么另外一种生活也只能是荒诞的。而且，相比之下，某一瞬间的沉重打击倒是易于承受的，真正令人无法承受的是无异于一地鸡毛的日常生活。它使人最难以忍受，同时给人的折磨也最大。而无意义的日常生活恰恰是一个从未触及的而且是用理性无法阐释的课题。如何克服日常生活中的平庸但又不是回到传统的"平凡而伟大"或者宗教的"拒绝平凡"的道路，对于每一个人来说，就不能不是一场挑战。由此，人们发现：丧失意义的日常生活与丧失日常生活的意义都是无法令人忍受的。并且，以意义来控制日常生活或者以日常生活来脱离意义都肯定是错误的。在日常生活之外确立意义，一旦达不到就仇视日常生活，也肯定是错误的。日常生活并非人类的敌人。而且，即便是日常生活往往平面化、无意义，缺乏深度，也统统都并不可怕，意识到此，就正是一种意义与深度。结果，美学家终于可以理直气壮地宣称：生活无罪！

这让我们想起，在传统美学，对深度的关注也确实并非完全无懈可击。因为它往往更多关注的是本质与现象的差异，这难免导致对生命存在的挑三拣四、挑肥拣瘦，以及对生活的重新组合，一旦加以绝对化，以致认为所有的人类生命活动都是对深度的追求，只有深度才是生活如何可能的标志，也才是生活之为生活的永恒的动机，这实际上就成为一种荒诞不经、滑稽可笑的深度，成为一种疯狂的乌托邦。一切就正如叔本华所声称的："缺乏美的青春仍然具有诱惑力，但缺乏青春的美却什么也没有[1]。"美学家马克斯里普曼也曾指出："画得好的白菜头比画得坏的圣母像更有价值[2]。"无疑，他们所提倡的正是日常生活中的事情以及日常生活无罪的观念。

但是，人类的"在生活中"这一事实，却必须由"美"来揭示。其中的区别，犹如我们经常提及的"美"与"漂亮"的区别。倘若仅仅面对的是"漂亮"，则并非在"生活中"；只有直面了"美"，才是"在生活中"。因此，我们切不可简单地认为，一切"看上去很美"的东西就都是美的，一切"漂亮"和"好看"的也都是美的。例如，盆景无疑十分漂亮，但是却不美。因此，龚自珍在《病梅馆记》中会批评道："江宁之龙蟠，苏州之邓尉，杭州之西溪，皆产梅。或曰：'梅以曲为美，直则无姿；以欹为美，正则无景；以疏为美，密则无态。'固也。"在生活中，人们往往以"斫其正，养其旁条，删其密，夭其稚枝，锄其直，遏其生气"的梅花为"漂亮"，可是，龚自珍却认为，这其实不是美，而是丑："江浙之梅皆病"。因为它象征着被扭曲了的生命形象。当然，从美化生活的角度，盆景其实也毋庸全盘否定。但是，生活的美中所蕴含的奥秘却绝

1 维尔·杜兰特. 哲学的故事 [M]. 朱安，等译. 北京：文化艺术出版社，1991.
2 萧泽环. 艺术社会学 [M]. 居延安，译. 上海：学林出版社，1987.

非盆景所可以替代，这却是毫无疑问的。这就类似于口技与交响乐，前者可以称为"漂亮"，后者却只能称为美。

在这里，亟待提示的是生活本身。它并非甜点，而是酸甜苦辣咸五味俱全。例如悲欢离合，我们无疑不应选择性地闭目无视。否则，我们也许就只是"活着"，但是却没有"生活"。生活中并不都是鲜花，而应该也充满了荆棘。因此，亟待排斥的也不应该是完美或不完美，而只应该是"虚假"，因为它充其量也就是一场"庸俗的市侩的戏剧"（赫尔岑）。虚假的完美和虚假的不完美都不是生活。使完美者真正地做到完美，使不完美者真正地做到不完美，才是生活。因此，王国维在《红楼梦评论》中写道，生活之苦痛"由于自造"，因此"解脱之道不可不由自己求之"。世界并没有意义，为此埋怨它实在愚蠢，但假如不知道世界又必须由人赋予意义，也许更是愚蠢。生命的伟大难道不正在于它"不得不"面对无望的处境，而又能够坦然地予以"承当"？维特根斯坦说过，哲学是"给关在玻璃柜中的苍蝇找一条出路"；阿德勒也说过，"说这话的人自己就是这样的一只苍蝇"；而波普尔则说，"甚至在维特根斯坦的后期也没有找到让苍蝇从瓶中飞出去的途径"。借用加缪的妙喻，则恰似一个人满怀痛苦地鼓足勇气在澡盆里钓鱼，尽管事先就完全知道最终什么也钓不上来。而且，即便如此又如何？尼采借助查斯图斯特拉之口不就声称："这就是生命吗？那再来一次！"

更为重要的是，当代美学亟待否定的恰恰是人类虚假的希望、人类自以为是的乐观主义，从而直接地面对人类的失败、人类的希望的无望、人类的悲剧性命运。而且，人即悲剧，悲剧即人，舍此一切都无法想象。那么，是"以跳跃来躲避"，还是"接受这令人痛苦却又奇妙无比的挑战"（加缪）？须知，需要一种更伟大的生活但也并不就需要生活之外的另外一种生活。人生有意义，所以才值得一过；人生没有意义，同样值得一过。爱默生说"凡墙都是门"，因此也可以把这种"不得不转化为一种乐意、一种无所谓、一种反抗（把宿命转化为使命）。这对事实来说当然无意义，因为无论如何都改变不了事实，但是对人来说却有意义，因为它在造成人的痛苦的同时也造成了人的胜利。"其中的关键是"承当"。于是人类发现命运仍旧掌握在自己的手里。蒂利希称之为"存在的勇气"，确实很有道理！

当然，这也并非易事！

一切的一切都是因为，而今我们所面对的已经不是"神圣形象中的自我异化"的生活，而是作为"非神圣形象的自我异化"的生活。以莎士比亚的哈姆雷特和加缪的西西弗斯为例，按照昆德拉的说法，哈姆雷特无疑"拒不承认有限性"，而且总是要在人生中追求一种可能的意义，因此时时面对的是"非如此不可"的"沉重"；西西弗斯则恰恰相反，他是"拒不承认无限性"，而且总是拒绝在人生中追求一种可能的意义，因此时时面对的是"非如此不可"的"轻松"。既然如此，我们不但要成功地走出"神圣形象中的自我异化"以及"生命中不可承受之重"，也要成功地走出"非神圣形象中的自我异化"以及"生命中不可承受之轻"。

┤三├
未经省察的
生活不值得生活

具体来说，美学满足的是人类的"形而上学欲望"。在这个意义上，美学的生活一定是"反思"的生活。这也就要求我们去越过"生活的问题"而去直接面对"生活问题"。生活必然也有部分的丑陋，固执地将日常的生活与本体论的生活等同起来，最终无疑就会自相矛盾。何况，太多的生活常识都只是顺应日常生活之需而随机产生的，是"看"，但是不一定是"看见"；是"听"，也不一定是"听见"。因此，其实这也未必就是真实的。例如，超声波我们就没有"听见"，红外线和紫外线我们也没有"看见"。我们在日常生活中的"耳闻目睹"，也仅仅是一些肤浅的东西，未必就是生活的本质属性。它固然与常识并不矛盾，但是却往往与"反思"矛盾。洛克在谈到借助文字表达思想时就曾经提及：文字有两种用法，即通俗的用法和哲学的用法。必须看到，"生活"

也有两种用法，即通俗的用法和哲学的用法。而且，即使在美学取代了常识的地方，美学也应该是关于常识的常识，而不是常识的改头换面。毕竟，我们以为生活是确定的、简单明了的，一切都不成问题，然而，一旦稍加反思就会发现，在一切的不成问题的背后，都仍旧还是问题。

因此，加缪说过："判断生活值得过还是不值得过，就是在回答哲学的基本问题"。"生活问题"，应该就是对此的回答。至于生活的美，在其中也并非"镇静剂"，而是"兴奋剂"。它与"漂亮""好看"之类存在严格的区别。后者缺乏的正是"存在的勇气"，每每是以逃向生活来逃避生活。而且，每每都是去保护希图努力避开痛苦的病弱者，以及对于痛苦的躲避者，导致的则是生命力的合法化的自我戕害。即便是面对虚无的深渊，也无非是凭吊而已。生活的美不是静观生命而是拥抱生命，也不是弱化生命而是强化生命。它努力以非罪的眼光看待生活，并且全力肯定生命、提升生命，而不是否定生命，并且是在虚无深渊中提升自己，把生命演化成壮丽的艺术。由此，在生活中，美成为竞争力，美感成为创造力，审美力也成为软实力。

换言之，未经省察的生活不值得生活。关于生活的美的反思并不是生活的艺术之学，诸如家具的艺术、化妆的艺术、爱情的艺术，而是生活的反刍的艺术，因此，西方学者卢梭在《爱弥尔》中写道："呼吸不等于生活"。确实，活着并不等于生活，我们急需把"呼吸"变成"生活"、把"活着"变成"生活"。例如，对奥德嘉而言，"根本的现实不仅是我而已，也不是人，而是生命，他的生命[1]。""生命是个动名词而不是名词[2]"。对于齐美尔而言，"生命比生命更多"和"生命超越生命"，生活是机会。生活是我自己加上我的选择。苏轼也慨叹"长恨此身非我有"，王国维则感叹"可怜身是眼中人"。因此，苏格拉底才会说："不是生命，而是好的生命，才有价值。""追求好的生活远过于生活。"尼采才会说：审美的人有"比人更重的重量"。老子也才会说："死而不亡者寿"。

在这里，最为重要的是，审美活动可以走向泛美但是却绝不可以走向俗美，可以走向通俗化但是却绝不可以走向庸俗化。

1 奥德嘉·贾塞特. 生活与命运 奥德嘉·贾塞特讲演录[M]. 陈升，胡继伟，译. 南宁：广西人民出版社，2008.
2 同上。

所谓庸俗化，是一种从内部出发的对审美活动的错误理解。它把审美活动简单地理解为一种生活中的技巧、方法、窍门，类似于所谓交往的艺术、讲演的艺术、语言的艺术等。它小心地避开一切不愉快的东西，故意简化、回避、遮盖痛苦、艰辛、困惑，又夸张、涂饰，虚构了快乐、潇洒、幸福，美好的未来仿佛就在眼前，充斥其中的都是最令人羡慕的生活形象、最为大众的文化符号。总之无非就是强迫文化必须向平庸的生活低头，意味着一种轻松、潇洒、逗乐、健忘、知足、闲适、恬淡、幽默的生活态度，对苦难甘之若饴，在生活的任何角落都可以发现趣味，可是，本来在审美活动中确实并没有必要时刻关注终极价值，但是，却不能须臾背离终极价值，更不能转而诋毁终极价值。遗憾的是，我们在"庸俗化"中仅仅看到了对人们所亟待满足的"享乐的合理性"的提倡，但是，毕竟审美活动还有其远远高于"享乐的合理性"的东西。生活中的"享乐的合理性"当然提供了一种快乐、一种幸福、一种真实、一种审美，但假如不对之加以引导、提高，相反却放任自流，甚至听任它肆意越过自己的边界，去侵吞审美的领域，就难免把审美赶入枯鱼之肆的结局，更难免不会成为一种伪快乐、一种伪幸福、一种伪审美。任何时候，生活之为生活，都不应成为唯一目的，都不应只要以生活的名义似乎就可以无所不为，也不能简单地以生活的艺术去取代艺术的生活。抬高生活的目的，必须是在更深刻的意义上抬高审美本身。

所谓泛美，则是一种从外部出发的对审美活动的理解。其根源在于商品性与技术性（媒介性）的肆无忌惮的越位。在当代社会，由于商品借助技术增值，技术借助商品发展，无可避免会出现误区：消费与需要相互脱节，生产与消费也相互脱节，结果不再是需要产生产品，而是产品产生需要、欲望取代激情、制作取代创作，过剩的消费、过剩的产品都纷纷以过剩的"美"的形象纷纷出笼，整个世界都被"美"包装起来（阿多尔诺称为"幻象性的自然世界"），生活被庸俗化为一张宣传画。到处皆"美"，以致幽默成了"搞笑"，悲哀成了"煽情"，审美的劣质化达到前所未有的地步，甚至成为美的泛滥、美的爆炸、美的过剩、美的垃圾。

人人都是艺术家，艺术家反而就不是艺术家了；到处都是表演，表演反而就不是表演了。一方面是美的消逝，另一方面是美在大众生活中的泛滥。美成为点缀，成为装饰，成为广告，成为大众情人，美就这样被污染了。这无疑也是十分需要警惕的。

令人欣慰的是，与某些"生活美学"的提倡者截然不同，更多的美学专家已经走出了一条全新的为人们所深以为然的道路。在他们看来，在当代社会，作为一个时代，爱伦堡所谓的审美的"中午"已经降下了帷幕，这就正如米兰·昆德拉曾经疾呼的："我们的文明平庸而病态，它不是活着而是存在着；它不开花，而只是在长高；它不长大树，而只长灌木。"与此同时，"人类正在成为一个娱乐至死的物种"（波兹曼），值此之际，人类务必谨记自己的高贵血统。因而，亟待选择的并不是叽叽喳喳献媚不停的麻雀，而是以叮咬来刺激人生的"牛虻"，甚至是现代文明社会中的"拾垃圾者"（本雅明），就像在《金蔷薇》中帕乌斯托夫斯基讲述的"拾垃圾者"的故事中的老清洁工夏米，去竭尽全力把文明之筛筛落的"珍贵的尘土"再次拾起，打造成一个美丽的"金蔷薇"。这就正如茨威格所说："自从我们的世界外表上变得越来越单调，生活变得越来越机械的时候起，（文学）就应当在灵魂深处发掘截然相反的东西。"

不过，这无疑不是所谓的"日常生活审美化"，也不是所谓的"生活美学"，也就是说，不是审美与艺术的泛化，而是审美与艺术的深化；不是审美与艺术的世俗化，而是审美与艺术的拓展。因为，它要求的是，在每一权力的肆虐之处阻击权力，在任一技术异化之处去反抗技术，是细微之处的反抗，也是点点滴滴的改变，透过"拟象化"的世界，展现日常生活的精神匮乏，揭示日常生活中的卑微龌龊，消解日常生活的虚假一面。为此，哪怕发现日常生活其实无法令人悦服甚至根本无法忍受，哪怕暴露出来的是自己的卑微贫乏，哪怕最后自己只剩下虚无，但假如因此会使自己稍显真实，假如因此打击了由来已久的"漂亮""好看"等"看上去很美"的虚妄，那便已经获得了精神上的胜利。毕竟，借此我们反而就可以更不矫揉造作地看待日常生活，同时，也更不虚伪自欺地直面日常生活。

Aestheticss Life and Life of Aesthetics

PAN Zhichang

Abstract: Life is supposed to be aesthetic, this is not a problem. However, for a long time, our lives have often missed the beauty. In modern society, this situation has fundamentally changed. However, there are also many problems. After the aestheticss life or the life of aesthetics has finally entered our field of vision, we urgently need to pay attention to "live problems" rather than "life problems", and also urgently need to seriously examine whether our life is worth living. Aesthetic activities can go to generalization but never go to vulgar beauty. Aesthetic activities can go to popular but never go to vulgar.

Keywords: life; art; aesthetic; live problems; life problems

规划设计：
常态与危机

张
京
祥

张京祥，1973年出生，南京大学建筑与城市规划学院教授、博士生导师，南京大学空间规划研究中心主任，南京大学未来城市与人居环境研究中心联合主任，江苏省设计大师。兼任中国城市规划学会常务理事、中国城市规划学会城乡治理与政策研究学术委员会主任、中国城市规划学会学术工作委员会委员，中国城市百人论坛成员，雄安新区规划咨询专家组成员。获得全国青年地理科技奖、首届中国城市规划青年科技奖、首届中国城市百人论坛青年学者奖、教育部新世纪优秀人才奖。

主要研究领域为城市—区域规划、城乡空间治理。在国内外期刊发表学术论文300余篇，出版《城镇群体空间组合》《西方城市规划思想史纲》《体制转型与中国城市空间重构》《中国当代城乡规划思潮》等学术著作15部。主持"中国城镇密集地区城市与区域管治研究""体制转型背景下中国城市空间结构演化研究"等国家自然科学基金课题6项。主持了杭州、汕头、苏州、无锡、南京等重要城市的发展战略规划，以及美丽杭州行动规划、美丽宜居新江苏建设规划、杭州未来城市实践区发展战略规划等项目。获得全国优秀规划设计一等奖、华夏建设科技二等奖等多项奖励。

【人生格言】

各美其美，美人之美，美美与共，天下大同。

基于日常多样性的老城更新模式与路径探索
——以南京老城南荷花塘—钓鱼台片区为例

张京祥　陈江畅 1

摘要：

存量发展时代背景下，城市更新面临着新的要求与挑战：既要服务于经济的可持续发展，更要关注社会生活的长远营造；既要满足物质空间的更新，更要激发精神空间的更新；既是对权益的分离、解构、形塑、再分配，更是对社会网络的重链接、社会发展的再引领。因此，本研究基于"日常多样性"视角重构城市更新与社会营造的链接关系，并以具有"历史街区"和"老旧社区"双重身份的典型更新片区——南京老城南荷花塘—钓鱼台片区为实证案例，解构并剖析城市更新的既有模式与困境，从人口、土地、资金、文化、治理等多个维度，兼顾城市发展与当地居民需求，关注"社会生活的长远营造"、社区精神的建设，呼吁"日常多样性的回归"，探讨一种更符合生活发展规律、真正适应现代生活需求、使旧城实现可持续发展的更新策略，以此为城市空间开发模式的集约式转型提出基于日常多样性的城市更新 4.0 模式。

关键词：

城市更新；日常多样性；社区精神；场所营造；南京老城南

1 陈江畅，广州市城市规划勘测设计研究院助理规划师，主要研究方向为城市更新与治理。

城市更新（Urban Renewal）作为以特定产权关系为基础，通过权利重置、重组以实现多元利益再分配的制度设计与地方空间响应过程，既呈现出以城市空间价值挖潜与再利用为表征的地理空间表达，也被视作缓解城市衰败、解决社会问题、维系社会和谐与多元的治理手段[1]。随着我国生态保护、空间管制等方面的压力日益突出，依赖增量用地来换取发展动力的传统模式已难以为继，存量空间再开发成为不可回避的时代新命题[2]。党的十九届五中全会通过的《中共中央关于制定国民经济和社会发展第十四个五年规划和二〇三五年远景目标的建议》明确提出实施城市更新行动，锚定城市更新作为新时代城市高品质和高质量发展的核心引擎。

可以说，在"以人为本"的高质量发展时代，城市更新不仅与国家的政治属性、文化传统、城市制度等具有某种"社会互适性"，更与民族文化、社会心理结构、土地资源存量等有深刻关联[3]，城市更新的过程也是城市社会结构变迁的一种形式。城市更新在重塑空间物质形态和功能组织的同时，也形成依附于社会结构、社会空间而存在的要素缔结，也更新着现代人精神生活、社会网络与价值观念。

然而长期以来，"增长主义"导向下的中国城市开发建设带有强烈的"土地财政"属性，城市更新被视为做大土地增值收益"蛋糕"的"空间生产"工具，而忽略了人文关怀和社会认同，仅以房地产开发作为导向的经济行为极大地激化了社会分化与阶级固化，同时也引发了一系列的社会问题与研究讨论。国内学术界对城市更新的研究也历经了从对新自由主义导向与市场资本过度介入的批判，到对地方依恋与社会网络等社会学研究视角的探索。进入 21 世纪后，初期国内学者对城市更新的研究主要集中在城市更新的功能性和结构性解析，通过探索城市空间资源整合[4]、城市更新中的文化[5]与社会资本作用[6]，借鉴西方城市更新发展历程和政策演变经验，解析城市更新方法的导向与运行机制

1 Roberts P W, Sykes H. Urban Regeneration. A Handbook[M]. SAGE, 2000.

2 何鹤鸣, 张京祥. 产权交易的政策干预：城市存量用地再开发的新制度经济学解析[J]. 经济地理, 2017 (2)：7-14.

3 张鸿雁. 空间正义：空间剩余价值与房地产市场理论重构——新城市社会学的视角[J]. 社会科学, 2017 (1)：53-63.

4 董玛力, 陈田, 王丽艳. 西方城市更新发展历程和政策演变[J]. 人文地理, 2009 (5)：42-46.

5 姜华, 张京祥. 从回忆到回归——城市更新中的文化解读与传承[J]. 城市规划, 2005 (5)：77-82.

6 翟斌庆, 翟碧舞. 中国城市更新中的社会资本[J]. 国际城市规划, 2010 (1)：53-59.

1 易晓峰. 从地产导向到文化导向——1980年代以来的英国城市更新方法 [J]. 城市规划, 2009 (6): 66-72.
2 何深静, 刘玉亭. 房地产开发导向的城市更新——我国现行城市再发展的认识和思考 [J]. 人文地理, 2008 (4): 6-11.
3 程大林, 张京祥. 城市更新: 超越物质规划的行动与思考 [J]. 城市规划, 2004 (2): 70-73.
4 袁奇峰, 钱天乐, 郭炎. 重建"社会资本"推动城市更新——联深地区"三旧"改造中协商型发展联盟的构建 [J]. 城市规划, 2015 (9): 64-73.
5 田莉, 姚之浩, 郭旭, 等. 基于产权重构的土地再开发——新型城镇化背景下的地方实践与启示 [J]. 城市规划, 2015 (1): 22-29.
6 吴凯晴. "过渡态"下的"自上而下"城市修补——以广州恩宁路永庆坊为例 [J]. 城市规划学刊, 2017 (4): 56-64.
7 朱一中, 王韬. 剩余权视角下的城市更新政策变迁与实施——以广州为例 [J]. 经济地理, 2019 (1): 56-63, 81.
8 刘世定. 经济社会学 [M]. 北京: 北京大学出版社, 2011.
9 张敏, 刘学, 汪飞. 南京城市文化战略及其空间效应 [J]. 城市发展研究, 2007 (5): 13-18.

演进[1], 反思房地产导向下难以为继的城市再开发恶性循环[2], 提出超越物质空间规划的城市更新范式思考[3]。2010年前后, 随着集约节约的城市发展模式与存量思维日益深化, 主要研究集中在多元利益主体作用下的城市更新模式转型[4]、产权重组与权益重构[5]、自下而上的更新实践探索[6]、城市更新的政策演进与制度创新[7]等, 不再将经济现象视作独立于社会结构或社会网络之外的领域[8], 而更加关注城市更新过程中所建立的人与地方的深度情感依恋[9]。

在以人民为中心推进城市建设、增进民生福祉已成为城市发展主旋律的新时代背景下, 中国的城市更新面临着一系列新的要求与挑战: 既要服务于经济的可持续发展, 更要关注社会生活的长远营造; 既要满足物质空间的更新, 更要激发精神空间的更新; 既是对权益的分离、解构、形塑、再分配, 更是对社会网络的重链接、社会发展的再引领……这些变化, 一方面要求转变城市更新过程中规划设计的思路与政策导向, 激发公众自下而上的能动性, 从垄断资本手中夺回被商品化的城市固有空间, 重新赋予城市普通居住者对塑造城市生活的权利, 呼吁"日常多样性的回归"; 另一方面则要以"社会生活的长远营造"为目标, 探索可持续、可实施的更新模式与路径。因此, 本研究将基于"日常多样性"视角重构城市更新与社会发展的链接关系, 拟以一个具有"历史街区"和"老旧社区"双重身份的典型更新片区——南京老城南的荷花塘—钓鱼台片区为实证案例, 解构并剖析城市更新的既有模式与困境, 探索面向存量规划时代可持续的城市更新模式, 以此为城市空间开发模式的集约式转型探索提出有益的建议。

├二┤

日常多样性视角及其在
城市更新中的实践应用

10 邹欢. 37% 的北京 [J]. 世界建筑, 2000 (7): 72.

何为"日常多样性"? "日常"作为一切历史性、现实性的活动生发的土壤和根基[10], 被视为链接多元社会关系、构成社会再生产的必要基础，赋予了城市空间以丰富的层次和意义，是精神世界与自我价值的"存在"，人正是在这个层面上"被发现"和"被创造"的[1]。"日常"是一个充满差异、矛盾和冲突的领域，既包括宏观层面的社会精神领域，中观层面的政治、经济、技术、管理等制度化领域，又包含微观层面以个体的衣食住行、言谈交往、空间互动为主的生活化领域[2]，与社会的整体发展息息相关（图1）。而"日常的多样性"则意味着社会主体在精神领域的富足、制度领域的稳定、生活领域的自由，被视为城市发展与更新变迁的根本原则，是城市空间实践的原点。

1 陈晓虹. 日常生活视角下旧城复兴设计策略研究[D]. 广州：华南理工大学，2014.
2 Henri Lefebvre. Critique if Everyday Life[M]. London, New York: Tr. John Moore, 1991.
3 李燕宁. 田子坊 上海历史街区更新的"自下而上"样本[J]. 中国文化遗产，2011（3）：38-47.

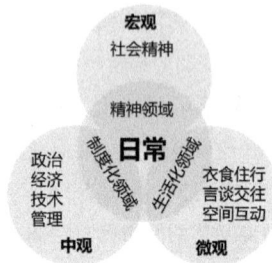

图1 日常性的内涵解读

1. 日常多样性视角与城市更新研究的演进

城市的根本价值不仅仅在于其作为历史和文化的载体，更是作为多元社会的鲜活容器，以人为核心的发展目标决定了城市更新在重构生产与生活方式的过程中离不开与日常多样的密切关联。不论是德国柏林的"完善旧城中心区多样性居住功能"IBA计划、温哥华的"先生活"政策等基于人的尺度对空间生活感的探索，还是日本20世纪60年代的社区营造活动通过重塑日常生活氛围的营建手法呼吁生活的回归，自下而上的"日常多样"视角越来越受到城市规划、城市更新工作的关注。

简·雅各布斯认为："城市空间不应是单纯工程性的和只追求技术效率的，更应成为人性成长、人际互动的空间，这种互动为城市环境注入了生活的血液[3]。"然而，伴随着长期以来增长主义对中国经济发展的影响，政府的趋利性与社区精神的缺乏迫使城市更新沦落为房地产开发与土地增值的工具，自上而下的政策

1 丁凡，伍江．城市更新相关概念的演进及在当今的现实意义[J]．城市规划学刊，2017（6）：87-95．

2 吴良镛．旧城整治的"有机更新"[J]．北京规划建设，1995（3）：16-19．

3 张杰，吕杰．从大尺度城市设计到"日常生活空间"[J]．城市规划，2003（9）：40-45．

4 顾岳汶，吕萍．产权博弈视角下存量低效工业用地更新机制研究——以深圳市新型产业用地改革为例[J]．城市发展研究，2021（1）：71-77．

5 张京祥，赵丹，陈浩．增长主义的终结与中国城市规划的转型[J]．城市规划，2013（1）：45-50，55．

6 田莉．从城市更新到城市复兴：外来人口居住权益视角下的城市转型发展[J]．城市规划学刊，2019（4）：56-62．

7 李姝，张敏．重申地方价值与多方参与——美国地方营造及其对我国城市更新的启示[J]．城市与区域规划研究，2018（1）：128-141．

导向又使得既有的城市更新模式更多彰显的是地方政府政治意志，而非对当地居民的需求表达。急功近利的城市建设噱头和标语式的更新口号背后，是对孕育多样化、在地化、地域性的日常社会空间的视若无睹，最终导致"先生产后生活"的建设逻辑难以适应实际的更新需求，空间开发的过程被简化为单一的指标限制，城市更新甚至成为流水线上的统一产品，只关注短期的经济增长却忽略了长远的生活营造。

随着城市开发建设观念的转变和公民社会意识的提升[1]，20世纪90年代以来，大量学者和社会人士从不同立场与角度，对新自由主义城市规划思想和大规模改造方式进行了反思与批判，从有机更新理论对"持续发展"和"有机秩序"的关注[2]，到系统更新理论强调渐进式、整体开放、全面系统的改造手段是更新的当务之急[3]，城市更新领域研究逐渐呈现出多元学科交叉、多维理论视角交织的发展趋势。学者们从城市经济学视角对产权交易博弈与存量用地再开发展开探讨[4]，逐渐意识到城市更新对社会结构分化的重要作用，认为在跨越增长陷阱[5]的同时，应当更加关注城市物质空间与社会空间的同步演化，并基于多元主体权益视角反思更新多样性的缺失[6]，在实践过程中强调和强化人与地方的深度情感依恋[7]，赋予城市主体塑造生活的权力，呼吁回归日常的生活，推进空间公平与正义的发展。

2. 日常多样性视角与城市更新实践的演进

与此同时，在唯增长论的经济政策语境下地方政府盲目追求政绩、经济理性主导下企业化治理行为，使得城市更新实践不可避免地走向逐利、更新多样性缺失和方向性的失控，我国的城市更新历经了一系列自我调整与自治过程。

1.0阶段：20世纪90年代初的土地有偿使用改革推动了城市土地成为市场化的商品，住房商品化制度改革更是按下了城市更新的加速键，类似深圳高强度的空间开发和大规模推倒重建等政府主导的"大拆大建""以地补路"现象层出不穷，征收拆迁成为这一阶段城市更新的常态，大量的历史保护建筑成为更新的牺牲品，南京老城南地区正是在这一时期大规模推倒重建的基础上被抹除了历史信息而沦为"仿古式更新"。

2.0阶段：21世纪初，为了改善城市形象与居民生活条件、提升土地利用价值，全国各地纷纷开展旧房改造计划。这一时期珠三角地区许多城市的"三旧改造行动"也带有强烈的房地产导向开发色彩，忽略人文关怀和社会认同，将城市更新视作独立于社会结构或社会网络而存在的一种经济理性行为。

3.0阶段：2015年以来，"精明增长""内涵提升""以人为本"等城市发展理念和国家政策的提出，推动城市更新逐步转向以提升城市品质为主的存量提质改造。从南京有机更新战略、上海社区微更新实践，到深圳综合整治行动、广州的"城中村"微改造，地方实践致力于转变空间开发的运作过程与发展逻辑，城市更新模式朝向一种强调社会认同、推进地方公众参与、关注多元主体权益和需求的方向转型，但仍然缺乏对日常多样的关注，"重模式"但"轻培育"。

3. 基于日常多样性视角下的城市更新4.0模式

可以说，城市更新的过程就是人本意识不断回归、公平观念持续提升、社会共识高度凝聚、对日常多样性深入探索的过程。不论是相关理论研究还是具体在地实践，都呈现出对居民意愿、日常多样性回归、社会生活长远营造的逐渐重视，其关注的不仅包括微观尺度的物质空间更新、中观尺度的政策引领、社会置换与文化更新，更包括宏观层面对社区精神空间的塑造。因此，从日常多样性视角出发，4.0阶段的城市更新可以被解释为：在"以人为本"的高质量发展时代背景下，对城市再开发区域多维层面的多样性重塑过程（图2）：①重塑多样叠合的城市景观，即微观层面基于人性尺度的物质空间改造。②重塑多元共生的生活场景，即通过中观尺度的政策引领、社会置换与文化更新，面向城市发展需求，还原提升社区的"日常性"与"多样性"，构建面向多元群体的多元共生场景。③重塑碰撞交融的社区精神，即在塑造多元共生场景基础上对社会精神空间的再造。

本文下面将从重塑城市再开发空间的日常多样性着手，以南京老城南荷花塘—钓鱼台片区为例，解构并剖析既有城市更新模式的特征与问题，探索如何以"社会生活的长远营造"为目标构

图2 日常多样性视角下的城市更新模式解构

建可持续、可实施的更新模式与路径，重新赋予城市普通居住者
对塑造城市生活的权利。

┤三├
实证地区的基本现状与
突出矛盾

　　荷花塘—钓鱼台历史文化街区隶属于南京市秦淮区老城南
地区，街区规划范围东至水斋庵、磨盘街、中山南路一线，南至
明城墙，西至鸣羊街，北至殷高巷、荷花塘一线，占地面积约为
12.56hm²，是南京最具历史文化底蕴及明清建筑特色的古城历史
风貌区之一。如果说老城南地区是南京历史最为悠久、文化底蕴
最为深厚的区域，那么，荷花塘—钓鱼台片区则是南京"最日常"
的城市名片。其功能角色早在明清时期就以居住为主，丝织手工、
商业、文教等为辅，随着"民国首都计划"的推出与实施，导致
城市经济中心与文教中心的转移，居住功能进一步得到加强，其
文化氛围呈现"仪式性"向"日常性"的过渡，是最能展示真实
的老南京人生活状态的地方。

　　然而，对历史地段的开发强度限制、极端复杂的产权格局现状，
都使得该片区内部难以展开大规模、全覆盖的有效更新，房屋破
旧、基础设施薄弱、居住拥挤、公共设施短缺等恶劣的生活条件，
与其悠久的历史底蕴和深厚的文化背景形成强烈的反差，居民强

烈的更新诉求得不到强有力的规划反馈，日常性缺失，内外的更新动力都很匮乏。

1. 荷花塘—钓鱼台历史地段的现状问题

在物质空间方面，城市景观破败失序。荷花塘—钓鱼台地区作为南京市历史文化街区，共有4处文物保护单位、43处历史建筑、13处历史街巷、8处古井和73处古树，历史文化资源丰富但保护欠缺。在城市开发体量、容积率、高度上长期受到保护限制，是秦淮区几轮老旧小区改造、消险改造等都未触及的地方。加上历史建筑本身结构弱、使用强度大等问题，使得现状的荷花塘社区整体风貌非常破败（图3、表1）。

图3 荷花塘地区建筑质量分布图
（资料来源：南京市规划和自然资源局）

表1 荷花塘地区建筑质量状况

质量	基地面积（m²）	占比（%）
一类	3660	3.5
二类	13613	12.9
三类	68072	64.6
四类	19967	19

（资料来源：南京市规划和自然资源局）

在人群结构方面，荷花塘—钓鱼台地区面临着人口过载、产业功能脱节、治理碎片化等严峻的制度化问题。片区现状总居住人口为12600人，但经过几十年的演变，已经成为城市人口的低洼地带，其中外来人口占1/5，拥有大量的低收入、低保户、困难户和特殊人群，失业率在8%，远高于南京市1.71%（2020年）的失业率，片区内老龄化严重，60岁以上的人口占总户籍人口的38.6%，人均居住面积约12m^2，远低于南京市40.1m^2（2019年）的人均居住面积。此外，混杂的社群构成、恶劣的社区环境、原住民与外来客针对公共空间使用权属问题的频繁冲突，都使得片区内的社会关系难以稳固。由于缺乏塑造社区的地域文化认同与标识性，缺失凝聚社区更新共识与协同更新行动，社区内难以形成强烈的认同感和社群缔结关系，难以为居民精神生活、价值观念的持续更新提供养分，社区精神难以凝聚。

在产业功能方面，由于地区内人口消费能力的限制和长期破败的居住环境，片区内的业态也趋于市井。虽然地处繁华的主城区、毗邻新街口与夫子庙地区，却分布着与之截然不同的低端业态，低廉的租金使其成为大量非正规经济的收容之所，随处可见随意堆放的地摊推车，成为与现代城市经济形态完全脱钩的一片"孤岛"。

在治理体系方面，片区内产权形式众多、破碎，还有相当一部分没有产权的住房（图4）。在产权形式中分散着私房产权、自管公房产权（单位）、直管公房产权、工企产权，以及一部分临时建筑。私房产权内又存在复杂的产权人现象，大大增加了基层治理的难度。在公房产权内，存在着单位自管公房和房管局直管公房两类，其中大量充斥着公房占而不用、非法转租牟利现象，为公房的管理增加了许多因错综复杂的利益关系而带来的困难。片区存在的多种产权本身就使得区域内三股治理权力相交错：基层社区为居民私房产权提供相应的生活配套服务，房管局为直管公房提供基础设施管理服务，各单位为自管公房提供服务，而荷花塘中又存在着许多重要的文物保护单位，则由文化和旅游局提供相应的管理服务……整体来说，治理碎片化、分割化现象严重，亟待通过城市更新破解现实中的治理与制度难题。

图4 荷花塘地区房屋产权分布图
（资料来源：南京市规划和自然资源局）

2. 对老城南地区既有城市更新模式的反思

究其根本，不论是物质空间的破败、产业功能的落后，还是治理环节的低效、社区精神的没落，都可将其归咎于既有城市更新模式的选择问题。老城南更新历经大拆大建的1.0模式、商业街区开发的2.0模式、渐进式微更新的3.0模式，居民意愿逐渐得到重视，然而并未解答未来发展如何从人口、资金、治理等层面兼顾城市发展与当地居民需求的问题，可持续城市更新的路径尚不清晰。

在人口方面，政府开始转变角色，一改以往简单的征迁模式，在小西湖区块等更新中转向与居民以协商的形式进行"渐进式"微更新，通过构建"五方协商平台"，尽可能获取更新地区居民的一手意愿，并进行机制创新，提供"就地改造""平移安置""异地安置"等多种安置方法，使得居民的产权、居住区和选择权逐渐得到尊重。但是存在的关键问题是，居民在城市更新中的主体责任、能动性一直没有得到有效发挥。

在资金层面，政府一直承担着兑现居民各种诉求的责任，在"慎用市场"等方针的指引下，政府成为老城南更新的主力军。

政府需要在城市更新方方面面进行兜底，才能够保证更新项目的顺利实施，长此以往，政府的财政压力巨大，难以持续。整体上来看，老城南城市更新的资金模式经历了从多元化、市场化到财政化的转变，体现了政府对历史街区更新、民众利益诉求的重视，但同时也暴露出财政负担的城市更新模式难以持续，以及政府投入的大量公共资本转化为私人利益而无法回收等问题。

在治理层面，由于过于强化政府在保护历史街区中的主体责任，在产权模糊的制度框架下，居民的主体责任则无法形成，因而多元共担治理机制难以建立起来。政府一方面只能在产权外围提供准公共产品或者进行公共空间品质提升，另一方面又无法像以前征收模式那样获取产权内空间的更新权和发展权，从而导致了城市更新方面的无力。可见，亟待通过一种相对柔性的方式激活动员多元社会力量参与社区营造，尤其是发挥产权人的主观能动性和责任意识，提升产权人改造更新自持物业的能力和技能。

总体而言，不论是陷于现状发展条件的桎梏，还是囿于现有城市更新模式的机制困境，荷花塘—钓鱼台片区都亟待一场以"社会生活的长远营造"为目标的可持续、可实施的城市更新改革。

┤ 四 ├
基于日常多样性的
老城更新模式与路径

1. 片区更新目标

荷花塘—钓鱼台历史片区定位为展示真实的老南京人生活状态的历史风貌展示区，旨在展示老南京人的日常多样的生活状态。在未来的荷花塘—钓鱼台历史地段更新中，将注重打造多样叠合的城市景观、重塑多元共生的生活场景、重塑碰撞交融的社区精神，拒绝具有表演性质的街区文化，以还原提升历史社区的"日常性"与"多样性"，塑造真实多样的生活场景。通过日常包容的文化韵味延续传统文化个性，夯实"最日常"文化底色，建立多维高

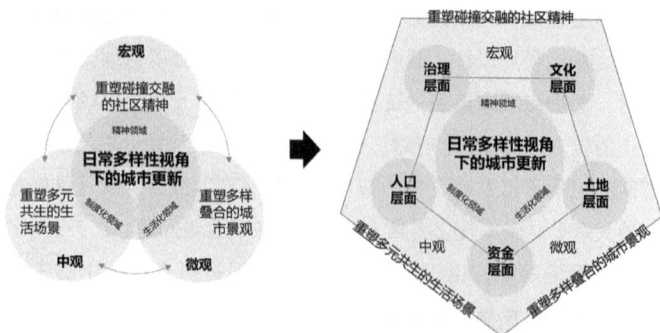

图 5　日常多样性视角下的城市更新模式框架

效的治理架构破解城市更新碎片化治理架构，从人口、土地、资金、文化、治理等多个维度，兼顾城市发展与当地居民需求（图 5）。

2. 人的维度：人口迁入与迁出并举

随着公众的自我意识与维权意识的逐渐增强，公众参与城市规划和决策的热情与意识愈发高涨[1]。因此，前置于规划的居民意愿调研和需求剖析，有助于厘清城市更新主体的权益边界，明晰更新的方向与路径侧重，在激发居民参与更新热情和能动性的同时，更能促进城市更新的高质高效推进。

基于搬迁意愿的分异，本研究将荷花塘—钓鱼台片区范围内的居民划分为"迁"与"留"两类人群，并针对其关于城市更新的意愿与需求进行详细解析。强搬迁意愿的居民群体往往呈现较高的迁房需求，他们希望通过建设可持续的房屋退出机制，提供多样化的公私房退出渠道与方案，在缓解产权碎片化现状的同时，能够保障公共利益与居民主体的自主选择权；强留居意愿的居民群体则呈现较高的住房需求与社区黏性，他们既需要社区提供多样化的房屋供应与租赁渠道等"安居"保障，同时也提出了多元就业选择的"乐业"需求，既希望拥有品质化的社区体验（社区服务提质升级需求，活力社区）、宜居化的空间质感（减缓人口密度，公共空间改善需求），也期待享受与主城区接轨的高品质、现代化的生活氛围。

面向强搬迁意愿的居民群体，可以建立可持续的房屋退出机制，提供多样化的公私房退出渠道与方案（图 6）：以院落和幢

1 徐磊青，宋海娜，黄ün晴，等．创新社会治理背景下的社区微更新实践与思考——以 408 研究小组的两则实践案例为例[J]．城乡规划，2017（4）：43-51.

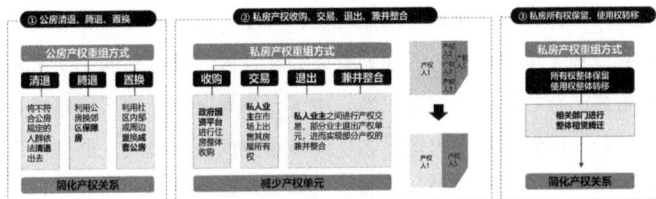

图6 可持续的房屋退出机制

1 邹建国. 南京老城南小西湖片区基于产权单元的居住空间传承与拓展 [D]. 南京: 东南大学, 2016.
2 徐晏. 基于产权的城市历史片区更新设计 [D]. 南京: 南京大学, 2017.

为单位,采用"公房腾退、私房自愿收购与租赁腾迁"的多种方式,保障公共利益与居民主体的自主选择权;完善退出机制[1],成立片区住房管理中心、设置纠纷调处机制,将管理和服务的重心下移。实行住房租赁的网格化管理,对住户实施动态管理,形成两类实施方案[2]:针对公房,除自愿腾迁以外,其余情况管理单位有权终止合同收回房屋;针对私房,采取住房收购、租赁腾迁、市场交易的方式。

面向强留居意愿的居民群体,则可以提供多渠道的房屋供应选择:对接该地区未来融入城市经济版图的需要,以"租购并举"的方式引入多元的社会群体,盘活存量闲置房源,构建不同社群多彩交融的社区生活形态。建设多样化的住房供应渠道,通过打造公私共管公寓、社会资本经营公寓等形式,吸引更多年轻人和创意阶层入住社区。

3. 土地维度:渐进式的空间更新与重划

面向居民群体高品质的空间功能升级需求,在简化的产权结构基础上,按照传统风貌延续与现代生活要求,有机改造提升房屋内部结构,实现现代生活植入。由政府出台改造设计规范与样式,引导和规范有能力的业主进行自主改造。增加房屋面积的,按照标准和规定补缴相应税费。无能力自主改造的业主则可以按照共有产权形式,申请政府或相关国有资金参与改造。此外,社区应该成立城市更新改造平台,以此作为连接居民与政府之间意见反馈和沟通的桥梁,提供日常房屋改造与环境更新的意见指导,防止采用"模板化"的设计手法而导致社区公共空间严重"同质化"。

面向强留居意愿的居民群体,界定公共、私人边界,实施空间重划与空间共享:现状片区内公共服务设施空间极度匮乏,未来如何在保存历史街区空间肌理的基础上，适当增建部分必要的公共设施（市政设施）？规划有必要在片区内进行局部空间重划与腾挪的路径探索。借鉴日本、中国台湾地区的土地区划整理先进经验，探索局部"市地重划"的城市空间更新模式。通过对规划范围内的公共设施统一布置，对原来地块做必要的重划，利用项目实施后地价增值，去平衡业主土地减少（原则上运用于公有房产），虽然牺牲了少量居住面积指标，但是换取了公共空间品质提升和基础设施供给（图7）。借鉴小西湖区块更新中的"共享院""共生院"改造经验，将院内空间通过半开放方式实现与街区共享：户主保留所有权与房屋使用权，通过改造设计形成半开敞公共空间，让渡、共享院落空间的使用权，实现户主、邻里、游客的空间共享，利用公房腾退所释放的改造空间，植入社区规划师工作室、社区议事厅、社区活动室、养老设施、社区商业等公共设施，形成多功能、多住户共生的院落。

图7　界定公共私人边界，实施空间重划

4. 资金维度：多措并举的更新资金筹措渠道

首先，需要加大政府财政资金支持力度，扩大转移支付强度，加强政府对历史地段更新改造的直接支持。针对历史地段的更新改造，现有的财政支持主要来自于城市更新、城乡建设、危房修缮、老旧小区整治等专项资金，难以覆盖巨大的资金缺口，需要整合碎片化的财政资源，集中投入到历史地段的更新改造中。一方面可以统筹市级层面交通建设、社会保障、文体惠民等相关财政资金，同时加大区级财政对历史街区更新的支持力度；另一方面可以利用国家、省级层面关于历史文化名城保护、历史风貌保护的专项资金。与此同时，更广泛地实行并完善跨区域财政转移平衡机制，除了新城开发的土地收益之外，需要拓展财政反哺来源，如开发区、

1 郭睿强. "地票"制度解析与借鉴[J]. 华北国土资源, 2012（4）：124-125, 131.

2 深圳《印发《关于深入推进城市更新工作促进城市高质量发展的若干措施》[J]. 城市规划通讯, 2019（12）.

商业区、公房收益等多方面的收入皆可统筹纳入反哺老城更新的资金池。

其次，通过多元渠道积极撬动社会资本，探索制度化与常态化的土地发展权转移与交易机制。在充分借鉴重庆地票制度的基础上，构建土地发展权交易市场，探索常态化的"发展券"制度。针对因历史保护问题所限制开发产生的损耗指标，以及因城市更新调整所产生的剩余指标，对其量化的基础上构建土地发展权交易市场，制度化为"发展券"（图8）；明确发展权指标的转移区与接纳区，通过交易取得建设用地指标，再覆盖到待开发的城镇建设用地上[1]。在此基础上，建立发展券中介与交易平台，统一收购需要保护地块的未利用发展权并在发展券银行中存储，待合适的时机再出售，从而建立起历史街区更新的动态资金来源机制。实施多种激励政策吸引社会资本参与更新过程，以税费优惠与返还政策吸引市场力量参与，具体有税费直接减免、财政返还和补贴、缴纳后部分退返、政府回购部分物业等多种形式。清退回收后的公房用地可以进行用地性质的调整，激励社会资本的流入，其中产生的土地使用价值差距可以用来补贴城市更新。城市更新与新建开发的项目相捆绑，对于保留已纳入市政府公布的历史风貌区、历史建筑名录或市主管部门认定为有保留价值的历史风貌区或历史建筑，且由实施主体承担修缮、整治费用及责任的，可以通过容积率转移或奖励等方式予以激励[2]。

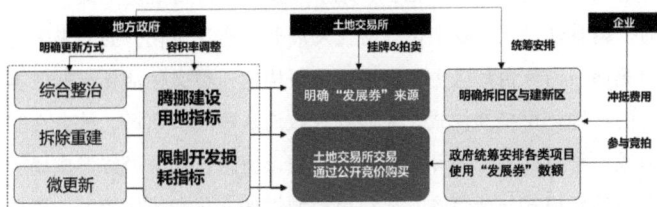

图8 城市更新调整产生剩余指标的"发展券"运作过程

最后，创新多种机制服务于居民自主投入与自主更新。通过技术支持、危房修缮补助等形式，鼓励居民自主更新改造，切实履行产权人的主体责任。积极探索共有产权房的形式，在共有产权的基础上进行多元合作模式更新。居民自主选择购买产权的份额，由使用者负责日常维护事宜；社区机构代表政府确定家庭购买资格，监督房屋的正常使用；在合约申购期限期满后，如果居民的经济实力得到提升，可以购买公有产权部分使之完全成为私人产权房；如果居民选择退出，政府可凭借自身占有的产权份额享有优先购买与转售权；在房屋出租、经营或出售过程中的收益，由国家、社区和居民个人按照产权份额进行分配，建立平等获益的机制。

5. 文化维度：构建日常化的场所营造新机制

文化作为一种独特的生活方式，不仅通过艺术和知识，更通过制度和日常行为表达了一定的意义和价值观，人必须与空间和场所互动，才能使城市空间具体化而富有意义[1]。在老城南早期的更新实践中，由于受到特定时期城市化快速发展需求的影响，大量采取拆除重建式的历史街区更新，并未充分意识到社区场所营造的重要性，居民的家园营建意识也并未凸显，社区的意象也并未被刻意保留。虽然经过二三十年的城市更新探索，老城南更新中场所营造意识逐渐显现，但是大量的社区营造实践仅仅被视为一次表象的社区公共活动而缺少持久性。国内目前也尚未出现在一个社区长期扎根、持续跟踪和服务社区营造的组织。

当前许多社区营造表现出同质化、空心化和临时性的现状困局。城市社区特别是像荷花塘这样的历史文化街区，其文化本身就是带有鲜明的特色和历史沉淀的，需要良好的维护和再发展，好的社区营造是可以在保护、维护和发扬社区传统历史文化的同时，朝着现代化、数字化等时代发展要求有序进化。面向未来的荷花塘—钓鱼台片区更新发展，需要构建一种文化活化与社区再生的在地化可持续模式，才能够在政府、居民、市场、社会之间形成一种良性的、循环的、有序的城市更新过程，最终形成场所营造的新模式与新范本。要利用地域性的文化和历史资源，联动社会力量，包括研究学者、社区居民、志愿文化协会、建筑师等多元主体，一起打造共创共建老城南文化的数据集。建设老城南实验室，使之成为社区更新强有力的创新引擎和空间载体，以及城市更新模式创新的试验场，激发城市空间再生，让社区焕发活力。在增强市民的身份认同感、自豪感的同时，塑造城市历史街区的

1 阳建强, 吴明伟. 现代城市更新[M]. 南京: 东南大学出版社, 1999.

公众话语权和社会共识，以场所营造为核心，使创生与居住、产业、文化层面串联起来，从文化植入和文旅消费为导向的更新模式，转向一种社区参与的文化生产新模式，最终营造出有生命力的社区、能生生不息地自我更新的社区。

6. 治理维度：多维度、多主体治理体系构建

以高效推进城市更新工作为导向，构建多方主体共同参与的多维度治理平台，是更新机制良好运行、各方资本有序运作、社区活力重构再塑的核心保障。在宏观层面，需要整合政府部门职责，提升政府服务整体质量。目前秦淮区已经成立了"城市更新办"，发挥牵头主管部门统筹与监督作用，负责更新政策拟订、牵头更新规划和年度计划编制，形成规范化更新政策体系。在中观层面，构建集融资、开发、运营和合作全功能的城市更新国资联盟，并根据项目类型适度引入市场、社会和居民主体合作，形成整体运作、局部合作的更新架构，贯彻可持续城市更新理念，规避历史风貌衰败和激进改造的风险。在微观层面，积极发挥党建、社区和社会组织的作用，上传下达凝聚共识，发挥社区网格化治理能力，及时传达更新政策、反馈居民诉求。深化完善"社区规划师"制度，社会组织、规划师可以发挥专业技术能力帮助居民进行自主更新或入股更新。

┤五├
结论与讨论

本研究基于"日常多样性"的视角重构城市更新与社会营造的链接关系，并以具有"历史街区"和"老旧社区"双重身份的南京老城南荷花塘—钓鱼台片区为实证案例，解构并剖析城市更新的既有模式与困境，从人口、土地、资金、文化、治理等多个维度，探讨一种更符合城市生活发展规律、适应现代生活需求、使旧城实现可持续发展的更新策略，并以此提出基于日常多样性的城市更新4.0模式探索：在人口维度构建面向双向人口流动的

房屋退出机制；在土地维度界定公共、私人边界，实施渐进式的空间重划与空间共享；在资金维度建设多措并举的更新资金筹措渠道；在文化维度构建日常化的场所营造新机制；在治理维度构建多维度、多主体治理架构，以还原提升历史社区的"日常性"与"多样性"，塑造真实多样的生活场景，并通过日常包容的文化韵味延续传统文化个性，夯实老城南"最日常"的文化底色。

城市更新是城市发展的永恒主题，不论是理论研究还是在地实践，近百年来中西方的城市更新探索都在试图解答一个问题：什么才是好的城市更新？城市更新不仅仅是一项城市建设的手段，不单纯是对物质空间的更新再造，更不是做大土地增值收益"蛋糕"的"空间生产"工具，它还具有深刻的社会和人文内涵，是对美好生活和高质量发展的深入探索。在重塑空间物质形态和功能组织的同时，也更新着现代人精神生活、社会网络与价值观念。近二三十年来，我国的城市更新历经了调整摸索、不断自治的过程，逐渐找回规划建设的初心，朝向推进地方公众参与、关注多元主体权益和需求的方向转型。未来，城市更新将更多地回归城市生活本身，以"社会生活的长远营造"、重塑社区精神为目标，更多地赋予城市普通居民塑造城市生活的权利，激发城市空间自我再生的能力。好的城市更新不仅要沉淀悠久历史的厚度，更要传达日常生活的温度，保留最日常、最真实、最质朴的城市肌理与生活样貌，成为人类回望历史时最可靠、最珍贵的真实通道。

Old City Renewal Mode and Path Exploration Based on Daily Diversity——A Case Study on Diaoyutai Area in the South of the Old City of Nanjing

ZHANG Jingxiang, CHEN Jiangchang

Abstract: Stock of the development of the era background the urban renewal is faced with new demands and challenges: on the one hand, it requires the renovation process of the transformation of the thinking of planning and design and policy guidance, stimulate the public "bottom-up" initiative, the commercialization from the monopoly capital city of inherent space, to give the city the ordinary residents the right to shape the city life, calling for the return of the "daily diversity"; On the other hand, we should take the "long-term construction of social life" as the goal, and explore the sustainable and implementable renewal mode and path. Therefore, this research is based on "daily diversity" perspective to reconstruct urban renewal link relations and social construction, and with "historical block" and "old communities" double identity of typical update old city area, Nanjing lotus pond - diaoyutai area — for the empirical case, deconstruction and analyze the existing mode of urban renewal and trouble. From population, land, capital, culture, governance, multiple dimensions, both urban development and the needs of local residents, we need to explore a more responsive to the laws of development, truly meet the needs of modern life, to achieve sustained development of the renewal strategy. It transforms the old city as an intensive urban space development model. Based on the diversity of daily urban renewal, the 4.0 model is proposed to explore.

Keywords: urban renewal; daily diversity; community spirit; place to build; South area of Nanjing old city

甄

峰

甄峰，南京大学建筑与城市规划学院副院长、教授，博士生导师，国家注册规划师，江苏省智慧城市设计仿真与可视化工程实验室主任，江苏省智慧城市决策咨询基地首席专家。在城市与区域关系、城市空间结构转型、城市居民活动空间、智慧城市理论与规划方法方面取得系列成果，拓展了智慧社会下城市空间研究新领域、新方向。在《地理学报》《地理科学》《地理研究》《自然资源学报》《城市规划》《城市规划学刊》《地理科学进展》《经济地理》《人文地理》等刊物发表第一作者论文70余篇，在《Urban Studies》《Cities》《Habitat International》《Transportation》《Tourism》等刊物发表 SCI/SSCI 论文 40 余篇（第一作者或通讯作者），出版《基于大数据的城市研究与规划方法创新》（2015年）、《信息时代的区域空间结构》（2004年）等著作10 余部。兼任国家住房和城乡建设部智慧城市专家委员会委员，中国地理学会理事、城市地理专业委员会主任委员，中国自然资源学会常务理事、国土空间规划研究专业委员会主任委员，任《Computational Urban Science》副主编以及《地理研究》《地理科学》《经济地理》《人文地理》等杂志编委。

【人生格言】

敦厚周慎，克己守心。

韧性城市视角下应对重大突发疫情灾害的城市更新与规划反思[1]

甄峰 孙鸿鹄[2]

摘要：

中国城市发展转型期面临日益加剧的多重风险，其中重大突发疫情的影响早已突破传统公共卫生事件范畴，具有典型且独特的灾害特征，严重威胁城市的安全可持续发展，亟待纳入城市主流风险以统筹城市规划应对策略。本文在对新型冠状病毒肺炎疫情特征的观察分析基础上，梳理国内外韧性城市理论研究与规划实践，反观疫情灾害下城市韧性面临的挑战与机遇，从理念革新、内容融合、技术支撑、协同参与等方面提出面向疫情灾害的韧性城市规划思考。

关键词：

新型冠状病毒肺炎；公共健康与安全；灾害；韧性城市；城市规划

1 国家社会科学基金重大项目（20AZD040）成果。
2 孙鸿鹄，苏州科技大学建筑与城市规划学院，讲师。

经济不平等、社会两极分化等发展问题在全球范围内广泛存在，近年来环境变化加剧、全球化进程受阻、城市人口爆炸等因素交织叠加，导致城市可持续发展不可避免地受到多方面的不确定性扰动与威胁[1-2]。中国快速城镇化推进过程中，前期较粗放发展积压的各类结构性、突发性风险也在急剧增加，特别是在城市网络联系日益紧密的背景下，风险的急速扩散蔓延更应该引起足够重视。2019年末突发的新型冠状病毒肺炎疫情（以下简称新冠肺炎疫情）短时间内肆虐全国，并快速演变成全球性事件，延宕至今仍时有大规模爆发，对人民群众的生命健康与正常生活、社会经济的有序发展与保障都造成严重威胁和损失。作为一起突发公共卫生事件，新冠肺炎疫情显然已远远超出安全健康领域，凸显出这类疫病灾害的巨大破坏力和城市系统应对这类非传统风险的困难。因为城市原有的繁荣活力反而可能会进一步强化疫情风险威胁，加剧城市脆弱性和暴露性，甚至造成城市系统短时间内的"休克瘫痪"和长期的"后遗症"，当前虽然各相关学科对新冠肺炎疫情已有较多探讨，但这类公共卫生事件引发的直接或间接的灾害性影响特征、机理以及应对策略还需深入挖掘。最终，如何有效应对类似的疫情灾害，转危为机，通过城市更新与规划增强城市面对疫情灾害的韧性能力，建设具有疫情灾害韧性的城市，或可成为疫情灾害情景下促进城市未来可持续发展的途径之一。

"韧性城市"或者"城市韧性"，由于其强调城市面对风险等各类扰动时，动态适应、多元协作、主动作为的理论创新和实践探索，已成为防灾减灾、风险管理、城市规划等学科领域的热点议题[3-5]。而新冠肺炎疫情的急性冲击和长期反复，导致所有城市的疫灾韧性都时刻面临风险扰动，如何与此类城市风险共生共容，在"平疫结合"模式下提升城市更新与规划对城市安全与发

1 石楠. "人居三"、《新城市议程》及其对我国的启示[J].城市规划,2017(1): 9-21.
2 World Economic Forum. The global risks report 2018[EB/OL].https://cn.weforum.org/reports/global-risks-report-2018. 2018-01-08/2020-02-22.
3 邵亦文,徐江.城市韧性: 基于国际文献综述的概念解析[J].国际城市规划,2015 (2):48-54.
4 李彤玥,牛品一,顾朝林.弹性城市研究框架综述[J].城市规划学刊,2014 (5):23-31.
5 宋爽,王帅,傅伯杰,等.社会—生态系统适应性治理研究进展与展望[J].地理学报,2019(11):2401-2410.

展统筹治理的支撑，是本文探讨的重点。本文在对新冠肺炎疫情灾害特征分析的基础上，梳理国内外韧性城市理论研究与实践进展，总结疫情灾害下城市韧性面临的挑战与机遇，从理念革新、体系融合、技术支撑、治理协同等方面提出面向疫情灾害韧性的城市更新与规划思考。

┤二├
疫情灾害暴发及应对新特点

1. 过程的不可知性与不确定性

不同于常见的自然或人为灾害，此次疫情灾害由一种前期未知病理与传播途径的新型传染病所引发，无法做到事先精准监测与及时预警。首先，原始病毒宿主作为致灾因子难以快速确定，且病毒变异难控，至今尚无科学的准确定论；其次，孕灾环境隐藏在日常生活空间，人人既可能是病毒感染源，也可能是传染源，甚至存在"人—物互染互传"的现象，传播途径与社会经济网络紧密交织，脆弱性人群和承灾体又无特定免疫能力，普遍易感，但统计学意义上较低的致死率也容易导致疫情经历日久后的麻痹大意，因而整个灾害过程的发生、发展均具有相当的不可知性与不确定性。

2. 危害的广泛性与深远性

大规模城市化，特别是都市圈、城市群这种空间毗邻、联系紧密的高级别城市地域实体的出现，带来大量人口流动与集聚，在无及时疫情监控预警和有效空间隔离阻断疫情传播的情况下，新冠病毒跨越时空的传播特点会导致疫区范围迅速扩大和疫情严重性持续增加，而承灾人群几乎无差别暴露在疫情灾害风险下。然而，为了应对疫情不得不采取的物理隔离、阻断流动等措施，在大幅度减少生产、生活活动暴露性的同时，正常的生产、生活供需网络也会承受巨大扰动，严重压缩、妨碍了日常的生产、生活活动，对城市社会经济系统的持续良性运行造成很大负担，同时也增加了疫情治理下大量的人力、物力、财力成本，可以说，疫情灾害超越人身安全与健康风险，对城市系统可持续发展的威胁具有连锁、叠加、放大效应。

3. 应对的滞后性与低效性

疫情暴发初期，由于对疫情灾害风险、传播途径、作用机制、防护成本等没有足够的认知和经验，自上而下的垂直防控体系往往难以在多尺度、多维度上对城市复杂系统进行高质量统筹协调，容易出现防疫松散或者过度防疫，在防范预案、监测预警、应急保障和妥善恢复等各环节均可能出现不同程度的应对滞后或低效。例如，灾害发生的隐蔽性导致短期内难以确定疫情传播源头，跨区域的人口流动导致无法快速预估疫情规模，中期断然采取无差别的"交通停运""封城停工"等强制性物理隔离举措，彻底打乱城市运行正常节奏和内外常态联系，基底、冗余、后备及替代功能的缺失均导致防灾减灾行动的应对过程中难以最大限度地降低消极扰动、最大限度地确保积极适应，更遑论应对措施的转化升级以促进城市更高水平的可持续发展。

1 Holling S C.Resilience and stability of ecological systems[J].Annual Review of Ecology and Systematics, 1973（1）：1-23.

2 Gunderson L H, Holling C S.Panarchy: understanding transformations in human and natural systems[J]. Biological Conservation, 2003（2）：488-491.

3 Folke C.Resilience: the emergence of a perspective for social-ecological systems analyses[J].Global Environmental Change, 2006（3）：253-267.

4 Folke C, Carpenter S R, Walker B, et al.Resilience thinking: integrating resilience, adaptability and transformability[J]. Ecology & Society, 2010（4）：299-305.

┼三┝
韧性城市的理论研究与实践

---

1. 概念内涵与能力特征

"韧性"概念主要强调系统在自身基本机能有保障的前提下，对冲击扰动的抵抗、吸收、转化及适应能力[1-2]，并认为一个韧性系统往往具有自组织、自学习、自适应的内核特征[3-4]。城市系统作为一个既有高度开放性又有高度依赖性的社会—经济—生态复合系统，面临的扰动与适应矛盾最为突出，也最为集中，因而城市最容易出现韧性问题，也最需要韧性能力。基于此，城市韧性可定义为城市系统及各行为主体（个人、社区、机构、企业等）在各种慢性压力（如环境污染、职住失衡等）和急性冲击（如各种人为或自然灾害等）下，所具有的存续、适应和发展的能力[5-6]。

5 Meerow S, Newell J P, Stults M.Defining urban resilience: A review[J]. Landscape and Urban Planning, 2016, 147: 38-49.

6 Spaans M, Waterhout B.Building up resilience in cities worldwide-Rotterdam as participant in the100 Resilient Cities Programme[J].Cities, 2017, 61: 109-116.

1 Berkes F.Understanding uncertainty and reducing vulnerability: lessons from resilience thinking[J]. Natural Hazards, 2007(2): 283-295.

2 Ahern J.From fail-safe to safe-to-fail: sustainability and resilience in the new urban world[J].Landscape and Urban Planning, 2011, 100(4): 341-343.

3 Allan P, Bryant M. Resilience as a framework for urbanism and recovery [J]. Journal of Landscape Architecture, 2011, 6(2): 34-45.

4 Frazier T G,Thompson C M, Dezzani R J, et al.Spatial and temporal quantification of resilience at the community scale[J].Applied Geography, 2013, 42: 95-107.

5 李彤玥.韧性城市研究新进展[J].国际城市规划, 2017(5): 19-29.

6 杨敏行,黄波,崔鹏,等.基于韧性城市理论的灾害防治研究回顾与展望[J].城市规划学刊,2016(1): 48-55.

7 The Rockefeller Foundation, ARUP.City resilience framework[R].New York, USA: The Rockefeller Foundation and ARUP, 2014.

8 Resilience Alliance. A research prospectus for urban resilience: a resilience alliance initiative for transitioning urban systems towards sustainable futures[EB/OL]. http://www.resalliance. org/files/1172764197_ urbanresiliencere-searchprospectusv7feb07. pdf, 2007-02-07/2020-02-22.

可见，该概念内涵承认城市发展过程中各类长短期扰动冲击永续普遍存在，但寻求在应对中学习成长，在共生中积极适应。

韧性城市的多元能力特征往往作为判断一座城市是否具有韧性的标准[1-2]。普遍认为，无论是面对突变性扰动还是缓慢性压力，有韧性的城市主要具有六大能力特征，包括多样性（Diversity）、冗余性（Redundancy）和鲁棒性（Robustness）三个基础特征，恢复力（Recovery）、适应性（Adaptation）和学习力（Ability to learn）三个高级特征[3-5]。多样性主要指城市功能应综合多样以相互支撑配合，在扰动冲击之下可以提供完善的解决方案；冗余性多指城市功能具有可替换特性，可通过多重备份来增加可靠性；鲁棒性指向城市抵抗外部冲击能力，起到稳定基础的作用；恢复力则指城市遭受冲击后能够可逆复原，仍能最终保持系统原有结构与功能；适应性反映了城市能够根据环境变化调节自身，以便与新环境相适应；学习力强调城市能够从扰动应对中吸取经验教训并转化创新能力以促进新阶段的可持续发展。

2. 韧性城市的评价体系

韧性城市理念突破传统较单一的刚性管控的防灾减灾思维，强调应对灾害的综合手段，除了硬件基础设施，与经济发展水平、社会柔性治理也密切相关，因此韧性城市评价体系一般囊括社会组织、经济保障、基础设施等多个维度[6]。较有代表性的有洛克菲勒基金会的城市韧性评估框架[7]。针对城市系统，该框架提出通过健康与福祉、经济与社会、城市体系与服务、领导力与战略四个维度来研究、构建和评价城市韧性水平或能力（图1）。当然，城市可根据自身特点，确定各指标权重及其实现方式，并通过定性与定量相结合的方式，评估城市当前的绩效水平和未来发展轨迹，进而制定相应的规划策略或行动计划以增强城市韧性。

3. 韧性城市的理论框架

当前韧性城市的重要性受到越来越多的认可，随之韧性城市的认知也更加多元全面，其中韧性联盟从管治网络构建、代谢流、建成环境和社会动力机制四个方面总结了较为完善的韧性城市认知框架[8]。在这个框架下，管治网络的构建主要着眼于推进相关

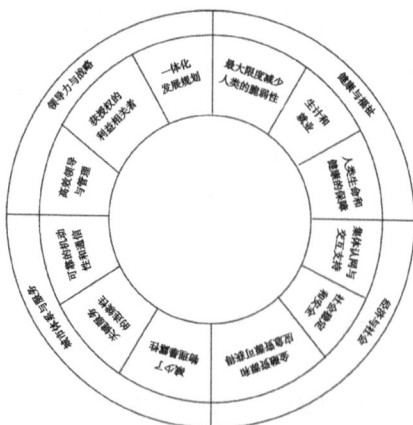

图1　洛克菲勒基金会城市韧性评估体系

城市行为主体间的协作参与，代谢流从供需流通的角度分析城市物质、能量、信息流的连通规律，建成环境则主要关注具有适应和调整能力的城市空间生成与塑造，社会动力机制探索城市韧性与人口特征、社会资本以及社会包容等方面的关联。其中，建成环境是城市韧性的物质基石，代谢流是维系城市韧性的运行手段，管治网络和社会动力机制支撑韧性社会治理的柔性策略。四个维度相辅相成，共同作用以增强城市系统韧性。在认知韧性城市基本结构的基础上，当前主流韧性城市规划框架则涵盖脆弱性分析、城市治理、防护和以不确定性为导向的规划四个步骤（图2）[1]。首先，脆弱性分析的目的在于识别城市所面临的扰动冲击；其次，城市治理框架的作用在于探讨实现城市韧性的治理途径，确保行为主体间沟通顺畅、利益协调；再次，防护框架的意义在于除了不能简单地摒弃原有的抵抗性措施，还应该因地制宜地将各种有效途径结合起来；最后，以不确定性为导向的规划框架着眼于尊重不确定因素并以适应性的指导思想对城市未来发展作出指导。

4. 国内外实践案例与启示

城市韧性理论的发展已在全球范围内促使政府组织、非政府组织及许多城市积极行动起来，并逐步形成一些相关国际计划、项目交流与实践案例[2-4]。其中，联合国国际减灾战略组织的"城

1 Jabareen Y.Planning the resilient city: concepts and strategies for coping with climate change and environmental risk[J]. Cities, 2013, 31: 220-229.

2 Desouza K C, Flanery T H.Designing, planning, and managing resilient cities: a conceptual framework[J]. Cities, 2013, 35: 89-99.

3 Valdes.Barcelona: Building resilience strategies[J].International Journal of Critical Infrastructures, 2016, 11 (3): 233-242.

4 徐耀阳, 李刚, 崔胜辉, 等.韧性科学的回顾与展望: 从生态理论到城市实践[J]. 生态学报, 2018, 38(15): 5297-5304.

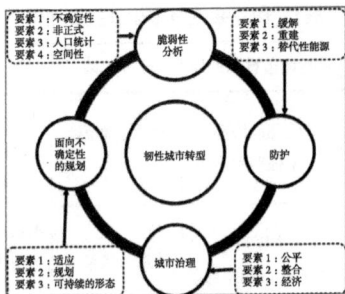

图 2　韧性城市规划框架

1 张明顺, 李欢欢. 气候变化背景下城市韧性评估研究进展 [J]. 生态经济, 2018 (10): 154-161.

2 曹莉萍, 周冯琦. 纽约弹性城市建设经验及其对上海的启示 [J]. 生态学报, 2018 (1): 86-95.

3 彭翀, 郭祖源, 彭仲仁. 国外社区韧性的理论与实践进展 [J]. 国际城市规划, 2017 (4): 60-66.

4 陈玉梅, 李康晨. 国外公共管理视角下韧性城市研究进展与实践探析 [J]. 中国行政管理, 2017 (1): 137-143.

5 谢起慧. 发达国家建设韧性城市的政策启示 [J]. 科学决策, 2017 (4): 60-75.

6 The Rockefeller Foundation.Resilient Chicago: a plan for inclusive growth and a connected city[EB/OL]. https://github.com/ Chicago/resilient.chicago. gov.2019-02-14/2020-02-22.

7 郑艳, 翟建青, 武占云, 等. 基于适应性周期的韧性城市分类评价——以我国海绵城市与气候适应型城市试点为例 [J]. 中国人口·资源与环境, 2018, 28 (3): 31-38.

市韧性绘制计划"和洛克菲勒基金会的"全球韧性百城计划"是比较具有代表性的两个国际合作计划。前者超越消减短期风险的传统理念,整合多元要素以改善整体人居环境来应对未来挑战;后者旨在帮助全球更多的城市制定切实有效的韧性规划以应对自然灾害或社会经济挑战(我国已有浙江义乌、四川德阳、浙江海盐、湖北黄石四座城市入选[1])。在全球环境变化、城市发展转型的大背景下,城市需要以更有效、更灵活的方式应对快速变化中的不确定性和突变性,当前以应对气候变化和灾害风险、增强城市韧性为主要目标的行动计划成为重要实践(表1)[2-6]。整体上,国外韧性城市建设先进案例的共同点在于尊重城市系统演变的客观规律,更注重应对不确定性扰动的长效综合措施,城市防灾减灾模式也从被动孤立反应向主动综合响应转变。整体来看,城市韧性的增强策略主要包括三个方面:一是建立动态的风险评估及模拟系统,为制定主动干预的工程及管理举措提供科学及时的依据;二是加强基础设施的韧性功能提升,降低风险中的暴露性,增强对多元风险的适应能力;三是完善联动协作的综合防灾治理体系,注重社会利益群体的参与,保障治理过程中的公平正义。近年来,我国推进海绵城市与气候适应性城市试点项目也可以看作主要偏向基础设施建设的韧性城市建设实践[7]。2017年的《北京城市总体规划(2016年—2035年)》提出加强城市防灾减灾能力,提高城市韧性;2018年的《上海市城市总体规划(2017—2035年)》明确提出建设更可持续的生态韧性城市。对比国外韧性城市案例,我国的韧性城市实践还存在整

表1　国外韧性城市建设主要案例

城市	发布时间	韧性城市行动计划	主要风险	主要内容
伦敦	2011 年	《管理风险和增强韧性》	洪水、高温、干旱	政策执行机构设置，洪水风险管理，水电能源设施更新改造等
纽约	2013 年	《一个更强大、更有韧性的纽约》	洪水、风暴潮	桑迪飓风灾后重建计划，洪水保障计划，韧性建设投融资
芝加哥	2019 年	《韧性芝加哥》	经济危机、社区隔离、暴力与犯罪	搭建强健的邻里，建设稳健的基础设施，共建有所准备的社区
新加坡	2019 年	《总体规划草案（2019）》	全球变化、资源紧张	适应气候变化、改善资源利用、创造增长空间

体认识不足、顶层设计缺乏、示范推广不够、综合保障不强、协同参与不畅等问题，但无论国内外，面向自然灾害的韧性城市规划与建设依旧是主流，对由公共卫生事件演变的安全灾害缺乏韧性响应。甚至在此次新冠肺炎疫情中，国外一些主要发达经济体不仅缺乏提升该类灾害韧性的先进经验输出，反而可以看到其过于"自由无序"的抗疫政策在很大程度上加剧了新冠肺炎疫情的灾害风险，漠视了人民生命健康安全，同时也在反噬社会经济的稳定发展。

┤ 四 ├
疫情灾害下的
城市韧性挑战与机遇

---

1. 欠缺的韧性认知

传统城市规划主要是面向蓝图式确定性目标和局部底线约束的增量规划，偏静态常态化，主要以现有的防灾减灾规划以及公共安全规划为参考基础嫁接植入，以此来保证宏观视角下城市的整体安全，缺乏面向实际需求的互动匹配，也因而从根本上缺乏对不确定性风险的综合把握与动态调整能力，且尚未将重大疫情这类非常态灾害纳入城市综合防灾减灾规划，而对健康城市建设也多偏向基础医疗设施、体育休闲设施、健康养老设施等建成环境的优化，或者对日常生活活动行为的引导，对重大突发传染病这类危害巨大的"黑天鹅事件""灰犀牛危机"缺乏关注，对其可能引发的医疗资源大量挤占、生活物资储备的巨大缺口、公共空间防疫功能的灵活转换不足没有足够的认识。同时，应急管理、公共健康、城市规划等学科间合作交流的缺乏进一步导致规划领域对这类灾害造成的多元综合扰动认识不足，进而缺失系统的适应性规划与技术支持。

2. 脆弱的韧性功能

当前我国城市发展进入高质量发展转型期：区域尺度上，鼓励经济发达地区以都市圈、城市群为城市集群发展的主要模式，支持具有辐射带动作用的核心城市争做区域城市网络的枢纽节点；城市尺度上，进入存量更新、土地集约开发、人口吸引集聚的新阶段；社区尺度上，追求街区开放、业态多样、人流自由。在这种发展导向下，如果无安全底线压实，一旦面对突发疫情灾害，城市就会在不同空间尺度上暴露出脆弱的韧性功能。显然，发达的区域城市网络为生产、生活供需要素流动提供了便利，但疫情期间也为病毒传播提供了潜在快速通道，枢纽城市暴露性大增的情境下导致防疫压力巨大，从而很容易成为疫情重灾区，削弱了城市抵御疫情灾害的稳健性；而城市人口、资源的高度集中又加剧了供需的紧张和不均衡，降低了城市韧性功能的多样性、冗余性；社区作为抗击疫情灾害的一线基本单元一直发挥着不可替代的作用，而缺乏管理的老旧开放小区、"城中村"往往管理边界模糊，治理手段落后，人口老龄化及流动人口问题突出，日常生活保障功能不足等，这些既增加防疫隔离的难度，也制约了居民自助互助能力，导致居民疫情期间的日常生活适应性、恢复力均可能出现降低。

3. 僵化的韧性治理

疫情灾害过程中暴露出各尺度、各相关领域行为主体间常态化韧性治理体系在横向协作补充、纵向支撑拓展上的缺失。疫情灾害应对部门不统一也缺乏必要的能力整合。当前应急管理部门主要负责自然灾害和事故灾害，卫健委、公安部门分别负责处理公共卫生事件、社会安全事件，而自然资源和规划相关部门则负责国土空间安全的整体规划与落实，责任部门负责的安全领域不同且联动协作较少导致多部门间综合防灾减灾能力的不足。

4. 萌发的韧性实践

韧性视角下不只应看到疫情灾害对城市发展的挑战，挖掘通过危机促使城市转型发展的机遇更是应有之义。在近三年的常态化全社会抗"疫"过程中，无论是企业、居民还是政府管理部门，各行为主体的防灾减灾意识和抗灾能力进一步提升，平疫结合的生产、生活、服务机制进一步深化。例如，不断涌现的大数据、物联网等新一代信息技术智慧支撑疫情监控与救援物资调配，线上虚拟空间与线下实体空间进一步连通融合，在拓展居民日常生活空间的同时也加速催生了居家办公、在线教学、娱乐等新型就业、就学、休闲形式，甚至融合新型产业业态、新型生活方式、新型服务治理模式等体系的"元宇宙"世界也在加速演进；土地利用空间的弹性留白、生活必需品的就近分布式仓储及运输，以及"十五分钟核酸检测圈""方舱医院"等灵活模块化快速配置，重视通过覆盖全社会的社区管理网络和医学筛查网络阻断疫情的初期传染，减少对社会经济发展大范围长时期的扰动等，都是多维应对疫情的有效方案及宝贵经验。同时，学科领域也在深刻反思和总结中积极探索城市韧性发展的新路径，如促进传统适应性不足的城市安全防灾规划向新时期全域全要素保障、综合底线抬升、问题导向和目标导向统一的国土空间规划体系全面迁移[1]。总之，可以看到在疫情灾害应对中，催生并拓展了一系列的新理念认知、新技术应用、新发展模式等，这些实践进一步巩固、提升了城市韧性。

1 吕悦风，项铭涛，王梦婧，等.从安全防灾到韧性建设——国土空间治理背景下韧性规划的探索与展望[J].自然资源学报，2021，36（9）：2281-2293.

疫情灾害下
韧性城市规划思考

1. 动态适应的韧性规划理念革新

忽略安全的发展只会造成更严重的安全问题和发展制约，此次疫情灾害的发生再次为城市的安全健康与可持续发展敲响了警钟，在对城市安全发展观的整体认识上，城市规划领域必须树立起与风险共生求发展的规划理念，夯实安全为了发展、发展促进安全的规划原则，消除城市安全规划与发展规划之间二元分立的界限，把安全与发展之间的协同演进看作促进城市可持续发展能力提升的必由之路。具体而言，应摒弃传统城市规划单纯消减灾害、刚性对抗应对的工程性思维，深刻认识到灾害的复杂性、不确定性，并超越风险认知，跳出单纯的灾害防治思维，将灾害中的正负向反馈放在城市长期整体发展的框架下考虑，通过动态的学习创新将永续存在的灾害柔性消解转化为不断促进城市发展的新机遇，纳入面向美好生活供需均衡、充足的全景式考量；在尊重城市发展客观规律的基础上，加强生态文明下基于自然的解决方案的韧性城市规划顶层设计，重新审视规划的有为与不为、前瞻性与实践性，统筹考虑城市各类空间功能、组织、结构、联系的综合风险效应和韧性支撑力度，在高效集约、适度均衡的基础上发掘、提升现有空间资源与环境的韧性功能，将短期非常态化灾害的有效应对融入长期常态化的适应性规划中；根据疫情时空致灾机制与影响效应，兼顾效率与公平，积极主动探索韧性理念在规划全周期、全尺度、全要素的引导与应用，提升规划调控的及时性和精确性，拓展规划内容的动态覆盖广度和支撑深度。

2. 全向支撑的韧性规划内容融合

疫情灾害的发生、发展，在纵向时序演变过程中，无论是灾前监测预警时间、灾中应急响应时间，还是灾后恢复适应时间均面临急剧压缩的强烈扰动，同时，人、物对灾害的正负反馈也存在横向跨尺度的网络化空间关联与交织，适应性需求在时空维度深入社会经济发展及居民日常生活的方方面面。因而，疫情灾害的规划核心在于综合防灾减灾范畴内全灾程高效率的融合应对，以及常规发展规划与安全规划体系之间的有机融合。综合防灾减灾规划应进一步提升与应急管理体系、医疗卫生体系的有效对接与相互支撑，强化规划知识的交叉吸收与借鉴，提升规划内容的综合性、专业性和可动态调整性。一方面应加强协同监测预警的内容深度及时空覆盖度，尽可能将疫情灾害风险扼杀在萌芽状态；另一方面，通过合理布置多中心、分布式、强连接的空间资源保障体系，划分流动有序、分类隔离、动态调整的空间防控单元等前期主动的空间规划调控，提升灾中响应和灾后恢复的及时有效性。同时，面对灾害演变的动态性，提升规划的持续性和滚动性，不设置严格的规划期限，在确定疫情灾害防灾减灾覆盖主题内容下，不断分析在新形势下提升城市韧性的规划应对策略。在综合性城市规划内容支撑提升上，一方面，应将疫情灾害纳入具有基础性、约束性、战略性的各级国土空间规划中统筹考虑，完善现有灾种评价类型，识别疫情灾害对社会经济活动的承载力与适宜性，以及灾后的恢复发展潜力与情景，根据韧性能力提升原则，提升多尺度、机制性、耦合性评估标准，分阶段定期对城市安全与发展综合效益进行体检评估，实现保障灾害有效防治与正常生产、生活间的动态协调；另一方面，在健康城市、宜居城市、智慧城市等相关规划专项中，融入韧性理念加强规划多目标以及空间功能与管控的融合，探索综合普适性的韧性规划原理，累积多样化的韧性规划演进路径，注重项目的实用性和可推广性，避免规划建设重复与浪费，尽量全面化解不确定性风险。

3. 智慧民本的韧性规划范式提升

当前以大数据、物联网为代表的新一代信息技术为构建"可感知、能学习、善治理、自适应"的智慧规划提供了越来越坚实全面的技术支撑。面对疫情灾害的挑战，以人为本、智慧导向的韧性城市规划势在必行。首先，应提升智慧规划应用水平，突破孤立式监测、描述性统计分析、简单可视化表达等初级感知阶段，广泛利用新型信息资源，有效整合泛在智慧技术，搭建多维动态交互的全灾程场景，精细刻画各行为主体在灾害中的实际多元、多层次需求，快速精准预测疫情灾害演进过程及影响，从而打造或链接集智开放、数字孪生的疫情灾害综合公共治理平台，提升自主决策、治理参与等高维智慧规划的支撑，提高应对危机和恢复常态的时效与实效；其次，智慧洞察新型民生需求，跟进疫情期间在新技术、新经济、新需求的自组织效应下出现的新空间利用形式和供需模式，注重虚拟空间和实体空间之间生产、生活活动的分离与交融对规划新知识、新内容的溢出效应，创新韧性城市规划的内容服务深度和品质，促进规划的灵活性、拓展性及信息化水平；再次，在智慧社会的框架内赋能城市韧性，灵活调控疫情中各类要素流动与集聚带来的正负效应，不仅升级万物互联的物联网，进一步提升多元复合的"人—物"互联能级，以及包容共享的"人—人"互联水平，活化虚实空间有序相融的韧性生态组织形式与路径，并根据生产、生活活动特征与机制嵌入智慧手段加强人文化关怀引入、人性化设计强化、人本化政策支撑，逐步突破各类、各尺度的时空机会与制约的瓶颈，助力全社会在疫情灾害过程中的自主智慧感知、智慧参与、智慧保障能力的提升，并努力提升全社会在疫情智慧防护过程中的获得感与满意度。

4. 多方协作的韧性规划参与共治

面向疫情灾害的韧性城市规划建设涉及多利益主体、多知识主体，而多方协作的规划参与共治不仅有利于利益协调、知识创新、人本意识厚植，也可凝聚共识、提高效率，保障规划的科学与公平，最终提升韧性城市共建共享共治的服务水平。首先，未来政府内部应进一步根据疫情灾害特点与过程明确应对疫情灾害的职能划分和衔接，特别注重交叉领域的职责分担，理清事权，开放合作，搭建部门间、区域间、上下级间的规划协作联动体系，同时加强分管部门的统一管理，成立囊括疫情灾害风险的区域韧性城市建设发展小组等专项发展机构，辅助层级之间高效合作，最优化区域的资源配置与服务。其次，政府应认识到全面具体的战"疫"参与具有综合性、专业性、根植性和自主性，需要构建多方协作的元治理平台与制度法规整合社会资本，与相关企业、科研机构、社会组织、普通公众等各类相关行为主体达成"政府主导，多元共治"的规划治理长效机制，以实现社会组织网络之间的相互支撑与补充，而在完善多元主体从规划需求、规划编制、规划实施到规划管理的全程知情权、参与权的同时，更重要的是如何协调分配话语权和决定权并创建激励机制，保障多方协作的规划参与活力和能动性。社区作为城市居民日常生活的锚点，以及基本社会组织单元和基层抗灾第一线，各类物质、能量、信息、权限等韧性资源配置与管理都需要进一步下沉、链接到社区层面甚至个人主体，形成上下一体、左右相撑且开放闭环的空间网格治理和组织条块联动，并定期排查疫情防护隐患点和脆弱性人群，重视社区疫情防护过程的延伸和内容的填充，在围绕安全健康治理体系的基础上，注重疫情防控期间民生保障和更综合的日常生活能力积累与习得，以增强社区应对风险的自主和全面韧性，因而具有安全韧性的社区生活圈规划今后应成为多方协作、共享共治的重要内容和突破点。

Reflections on Urban Planning for Major Acute Epidemic Disaster from the Perspective of Resilient City

ZHEN Feng, SUN Honghu

Abstract: In the period of urban development and transformation in China, there are multiple risks that are increasing day by day. Among them, the impact of major acute epidemic has already broken through the traditional public health event category, with typical and unique disaster characteristics, which seriously threatens the safety and sustainable development of the city. It is urgent to include major acute epidemic into the mainstream risks of the city, as coordinating the response strategies of urban planning. Based on the analysis of the epidemic characteristics, this paper combs the theoretical research and planning practice of resilient city, reviews the challenges and opportunities faced by urban resilience under the epidemic disasters, and puts forward the planning thinking of resilient city facing epidemic disasters from the aspects of concept innovation, content integration, technical support and collaborative participation.

Keywords: novel coronavirus pneumonia; public health and safety; disasters; resilient city; urban planning

胡
小
武

　　胡小武，江西省新余市人，南京大学博士，2007年留校任教于南京大学社会学院，美国哥伦比亚大学访问学者（2017~2018年）。目前主要研究方向为城市社会学、城市发展规划、城市生活方式、城市文化、城市更新、城市问题与社会治理等；学术兼任南京大学城市科学研究院副院长、南京大学华智全球治理研究院研究员、江苏城市智库副理事长兼秘书长、中国城市规划学会城市更新学术委员会常务理事。主持国家社科基金、教育部社科基金、江苏省社科基金共11项，政府咨询课题共计90多项；近5年为国家，江苏省委、省政府，南京市委、市政府提供决策咨询报告32篇，其中10篇上报中央办公厅供中央领导阅示、批示，另有5篇获得江苏省委、省政府主要领导批示和中央办公厅、国务院办公厅采纳；已出版《吾国吾城：城市研究的智库服务方略》《中国方向：中国新型城镇化新论》等9部专著，发表学术文章130多篇，在国内学术界率先研究并提出"小城市病""城市中央文化区""城乡文化反哺""城愁""超级绅士化"等学术命题。

【人生格言】
　　城市研究，为国为民；念念不忘，必有回响。

城市更新中宜居街区改造的『共同缔造』方法及其应用研究

胡小武

摘要：

城市更新是全世界范围内城市现代化发展的普遍现象。城市更新进程更是一项复杂的城市空间变迁、利益重组、关系重构的过程，并会引发利益群体对立、城市空心化等社会问题，需要嵌入社会规划思想以弥合由城市规划和更新导致的社会裂痕。"共同缔造"方法在中国城市更新的下半程中，具有典型的社会规划的样本价值。结合南京市三个宜居街区所引入的"共同缔造"方法的实践来看，"共同缔造"方法所提倡的多元主体的社会参与、建立行动共识、共享城市更新成果的理念，不仅有助于提高城市更新场域中的居民满意度，同时也有助于推动完善中国城市社会治理体系和提升治理能力现代化水平。需要在城市更新中不断推广和应用"共同缔造"方法，以助推中国的城市现代化建设水平。

关键词：

城市更新；绅士化；社会规划；共同缔造；宜居街区

城市老旧空间的改造与更新是一个城市社会结构变迁的常态过程。李克强总理于 2020 年所做的《政府工作报告》中提到，2020 年新开工改造城镇老旧小区 3.9 万个，说明中国城市所推动的包括老旧小区改造在内的旧城改造与城市更新还在持续深入推进。特别是中国一些超大或特大城市如北京、上海、天津、广州、深圳、南京、杭州、成都、武汉、重庆、沈阳、长春等历史文化名城或工业化城市，在快速的城市化和城市现代化进程中，城市建筑与空间形态因历史经年而不断改变其功能、形态和风貌。城市更新包括小区更新、街区更新乃至大范围的城市更新三个规模与层次，小区更新目前处于常态，街区更新逐渐进入城市更新范畴，而大范围的城市更新将慢慢退出历史舞台。城市发展的新战略和新规划促发了各城市老城区的更新、改造和重建机制。以往的旧城更新大多是以"侵入与接替"形态为主的驱逐型的"绅士化"（Gentrification）现象。城市更新导致中低收入原住民外迁、城市老城区的高尚化设施替代，城市更新形成了"社会过滤"（Social filtering）问题，并最终出现了空间要素的"奢侈化"倾向等。这种旧城改造所形成的各种社会问题，逐渐被中国政府所重视，因而新的城市更新秉持"留、改、拆"多元性理念，该保留的继续保留，该改造重新利用的便改造，该拆迁重建的便按照以往的拆迁方式实施。

┼ 一 ┝
作为一种"绅士化"进程的
旧城改造与城市更新

旧城更新是城市更新的主体内容。城市更新（Urban Renewal）或城市复兴（Urban Renaissance）广义上是指城市任意地区的改良和升级，狭义上是指在政府激发下对城市衰败地区的改造和振兴[1]。城市更新最早发生在工业化和城市化较早的英国。英国记者格拉斯（Gluss）于 1964 年借用 18~19 世纪英国乡村社会中处于封地贵族与下层自耕农之间的绅士阶层的称谓

1 宋伟轩.西方城市绅士化理论纷争及启示[J].人文地理，2013（1）：33.

"Gentry"来指称当时新兴的"城市绅士",并将绅士阶层进入破败工人阶层住区,对房屋进行修整并定居的现象称为"绅士化"。因此,"绅士化"便首先用来描述和概括城市中心区更新与居住群体的替代现象。格拉斯后来将城市更新中的"绅士化"现象定义为"包括住宅更新、房屋所有权从租住到私有、住宅价格提升和'新中产阶层'替换工人阶层等在内的城市现象"[1]。之后,国外学术界逐渐用"绅士化"以诠释城市内城空间更新模式并用于理解城市化进程中的空间改造与社会结构变迁现象。作为城市更新的典型空间现象,西方城市的"绅士化"过程也被描述为"经历资本流失和衰退的城市社区发生了趋势逆转、资本再投入、相对富裕的高收入和中产阶层回迁的过程[2]。"这一过程主要表现为城市社会变迁的"侵入与接替"的空间更新和空间占有群体的社会更新。"绅士化"现象可以看作世界城市发展变迁与城市更新过程中的"伴生物"。中国的旧城改造与城市更新,在过去的较长时期中,基本走的也是"空间绅士化"的道路。

十二

驱逐:旧城改造与更新所引发的社会问题

内城区的城市更新引发了典型的社会"驱逐"[3]。绅士化是城市发展变迁与社会结构研究的重要议题。随着中国城市化和经济的快速发展,"超级绅士化"这一现象在越来越多的大都市更新过程中蔓延。中国很多发达的、历史文化底蕴深厚的大城市,在其主城区、老城区的旧城更新中,还出现了超级富豪占领主城区的现象。无论是旧城更新的绅士化或超级绅士化,都产生了一系列的社会问题。中国城市在旧城改造与更新中普遍采用的是"旧城拆迁、土地平整、土地出让、建设新空间、投资获利"流程。这个过程主要以旧城中原住民或原租民的迁移出走为原点,新的中产阶层或富裕群体的迁入或消费为终点。然而在这一过程中,产生了以"驱逐"为特征的各种社会问题。"驱逐"主要体现为

1 Luth Glass.London: aspects of change[M]. London: MacGibbon and Kee, 1964.
2 Smith N.Gentrification[M]// Van Vliet W.The encyclopedia of housing.London: Taylor and Francis, 1998.
3 萨斯基娅·萨森.驱逐 全球经济中的野蛮性与复杂性[M].何森,译.南京:江苏教育出版社,2016.

原住民或原租民被动地从老城区迁移到城市新的郊区地带，老城区的流动商户与小业者被迫转移到其他地方谋生，旧城区的市井文化被驱赶消散，旧城空间的更新形成了新的居住分化与空间极化等社会后果。这种社会后果也包括邱建华提出的"绅士化运动"对原住民造成的住房拆迁、补偿不足、安置房城市边缘化以及带来的邻里关系断裂等心理问题的重大影响[1]，以及白友涛所归纳的"旧城更新会造成个人文化心理失衡、老人与小孩迁移不适应、旧城传统文化气息消失、阶层分化、政府形象受损等社会成本"[2]等社会问题。总之，旧城更新所造成的"驱逐"，意味着各种社会问题的产生。

旧城更新所形成的"驱逐"不可避免地加速了城市居住分异与空间极化[3]。中国的大城市或特大城市、超大城市，几乎都是历史文化名城，如北京、上海、南京、广州、苏州、扬州、杭州等，都是著名历史文化名城或古都，大量的历史文化资源、文脉都集中在内城区或老城区，同时历史上所形成的各种优质公共资源如重点医院、学校、博物馆、美术馆等城市集体消费设施，也大多集聚在老城区或旧城区。经由旧城更新所产生的"绅士化"或"超级绅士化"现象，使得富裕群体更加占据了城市高端资源的优势区位，从而造成典型的资源占有的社会极化后果。极化带来了排斥和"驱逐"，也降低了多元文化的活力。就像莫斯对其所观察的纽约曼哈顿的论述，"纽约一轮又一轮的'绅士化'和'超级绅士化'，早已经让纽约失去了灵魂。那些曾经推动纽约开放、进步、多元和创意的不同肤色的人、穷人、工人阶层、移民、女权主义者、同性恋者、社会主义者和波布米亚主义者，都是纽约'绅士化'的受害者，是被宰的羔羊，是那些保守派城市精英的敌人[4]。"纽约曼哈顿的 SOHO 区经过多轮的街区空间更新、业态更新和人口变迁，其原先引以为豪的创意阶层和艺术家聚落，早已经被高房租驱赶到了更远的哈德逊谷北方或其他美国城市。并且，美国曼哈顿持续不断的城市更新还引发游行示威和社会冲突，因为原来居住在曼哈顿的贫困居民被驱赶到区位和质量更差的 Halem 区或 Bronx 区，造成"新社会

1 邱建华."绅士化运动"对我国旧城更新的启示[J].热带地理，2002（2）：125-128.
2 白友涛，陈赟畅.城市更新的社会成本研究[M].南京：东南大学出版社，2008.
3 胡小武，李贻吉.驱逐或是融合：旧城更新的社会问题及其社会规划理念[Z].幸福城市，吉林出版股份有限公司，2020.
4 Jeremiah Mos.Vanishing New York: how a great city lost its soul[M].Harper Collins Publishers, 2017.

1 Goldberg D T.The new segregation[J].Race and Society, 1998, 1 (1): 15-32.

2 Wyly E K, Hammel D.Gentrification, segregation, and discrimination in the American urban system[J]. Environment and Planning A, 2004, 36 (7): 1215-1241.

隔离"[1]以及社会歧视加剧[2]，最终导致社会极化。中国的旧城更新在某种程度上也是将原住民或租户通过合法程序拆迁将其迁移到郊区的拆迁安置小区或保障房小区，将原本居住或租住在旧城区的人群转移到了城市郊区边缘空间。这种旧城中心到郊区边缘的居住分化，既是旧城更新的结果，也是空间极化的原因。

旧城更新的"驱逐"造成了城市中心区的空心化。旧城更新经历了"空间绅士化"之后，由政策性拆迁和高房价推动了内城区居住人口密度下降，城市活力逐渐下降，承载城市文脉所需要的市民生活氛围逐渐消失，城市中心区人口与生活形态逐渐空心化。中国很多大城市的城市中心区，由于历史原因，形成了广泛的群体多样性人口特征。原住民、小业者、公务员、商人、外来租住人口等各式人群都聚集在各街区和小区中，中心区的市民生活、市井生活、老城区的"烟火气"生活特征非常明显。例如，北京的胡同生活、上海的里弄生活、南京的老城南生活、广州的街市生活、成都的茶馆生活等，都很好地诠释了大城市老城区长期形成的生活面貌。但是，随着大城市旧城区的更新加快，大片的老旧街区、小区经历着拆迁改造，很多原住民逐渐搬离到郊区拆迁安置房社区，中心区的街区被"绅士空间"替代，原先老城区沿街的许多小店铺、老字号等商业设施，也随着高档小区的开发建设而逐渐消失。这种形态的旧城更新实质上演化成为"中心区空心化"现象，而这种中心区空心化的后果是逐渐让大城市中心城区原有的生活特征、地气、人口结构都产生了重大变化，这种变化便是典型的穷人远离市中心、富人占据中心区的过程。旧城区的人口、产业、商业、活力经过城市更新之后，被新的人口、新的商业设施等完全"置换"和"替代"，从而使得旧城区出现了原住民的"空心化"或"消失"。这种原住民从旧城区中的"退出"与"消失"是城市旧城区、老城区的社会结构产生剧烈变迁与冲突的主要根源，也因此引发了诸如拆迁纠纷、补偿矛盾、家庭不适应、文化流失、邻里关系断裂等社会问题。

　　社会规划是在城市规划建设中必须关注人,而非只强调空间。无论是拆迁形态的旧城改造或是非拆迁形态的老旧小区更新,都是基于城市存量空间的更新,因此需要以存量思维为基础,开展社会规划为核心的旧城更新。社会规划的中心思想是"将以人为中心的社会发展观重新引入城市规划的核心领域[1]。"在旧城更新的存量空间上,需要更加注重对空间之上的人的需求的关注及其社会矛盾协调。尊重和关注旧城更新中的原住民、原租民、小商户及其利益相关者的需求、诉求,满足其合理诉求,保护其相应的权利,这是减少或降低社会矛盾,推动旧城更新符合原住民、社会及城市发展的最大利益。

　　社会规划是建立以重构旧城区社会活力为目标的规划理念。旧城更新和改造的重要目标是通过旧城改造、更新,提振旧城区的经济、社会、文化、商务活力,提升旧城区的生活品质、城市风貌及其形象,从而提高旧城区的城市价值。以社会规划为理念的旧城更新,需要全面理解居民的生活习惯、商业文化规律和旧城区空间使用效率,以旧城更新为契机,融合旧城空间要素、人口要素、商业要素、文化要素和环境要素等,推动旧城改造之后能够在基础设施、道路、社区、商业、文化、环境、活动等城市生活方面更具便利性、更安全、更可及、更宜商、更宜业、更宜游、更宜养、更宜学,唯有如此才能全面复兴旧城区,增进旧城区的繁荣,达到重构旧城区社会活力的目标。

　　社会规划需要建立基于多学科专业视角的旧城更新专家系统。旧城改造与更新是一项复杂的综合性城市建设与发展工程。基于旧城更新的规模、周期和功能使命等特点,旧城更新将牵涉到一系列议题,诸如经济发展、城市安全、健康、文化、环境、就业、政府财政、住房政策、社会工作、法律、教育、老年心理等学科所研究和关注的社会议题。因此,在旧城改造与更新的方案选择、沟通协商、规划设计、建设投资、社区管理等全过程中,

1 刘佳燕.城市规划中的社会规划[M].南京:东南大学出版社,2009.

需要多学科的专家学者的咨询建议，以确保对旧城改造和更新过程中所遭遇的问题开展全面而专业的解读与建议。以社会多领域的专家咨询体统，助力旧城改造与更新战略的科学决策、有效沟通、矛盾处理和平稳实施等工作。

城市更新中的社会规划要求建立基于多元参与协作的老旧小区改造的工作方式。旧城更新改造中的重要内容是老旧小区的改造整治，包括老旧小区的公共庭院、道路、房屋、停车设施、环境、活动空间、养老设施、口袋公园、电梯安装、公共管线等改造工作，其中，每一项工作都直接关系到老旧小区居民的切身利益和生活需求。因此，按照社会规划的理念，必须提倡包括社区或小区居民、设计师、施工单位、政府部门、社会组织等相关主体间的多元参与和协作，要通过详细的居民需求调查、问题梳理、设计方案征集、更新规划方案的反馈意见、建设过程的便民化等细节过程的参与性、协作性、共识化的工作方式，才能更好地满足老旧小区的居民需求以及全体居民的共同诉求，并通过细致的沟通工作，完成每一个环节的具体更新工程。

┤四├
"共同缔造"方法是社会规划思想在城市更新中的必然选择

党的十八届三中全会提出了"推进国家治理体系和治理能力现代化"的总目标，关于国家和社会治理的理论研究和实践探索蓬勃发展。党的十九届四中全会提出"坚持和完善共建共治共享的社会治理制度"，又一次引发了全社会对社会治理的再思考，理论界和基层实践层面也对社会治理作出积极回应。"共同缔造"也在同一时期，逐渐被介绍和引入到中国的城市规划与建设领域。

1."共同缔造"在城市更新中的引入

"共同缔造"的概念最早源于出席 2010 年全国两会的人大代表倡议[1]。王蒙徽、李郇等所著的《城乡规划变革：美好环境与和谐社会共同缔造》《共同缔造工作坊——社区参与式规划与美

1 人大代表倡议发起"美好环境与和谐社会共同缔造"[J].城市规划通讯，2010（6）：8.

好环境建设的实践》，将"共同缔造"的理论和实施模式正式明确下来[1]。共同缔造是一种城市建设的方法，基于社会多元参与的治理理念。共同缔造以城市社区物质空间改造为载体，通过制度的建设与完善，以期培养居民的自主意识和自治精神。共同缔造以群众参与为核心，以政府、规划师与群众为主要参与主体，以空间使用者的需求为出发点。共同缔造围绕群众参与这一核心，重点在于发动群众、动员群众、组织群众，让群众成为帮手，对承载各社会群体利益的空间资源进行合理、高效分配[2]。在国内的厦门、沈阳、上海等城市，共同缔造方法在城市更新特别是老旧小区改造中得到了广泛应用。

共同缔造首先追求的是多元化的共同参与、共同介入、共同行动、共同治理等群体合作行为。共同缔造是以公众参与为核心，以问题为导向，以公共空间与环境改造、社区长效机制建设等为手段，形成政府、公众、规划师和社团等多元主体协商共治的共享平台，通过多样化的活动让各参与主体形成发展共识，共同探索社区可持续发展的方法[3]。概言之，多重主体在城市更新项目中的全过程参与并贡献价值是共同缔造的精髓。

2. 共同缔造的社会背景

共同缔造的引入与应用呼应了当代中国复杂的城市更新的社会场域。中国已经进入孙立平所描绘的"利益博弈时代"[4]。城市更新的主要对象是城市老旧小区、街区和城区，而其中的微观对象都是房子。房子的事恰恰就嵌入了过去 20 年中国最为复杂的房地产市场。房地产是利益博弈最典型的一个场域，反映在城市空间中，就是各种社会力量对城市空间利益的重新定义、重新瓜分以及彼此之间的激烈争夺。因此，当代中国的城市更新问题，已经不再只是城市规划设计师这个单一主体独自表演的舞台，而是已经成为社会整体关注的利益焦点和各方势力展开博弈的战场。

共同缔造方法就是一种利益相关者共同参与城市更新与建设的方式。当下中国城镇化的突出特征是城市发展由增量向存量转型，城市规划工作者的注意力从新城开发转向了旧城更新。在这一背景下，城市内部有限空间内不同主体之间的利益冲突所引发

1 黄智冠，徐里格，李筠筠．治理语境下广州历史文化名城共同缔造实践与策略[J]．规划师，2018，34（S2）：5-9.
2 李郇，彭惠雯，黄耀福．参与式规划：美好环境与和谐社会共同缔造[J]．城市规划学刊，2018（1）：24-30.
3 黄耀福，郎嵬，陈婷婷，等．共同缔造工作坊：参与式社区规划的新模式[J]．规划师，2015，31（10）：38-42.
4 孙立平．中国进入利益博弈时代[J]．经济研究参考，2005（68）：2-4，13.

的社会矛盾日益凸显。多元社会主体以逐渐苏醒并壮大的公民主体意识最为典型，以多座城市由居民自发成立的业主委员会为具体表现形式和载体，正在成为城市规划和日常治理中不容忽视的力量。各利益主体都有强烈的参与城市生活治理的意愿，因此必须通过"共同缔造"来满足其诉求。

"共同缔造"是对先前城市规划中社会参与不足或失能的回应。钱欣发现城市规划中的公众参与呈现出如下"几多几少"的特点：参与方式以规划教育居多，但是辅助决策缺少；参与组织以自发居多，但是制度渠道缺少；参与层次较低的居多，但是深层次的共识缺少[1]。黄勇指出了城市更新行政决策的社会参与中存在的两个问题，一是专家参与和利益参与，政府较多接受的是技术层面的东西，如广泛地听取专家的意见，但专家只能代表城市发展中科学技术的合理性，而非利益的合理性，而城市发展中更重要的问题是利益的牵涉，但在决策听证过程中，有利益关联的各类主体尤其是弱势群体往往是缺位的。二是政府能够接受的激励机制，仅靠法律对听证程序的规定还是不足的，即使是强制性的，它也会在实际运作过程中逐渐消解，需要一种更硬性的约束，促成政府尊重各方利益，主动接受各方参与城市改造决策[2]。上述观点都说明了中国长期缺乏对社会参与城市更新的制度化、规范化、标准化、法制化的成熟方案，从而客观上形成了城市规划、城市更新中社会参与率低的问题。

"共同缔造"方法也是推动城市治理体系与治理能力现代化的必然选择。城市更新过程本就矛盾众多、困难重重，公众在城市更新中又具有强烈的参与积极性，并且这种参与在过去是不彻底、不充分的，因此城市更新中公众参与的矛盾尤为突出。但从另一个角度看，如果能妥善解决这些矛盾，就能把公众聚集起来的强大阻力通过合理渠道转换为推动城市更新的巨大动力，发挥公众参与的力量。"共同缔造"为化解这一矛盾提供了新的认识论和方法论。陈易聚焦于城市更新的空间治理，运用城市政体理论，讨论政府、市场、社会在城市更新治理中的三元博弈，总结出四种城市更新空间治理模型[3]，主要分为：决断型，即政府在城市更新中的绝对主导作用；引导型，即采取政府主

1 钱欣.浅谈城市更新中的公众参与问题[J].城市问题, 2001（2）: 48-50, 9.
2 黄勇."中国城市更新理论与实践研讨会"综述[J].上海城市管理职业技术学院学报, 2004（3）: 57-59.
3 陈易.转型期中国城市更新的空间治理研究: 机制与模式[D].南京: 南京大学, 2016.

导并引导企业运营的模式；合作型，主要是政府规划先行，开发商市场化操盘的政企合作推动城市更新；监管型，主要指政府扮演牵头、指导和监督的角色，企业家和公众具体推动城市更新项目实施。

在中国城市更新的历史进程中，社会参与的种子在不同城市的不同项目中也有萌芽、在生长。特别是在党的十八大之后，党的十九大时期，因为"以人民为中心"的城市治理理念逐渐深入人心，传统上处于绝对强势地位的政府已经主动地、自觉地开始把更多的话语权让渡给市场、居民和社会力量，不断探索具有中国特色的政府、市场、居民及社会合作的有效途径。所以，"共同缔造"正是在这样的政策与实践背景中，不断被引入和应用于中国的城市更新实践。

3. 共同缔造的政策依据

2019年2月22日，住房和城乡建设部发布《关于在城乡人居环境建设和整治中开展美好环境与幸福生活共同缔造活动的指导意见》，要求广泛深入开展"共同缔造"活动，打造共建共治共享的社会治理格局。文件将近年来福建、广东、辽宁、湖北、青海等省的部分市、县陆续开展的"共同缔造"活动的基本做法概括为：以城乡社区为基本单元，以改善群众身边、房前屋后人居环境的实事、小事为切入点，以建立和完善全覆盖的社区基层党组织为核心，以构建"纵向到底、横向到边、协商共治"的城乡治理体系、打造共建共治共享的社会治理格局为路径，发动群众"共谋、共建、共管、共评、共享"。文件指出，"共同缔造"的基本原则是坚持社区为基础、坚持群众为主体、坚持共建共治共享，具体要求是因地制宜确定实施载体、决策共谋、发展共建、建设共管、效果共评、成果共享，目标是建设"整洁、舒适、安全、美丽"的城乡人居环境[1]。党的十九届四中全会提出，要坚持和完善共建共治共享的社会治理制度，完善党委领导、政府负责、民主协商、社会协同、公众参与、法治保障、科技支撑的社会治理体系，建设人人有责、人人尽责、人人享有的社会治理共同体[2]。这是从更高的政策平台为"共同缔造"提供了更权威的政策依据和更宏观的政策指导。

1 住房和城乡建设部.住房和城乡建设部关于在城乡人居环境建设和整治中开展美好环境与幸福生活共同缔造活动的指导意见[Z].2019.
2 中共中央关于坚持和完善中国特色社会主义制度、推进国家治理体系和治理能力现代化若干重大问题的决定[Z].2019.

"共同缔造"理念在
南京宜居街区建设中的实践应用

宜居街区更新与建设成为社会规划的典型案例。宜居街区打破了单一老旧小区的空间格局，强调了跨社区形态的多个小区或多元空间领域，是一种形态多样、多个小区组成的街区空间形态。2019年，江苏省住房和城乡建设厅牵头开展宜居街区建设，在省内选取了5个试点进行系统推进。其中，南京有3个街区入选宜居建设试点。在南京这3个街区的宜居化更新、改造和治理实践中，共同缔造理念及行动发挥了举足轻重的作用。

1. 阅江楼街区：多元参与为特色的宜居街区建设

阅江楼街区位于南京市鼓楼区下关街道，是南京老旧片区的代表之一。街区内存在着人口老龄化严重、人口密度高、配套设施陈旧、公共空间缺乏等问题，需要从打造特色院落、完善公共设施和活动空间、改造便民绿色景观设施、优化街区交通等方面着手提升宜居水平。共同缔造是以问题为导向的，其本质是对需求的回应，因此居民需求的收集与分析是第一要义。这当中值得思考的是，如何实现居民需求和政府管理的平衡。规划师需要掌握回应需求的技术和艺术，对需求的回应应当是相对的、动态的，而非绝对的、静态的，不能简单地、盲目地回应居民的所有需求，要注意提防虚假的、无理的、过分的需求，使有限的资源得到最充分利用，解决最痛点的真实需求。"共同缔造"不是简单线性的"索取—满足"模式，而是灵活的协商与妥协。在阅江楼街区品质升级的过程中，居民不是旁观者，而是宜居街区建设的重要参与者。除了提供需求，居民还能直接参与到宜居街区建设的一线设计环节。阅江楼街区施行了"社区规划师"制度，聘请社区居民、大学教授、共建单位作为"社区规划师"，为居民参与设计提供了充分的、专业的支持，让居民的理想需求得以直接转化为现实设计。此外，街区鼓励居民以家庭为单位进行"微更新"，引导居民设计出个性化方案，让规划设计从社区走进家庭。阅江楼街区所在的街道办事处积极倡导多元主体参与，不仅邀请居民和驻地单位参与各建设环节，还邀请海内外专家提供更专业化的指导，并与东南大学、长航油运公司等单位缔结宜居街区共建联盟，引入文化策划公司、开发建设公司等企业参与规划设计与建设。街区还成立了由多方面专家学者组成的"阅江楼宜居街区创建工作坊"，以共商、共建、共享为原则，为以上各方搭建一个共同的工作和交流平台，真正形成了"共驻、共建、共治、共享"的良好格局。

2. 天津新村街区：多重主体介入的宜居街区建设

天津新村街区位于南京市鼓楼区宁海路街道，地处主城核心中心片区，也是一个老旧片区，街区内 60 岁以上老人占总人口的 20%，是个超老龄化社区，具有建设年代长、老年人口多、社会网络关系密、活动空间少等特征。街区所在街道是江苏省政府和省委办公厅驻地，因此街区有着独特的资源和优势。街区内居民大多是机关干部，还住有离退休的老领导干部，具有文化素质高、参政议事热情高的显著特点。街道办事处积极把握自身优势，探索出一条党建引领和"六位一体"的长效治理模式。街区除了重视落实"共同缔造"的制度设计，还积极营造物理空间。街区重点建设了石城现代文化创意园，并以此为阵地，鼓励街区内的特色团队和协会在此处开展形式多样的活动。天津新村街区创新探索了"专家、人大代表、驻区单位、街区居民"的"设计师制度"，团队包括街区总设计师、街区设计师、社区设计师三个层面，街区总设计师由专家担任，街区设计师由 8 位区人大代表和驻区企事业单位代表担任，社区设计师由 12 位社区居民代表担任。街区通过举办社区设计节活动，聚集居民代表针对设计规划图，和专业设计人员面对面，给设计师"找茬"，高效地收集居民意见，采集最真实的居民需求，这些意见和建议也成为设计人员进一步细化修改设计方案的重要参考。

3. 姚坊门街区：居民自治兼容社会参与形态的宜居街区建设

姚坊门街区位于南京市栖霞区尧化街道，是城郊接合部园区厂矿生活配套区。街区近些年来的集成式改革成果让宜居街区的建设也有了持久的生命力。街区通过城市综合治理、"熟人社区"建设等先行举措，激发了居民的内生动力，促成了本土文化精神的凝聚。互联网、大数据、新媒体等最新科学技术与政府数据的深度融合，则使得基层政府的治理能力更精细、更智慧，提供的公共服务更科学、更贴近群众需求。尧化街道的智慧型街区建设为"共同缔造"打下了坚实的物质设施基础，搭建了坚实有力的平台。姚坊门街区创造性地提出了"微幸福基金"制度。其核心理念是引导居民进行自建补充，鼓励居民设计并落实个性化的家居提升方案，倡导家园自建理念，托底小、散、杂项目，秉持"以奖代补"的原则，有效激发了居民参与宜居街区建设的积极性，利用在地资源解决小微问题，推动社区常态化自治。"微幸福基金"以姚坊门物业作为运营依托，吸纳包括政府、企业、居民、社会组织等多方注资，引入公益组织、高校专家等提供技术指导，是"共同缔造"理念的典型范例机制。姚坊门街区对"共同缔造"有深入的理解，善于在互动中发现需求，并且以项目引导需求，既要居民参与，又不夸大居民作用。姚坊门街区改造设计机构联合街道及其辖区社区，共同举办了省级宜居示范区暑期工作营，来自省内外的20名高校学生和南京市的9名小学生，经过一周的现场调研和集中设计，以各自的创意性成果为宜居街区建设贡献智慧。

┤六├
"共同缔造"在城市宜居街区更新与建设中的反思与不足

"共同缔造"方法在中国城市更新及其宜居街区更新与建设中的应用之路并不顺畅。中国的城市社会治理体系，依然是"强政府"主导的治理结构，主要表现为政府在经济社会生活中强大的动员、组织、实施能力。随着20世纪90年代以来不断推进的住房制度改革，大量的城市棚户区、老旧小区、老旧街区成为衰退空间，其中的居民也大多处于经济上的弱势群体。要推动这些衰退空间的更新与改造，要推动科学、规范意义上的居民自治和社会参与十分困难。以当前的城市基层治理单元，社区居委会作为实质上是政府在基层社会的代理机构,在实际运行中基本脱离了基层群众性自治组织的法理性质,客观上表现出行政化趋势,在资源上高度依赖以街道办事处为代表的政府机构,事实上成为政府面向社区居民的代理人[1]。所以微观领域的城市更新项目如老旧小区改造、宜居街区更新,一直缺乏能够支持居民、社会参与的自主和自觉的主体机构和文化土壤。

"以人民为中心"的城市治理思想,还未在城市更新中形成普遍的法治化、制度化、规范化的完整体系。从城市管理到城市治理理念的转变和转型,并没有在城市社会的治理结构和体系上获得实质上的支持。在已有的治理结构支撑的城市更新和规划中,政府占据着完全的主导地位,首先表现为城市更新所需要的大量资金需求,都是以政府承担为主。这种城市更新的经济投入决定了政府、市场、居民、社会力量等主体之间难以获取平等的地位。因此,未来需要以法治化、制度化的方式来规约政府放权的维度,将更多的自治空间交还给社会,另外还涉及政府在促进社会发育方面的作用,它应该扮演一个更加积极的、建设性的角色[2]。只有建立更加透明的、法制的、制度的、规范的政策体系,才能真正落实以共同缔造为主要方法的城市更新中的社会规划和社会参与。

共同缔造所需的社会文化和行为方式的培育也十分缓慢。城市更新中的"共同缔造"方法所提倡的"五共"(即共谋、共建、共管、共评、共享)理念,都隐含着社区居民参与意愿、参与能力、参与手段的成熟。决策共谋要求政府从传统的决策者变成共同决策的引导者、辅导者和激励者,开展多种形式的基层协商。发展共建要求组织协调各方面力量共同参与,发动党政机关、群团组织、社会组织、社区志愿者队伍、驻区企事业单位、专业社工机构等提供人力、物力、智力和财力支持。建设共管要求强化基层的自治意识,建立长效、常态的管理机制,激励居民、企业、社会组织积极参与社区的日常维护管理。效果共评要求落实居民的监督权,建立评价反馈机制。成果共享是共同缔造的最终目标,体现了以人为本、发展为民的理念,在共享中强化居民的主人翁意识。

1 向德平.社区组织行政化:表现、原因及对策分析[J].学海, 2006(3): 24-30.
2 单丽卿.治理转型中的社会建设:中央政策与地方实践[J].中共福建省委党校学报, 2017(7): 96-105.

上述"五共"体现了复杂的行为逻辑、能力建设、组织建设和思想政治水平等内容，而要达成成熟的、可行的、具有共识性的共同缔造行动，需要长期的社会参与文化、价值观、行为习惯的培育、熏陶、学习和实践，这一过程将是漫长的。

┤七├
结论

城市更新本身是一项城市现代化、城市社会结构优化的积极行动，但是城市更新更是一项复杂的城市社会结构变迁、利益重组、关系重构的过程。城市更新的"绅士化"或"超级绅士化"引发的社会问题，需要嵌入社会规划的思想，弥合由城市规划和更新导致的社会裂痕。"共同缔造"在中国城市更新的下半程中具有典型的社会规划的样本价值。结合南京市三个宜居街区所引入的"共同缔造"方法的实践来看，"共同缔造"反映的不仅是城市宜居街区在治理形式和手段上的简单转变，更反映了政府在认识、理念和价值层面的进步与提高，核心是通过谨慎放权来调整地方政府和基层社会的关系，推动二者关系的重构，从"治理与被治理"转向"共同治理"。共同缔造的本质是多元主体基于平等地位的有效合作，从而形成良性、高效的互动机制，营造出政府引导、群众为主体、多方参与、共建共享的社会治理和城市更新的新模式。

"共同缔造"不仅是城市更新和建设的具体方法，也是推动城市社会治理体系和治理能力现代化的有益探索，是对当下中国城市基层社会治理模式转型在实践中的有效回应。当然，"共同缔造"方法在不同城市的具体内涵和做法各具特点，所暴露出来的问题仍然需要不断地创新试验。围绕宜居街区更新和建设中共同缔造方法的持续推广与实践探索，将会为中国城市更新进程中的社会规划与社会治理创新不断累积更多经验。

Study on the "Co-creation" Method and Its Application of the Transformation of Livable Blocks in Urban Renewal

HU Xiaowu

Abstract: Urban renewal is a common phenomenon in the development of urban modernization all over the world. The process of urban renewal is a complex process of urban spatial change, interest reorganization and relationship reconstruction, and will lead to social problems such as opposition of interest groups and urban hollowing. It is necessary to embed social planning ideas to bridge the social cracks caused by urban planning and renewal. The co-creation method has typical sample value of social planning in the second half of China's urban renewal. Combined with the practice of the co creation method introduced by the three livable blocks in Nanjing, the concept of social participation of multiple subjects, building action consensus and sharing urban renewal achievements advocated by the co creation method not only helps to improve the satisfaction of residents in the urban renewal field, at the same time, it will also help to promote the improvement of China's urban social governance system and improve the modernization level of governance capacity. It is necessary to continuously promote and apply the co creation method in urban renewal in order to boost the level of urban modernization in China.

Keywords: urban renewal; gentrification; social planning; co-creation; livable blocks

栏目三

文化探究：

地方与全球

曹
劲
松

　　曹劲松，1967年11月出生，中共党员，南京市社会科学界联合会主席，南京大学哲学博士，复旦大学新闻传播学博士后（被评为优秀博士后），研究员。曾任徐州师范大学信息传播学院院长、南京市委宣传部副部长、市政府办公厅副主任、市政府新闻发言人（兼任市委新闻发言人），2010年8月任市文明办主任，2016年4月任市台办主任，2019年9月任市社会科学界联合会党组书记、社会科学院院长。主持部、省、市课题多项，独立完成并出版学术著作8部，发表学术论文100余篇，6篇被《新华文摘》全文转载，多篇被《中国社科文摘》《人大复印资料》转载。曾获江苏省社科优秀成果一等奖1项，江苏省智库研究与决策咨询优秀成果一等奖1项，省社科成果三等奖及市社科成果一、二等奖多项。

【人生格言】
　　把工作当成学问做，把学问当作快乐做！

城市更新中的文化场域变迁与城市精神赓续

曹劲松

摘要：

文化作为城市的灵魂，其场域的历史生成构成了一个城市文化发展的内在逻辑；而随着城市更新所发生的场域变迁，则反映了城市文化发展的外部条件对其产生的显著影响。文化场域作为特定空间要素与主体活动关系相关联的一种具有相对独立性的社会型构，广泛存在于城市社会生活的运行体系中。本文从城市主体与自然生产、物质生产、人的生产、精神生产和信仰生产的五个维度出发，在对文化场域变迁中的空间形态、产业形态、生活形态、文化形态和价值形态的变化与型构进行分析的基础上，提出中国现代城市面向世界开放格局下古为今用、洋为中用、物为育用、富为民用的创新法度，进而厘清城市文化精神在历史传承与时代创生相统一中的赓续路径。

关键词：

城市更新；文化场域；文化精神；变迁；赓续

城市发展是人类文明历史演进的重要标志，在人类历史长河中，从聚落到城市反映出人们认识世界能力的不断提升和创造美好生活的不懈追求。文化作为城市的灵魂，其场域的历史生成构成了一座城市文化发展的内在逻辑；而随着城市更新所发生的场域变迁，则反映了城市文化发展的外部条件对其产生的显著影响。城市文化场域不是静态的，而是随着时代进步和主体觉悟不断进行着内涵充实、价值创新和形态重塑，形成自身有机建构的持续过程。城市文化场域是城市精神赓续的集中体现，每一代人都在以自身的文化觉醒和社会实践成果，书写着城市精神历史传承与时代创生的新篇。

┤一├
城市文化场域的
历史生成与精神标识

文化场域作为特定空间要素与主体活动关系相关联的一种具有相对独立性的社会型构，广泛存在于城市社会生活的运行体系中。这一型构是人作为社会发展主体的城市文明实践形态，将物质生活与精神生活的再造不断加以延续的过程。就城市文化场域而言，可以从载体、主体、机体、整体四个维度加以分析，其中特定地域空间的物质存在及其位置结构是文化场域的载体，而在这一空间进行各种活动的人构成文化场域的主体，人的社会活动所形成的人文成果及其延续则建构起文化场域的文化有机体，而其中蕴含的精神价值则为城市精神整体所统摄，也成为城市精神的重要标识。

1. 地域空间结构

文化场域的形成离不开一定的地理空间作为承载其人们活动的物质载体。人们选择适宜生活居住和生产活动的地理位置，通过人工构筑同自然环境相协调，形成特定的地域空间。城市作为人类活动相对聚集的生活场所，内在动因是通过生产劳动可以更加便利地获得生存资料和物质财富，为自身的繁衍兴盛带来更为良好的条件。早期人类城市大多沿河而建，与河流的水源供给、水上交通等密切相关。随着人类对自然界开发利用技术水平的提升，在凭借优越自然环境条件的基础上，人工构筑物的水平也越来越高，通过兴建运河、道路、桥梁、水渠等一系列用于改善人们生产、生活所需的设施，不断提高城市功能，满足人们自身生存发展的内在需要。在不同的自然条件下，地域空间的生产方式和生活方式存在着显著差异，如平原与山地、内陆与沿海、水乡与旱地等都给城市文化场域的形成带来不同的内涵要素和机理特征。因而，不同类型的城市文化场域载体，往往赋予其特色文化形态，成为城市生活地域性、丰富性的源头所在。

城市从其历史演进的过程来看，与其自身的功能有着密切的关系。无论其规模大小，有形的"城池"边界和用于交易的"市场"构成了最基本的要素。除单一性的矿山城市、港口城市、卫戍城市等功能性城市外，作为城市典型代表、在不同历史时期出现的各种都城及区域中心城市，往往因其政治上的需要，形成各类资源的高度集聚，城市的多功能性更加凸显。随着人类文明成果的不断积累，城市规模得以不断扩大，城市内部的功能分区也日渐显现出来，形成各类具体的文化场域。城市的发展在经历了不同历史时期的兴衰之后，逐渐形成自身相对稳定的文化场域，而新兴城市或城市的新区则在时代技术进步和全球化的背景下，展开新的文化场域构建。同时，伴随着城市中老城区的更新，其文化场域也处于变迁之中，既包括历史性的文化场域变迁，也包括功能性的文化场域变迁。城市文化场域的变迁反映了城市文化自身有机建构的动态过程，其地域空间结构的载体位置变化与质态更新，为城市精神的历史传承和时代创生提供了必要的物质基础和客体条件。

2. 主体关系格局

人作为城市文化场域的主体，既是社会生活的实践者，又是城市文化的创造者。对于特定的城市文化场域而言，其主体结构往往在文化场域的建构上起着决定性作用。文化说到底是围绕人的活动展开的，而人的活动则与其在社会中的角色具有密切的关联。一方面，城市中不同区域的功能定位决定着这一区域人们从事的社会劳动不同，进而形成以某种社会劳动为基础的文化现象。例如，城市中的商贸集聚区、文教集聚区以及其他特定产业的集聚区等，将从事某种共同社会劳动的从业者相对集中在某一区域，逐渐形成与其社会行为相关联的文化现象。另一方面，由于城市居住环境而聚集起来的某一阶层，也会衍生出与这一阶层人群相关联的居住文化和生活审美，其在日常生活中的精神世界也会投射为某种文化现象。无论是社会生产，还是人们的家庭及社区生活，都可能成为城市文化场域建设性的主体力量。当主体间通过交互的关系连接成为社会活动的稳定纽带，与之相应的文化场域也就逐步建立起来。因而保持某种文化场域的社会存在，其主体结构的相对稳定并具有内在的持续性就成为关键。

就个体而言，人既是一种固定性的关系存在，又是一种变动性的关系存在，人的流动性及其自身随时代发展的社会化过程，使得文化场域的主体关系及其结构始终处于动态变化之中。从这个意义上来说，文化场域的主体是不断发展着的关系存在，具有历史客观性。当城市发展随着时代进步而发生功能性的变化或区域地位上的调整，城市原来所形成的文化场域也随之发生变迁。这种变迁反映了城市本身的历史进程，同时也将城市文化所孕育的精神价值不断在新的环境中延续、展开，并在外部条件变化和人作为主体的自身觉醒中持续生长、丰富。在人的生活实践中，主体始终是根本性的创造力量，这种创造不仅体现在对外部世界的适应和改造上，也内置于人们对自身精神世界的革新和建构上。城市生活作为人类文明进步成果的集中展现，贯穿了人作为主体的物质创造与精神创造相结合的价值追求。城市让生活更美好的理念及其实践，在各种文化背景和技术条件下不断得以传承、拓展、完善，成为城市文化场域不断创生的主体内生动因之所在。

3. 社会人文机理

城市与农村都是人们聚居的地方，可以统称为聚落。两种居住形态的区别在于，城市是以一种非自给自足的社会形态在人类文明发展到一定阶段才出现的，它必须依赖外部的其他聚落才能生存；而农村则是一种自给自足的居住形态，并不需要外部依赖维持其基本生存。而城市也不是简单地将"城"与"市"加以组合，早期的城市更多的是作为一种权力中心聚落，突出政治、军事的功能，有"城"但未必有"市"。而"市"则是随着聚落的经济功能逐渐发展起来的，形成政治、军事与经济功能相复合的城市。城市相较于农村是人类社会的一种高级聚落形态，并随着人类文明成果的不断积累，其功能日益复杂、规模也日渐庞大，呈现出自身发达的社会人文机理。在各不同历史时期，城市一般都汇聚了其所处时代的诸多文明要素，并以物化的方式呈现于城市的文化场域之中。文化作为一座城市的灵魂，以精神链接的方式将城市主体联合为一个文化有机体，并以此为基础通过对核心价值的认同构建起文化共同体。因此，城市文化场域中人文机理是保持和延续这一文化共同体的根脉。

一座城市的社会人文机理首先体现在人与自然的和谐相处之中，城市建设所选择的自然环境反映出人作为主体的自然价值观。管子曰："凡立国都，非于大山之下，必于广川之上。高毋近阜而水用足，下毋近水而沟防省。因天材，就地利。"城市作为人的宜居选择，必须首先与自然相契合，师法自然、创生自我，方能将人工同自然构建成为浑然一体的杰作。在此基础上，社会人文机理所体现的主要围绕人与人的和谐相处而展开，通过文化将社会运行秩序及其成员的行为规范加以有效导引，满足城市功能的需要。无论是政治、军事、经济功能的实现，还是人自身的生产、生活的满足，都需要建立在生存目标之上的价值引领，方能将精神世界与物质世界有机统一起来，以人的内心的平衡和充盈投入到积极的城市生活中。同时，城市生活的外部依赖性还将城市与外部的交流紧密地联系起来，城市文化的开放性与包容性也蕴含于社会人文的机理之中。因而，与自然相合、与内部相和、与外部相容成为城市文化场域的社会人文机理的基本主线，贯穿于城市文化发展的历史进程中。

4. 城市精神标识

从整体上看，城市文化场域是一座城市精神的具体展现，其中蕴含着这座城市所具有的价值目标及其历史延续的文脉。每一个文化场域虽然有其具体的、相对独立的一面，但它并非是一种孤立的存在，而是与这座城市的整体文化风貌融为一体，构成识别城市特质的精神标识。城市精神是作为城市共同体的主体所具有的某种内在价值追求和意志力量，通过共同体的集体社会实践活动展现出来，其实践成果也以某种物化的方式加以表达和呈现。在一座城市的历史发展进程中，这一内在的精神力量及其所取得的实践成果，往往成为这座城市主体的文化自信源头和集体价值目标，给人们带来自豪感和归属感。例如，一座城市的著名人物、著名学府、著名建筑景观等，都可以将其历史与当下的社会贡献及其所产生的价值引导熔铸于城市文化之中，成为某种特定城市精神标识。

城市精神的传承与创生从来都不是空洞的抽象，而是植根于城市主体的具体实践活动之中，与特定的文化场域相关联。因而，城市文化场域对于一座城市而言，其根本的价值存在就在于通过城市主体的代际接续，实现城市精神的赓续。当城市的历史文化场域随着时代的发展而发生变迁，或新一代的城市主体构建出新的文化场域，能够代表这座城市精神的场域标识在很大程度上取决于这座城市主体在从事新的社会实践过程中的文化自觉。从文化对人们精神浸润的功能出发，城市精神的赓续有着其强大的内在动因，但同时外部条件的作用也十分明显。对于一座城市历史文化的挖掘与彰显，以及对于当代文化价值的取向，都在很大程度上通过城市文化场域的延续、更新和再造，影响着城市的文化格局和精神气质。在全球化的时代，文化交流空前发达，文化潮流一浪接着一浪，一座城市以何种文化身份屹立于世界城市之林，在根本上取决于这座城市主体的文化意识和精神追求。而城市精神的赓续则是主体精神内生的重要源泉。

十二十
城市更新中的
文化场域变迁及其影响

城市更新本身是一个社会历史过程，在人类技术进步和物质财富不断积累的过程中，人们对城市居住形态的要求越来越高，

并通过城市更新加以实现。现代城市更新包含的方面十分广泛，从规划布局、交通网络、功能设施的调整与完善，到房屋拆建、城市绿化、人口分布的策略与引导等，城市本身发生的这些变化所带来的文化场域变迁十分明显，特别是一些历史性的文化场域在城市更新中逐渐被新的城市文化场域所替代。那么，城市文化场域变迁究竟会产生哪些影响，这些影响对城市可持续发展的意义又如何？我们可以从城市主体的关系建构上加以分析，即从主体与自然生产、物质生产、人的生产、精神生产和信仰生产的五个维度上，对文化场域变迁中的空间形态、产业形态、生活形态、文化形态和价值形态的变化与型构进行考量。

1. 空间形态——与自然生产的关系

文化场域空间形态的变化包括地理变迁和结构重组两个基本方面，前者直接反映了城市主体对自然生态及人工生态的选择，后者则是在原有生态格局下的进一步改造和优化，两者在根本上所体现的是人与自然生产关系的和谐构建。随着人们技术能力的提升，城市建设在适应自然生产带给人们居住便利和健康条件的基础上，不断将人工技术应用到自然生产之中，使之更加契合人的需要，形成人与自然的生命共同体。城市更新的目标指向是让人们生活更加美好，即建设更加宜居、宜业、宜学、宜游的城市品质，因而文化场域变迁中的空间形态变化与型构则是城市主体自觉与自然生产关系的再调整、再优化、再创造的过程。一方面由于自然条件发生重大变化，如河流改道或干涸、地下水位抬升或下降、海平面上升、火山活动等会对城市的地理选择产生直接影响，人们往往会重新选择更加适宜的自然地理环境建设城市；另一方面，城市规模的无序扩张也会带来"城市病"，人们从克服"城市病"出发所进行的城市更新，则在原有自然条件的基础上不断通过人工自然加以优化和再造。从城市发展的内在动因上，文化场域的空间形态变化在处理人与自然生产关系过程中的总体指向是更加趋于和谐共生，但也不能排除人们为了获得短期利益，加剧与自然生产关系上的矛盾，如为了追求工业生产利润而对环境造成污染和破坏就是鲜明的例证。在将生态文明纳入"五位一体"的总体布局下，城市更新首先必须处理好人的活动与自然生态之间的关系，文化场域变迁的空间形态则会朝着更加有利于建构人与自然生产相和谐的关系方向演进，并成为文化场域时代型构的基本维度。

2. 产业形态——与物质生产的关系

城市在建构人与自然生产关系的基础上，需要更加有效地改进人与物质生产的关系，在不断提升生产力的同时，提高生产效率和劳动品质。一座城市的产业形态往往决定着城市自身的竞争力，也就是在时代发展的历史进程中，城市所具有的持续创造力和领先于其他城市的综合实力。城市产业形态既有历史积淀所形成的基础，又有面向未来发展的新兴布局，两者共同成为城市主体在城市更新中的重要考量。对于新兴城市而言，其产业形态主要面向当下的资源条件和未来发展前景，更多地强调产业增量的产出效益。而对于历史城市来说，产业转型是一个极为重要的课题，同时存在着产业存量与产业增量之间如何协调互进的问题，即在原有的产业基础上如何实现新的持续增长和新兴产业的合理布局。现代城市功能的完善不仅体现在要为人们提供高品质的居住环境，而且表现为城市所具有的强大的物质生产力，两者的有机结合才能真正为城市主体的高素质聚集和城市能级提升奠定坚实的基础。城市产业形态因城市的自然禀赋和功能定位的不同存在着明显差异，如单一功能的旅游度假城市与区域中心城市在产业形态上就不具可比性。城市产业形态既决定着文化场域的主体结构，也对其各要素的空间位置关系提出要求。尤其在现代城市"产城融合"的一体布局中，文化场域中的产业形态直接将生产要素与居住条件共置于同一空间，打破了以往城市功能分区的设置，形成了一种新的场域型构。伴随着时代的发展，城市文化场域的产业形态还会发生持续变化，驻留下城市进步的时代印记。

3. 生活形态——与人的生产的关系

无论城市的功能定位存在何种差异，作为反映人与自身生产关系的生活形态则是城市共质性的存在，不断改善和提升城市中人的生活品质，是城市发展永恒的主题。因而，伴随着城市更新过程，文化场域中的生活形态始终是沿着更加适宜人自身的生产和素质提升方向演进的。随着人类文明历史发展成果的不断积淀，现代城市在满足人的基本生存条件的基础上，对教育、医疗、运动、康养以及精神文化生活等都提出了更高要求，期冀在城市的发展与更新中加以实现。一座城市在人的自身生产方面所具有的优越条件，展现出令人向往的生活形态，就成为吸引高素质人才聚集的重要因子，同样是城市核心竞争力的体现。城市文化场域中生活形态的要素构建及其整合，除了城市规划布局的总引领外，更多的是与其主体的生活追求密切相关。时代的技术进步和物质条件从根本上塑造着人们的生活样式，而日益丰富的生活则产生多元且高质态的需求，这些需求通过城市的发展及更新得到满足，使市保持一种创造生活的内在活力。城市更新从根本上来说是为了更好地满足人的美好生活需要，其文化场域中的生活形态也会朝向更加适宜人的自然生命和社会生命共同提升目标加以构建，在工作、学习、居住条件得以提升的同时，也通过城市第三空间展现出来。城市第三空间在文化场域中的作用和影响会不断扩大，成为文化场域中人们生活形态的显著标志。在数字化时代，人们的生活形态已经越来越多地向实体空间与数字空间相融合的方面拓展，文化场域的数字化构建也在加速进行，人的自然生产过程也必然叠加数字生产过程，使人的自然存在与数字符号存在更加紧密地结合在一起，不断开启城市生活的新未来。

4. 文化形态——与精神生产的关系

人的精神生产活动不是孤立的，而是植根于自然生产、物质生产和人自身生产的基础之上，以主体能动的方式贯穿于其间，人的精神世界从根本上取决于客观性的物质存在。但人的精神活动又具有相对独立性，可以在某种程度上超越现实存在，以人的想象力在头脑中构建世界图景。这种想象力体现了人本身精神动能作用所具有的创造性。在城市文化场域中，人的精神创造活动集中体现在文化形态的延伸、拓展和新的型构上，并与空间、产业和生活诸形态紧密结合在一起，形成城市文化的内容表达与审美表达。人的精神生产过程本身具有历史延续性，人们总是站在前人的文化积淀之上，审视当下，谋划未来，在不忘本来的同时吸收外来。因而在城市文化历史传承与创新发展的关系上，客观物质条件的变化和人作为主体的精神自觉同时作用于时代文化形态的构建。一方面城市的历史遗存、文化习俗、社会观念等作为文化基因注入人们的文化记忆和精神世界之中，成为人们确认自我社会存在和精神存在的文化坐标；另一方面，在开放环境中的信息传播源源不断地将人类自然、科技、产业和文化发展的新图景带给城市主体，构筑人们知识积累的进步阶梯和精神创造的广阔空间，为文化形态的创新性转化和创造性发展积蓄主体动能。从本质上来说，城市文化场域这一概念恰恰是将文化形态作为统合人作为主体进行各种关系建构的一种抽象表达，反映了人的主体精神对客观世界的总体认识与改造的能力，并历史性地呈现于城市文明之中。城市更新中文化场域的变迁就是这一历史呈现的结果。

5. 价值形态——与信仰生产的关系

价值作为人们对世界意义的高度抽象，既是文化的内核，也是主体自觉实践活动的根本目的和内在追求。城市的发展是人类文明的智慧结晶，城市主体的价值形态是对人的自身信仰生产关系的反映，包含着价值信仰、发展信仰、制度信仰、生活信仰四大基本支柱，构成了一个人的内在价值追求和社会生活实践目标的精神系统[1]。价值形态作为一种高度精神抽象，不仅内生于人的意识活动，构成文化活动的核心意义；而且外化于城市文化场域的各种物质形态和生活形态，作用于人的城市实践行为。因而，城市更新的内核是主体价值形态的与时俱进，即通过新的规划和布局将新的价值理念和价值追求实践于城市的空间形态、产业形态和生活形态诸方面，并进一步培育和塑造城市文化共同体的信仰及整个精神系统。随着新时代的到来，创新、协调、绿色、开放、共享的新发展理念日渐深入人心，人民城市、创意城市、智慧城市等目标引领着城市可持续发展，为城市更新源源不断地注入精神能量。这种精神能量通过主体实践转化为城市新的创造活动，同时也不断充盈着城市文化场域的价值形态，成为陶冶人们精神世界的社会存在。价值体认的实现方式主要是通过主体间的相互作用，即人与人之间的社会关系构建及其互动实践，城市文化场域则是构成这一活动的重要载体。城市更新对于文化场域来说，不仅仅是空间位置和内涵要素的重新型构，在根本上是在价

1 曹劲松，贺庆. 坚定信仰：中国梦的根本精神力量[J]. 南京社会科学，2013（9）：9-16.

值体认方式和目标上的重新塑造。同时，随着"数字孪生城市"的兴起，城市文化场域的数字型构也成为城市更新的时代主题，并深刻地影响着城市主体信息交往与价值共鸣，成为人们精神生活的新载体。

┤三├

城市文化场域有机建构中的
创新法度

无论城市以何种速度和规模进行更新，随着城市主体的代际更迭，城市文化场域始终处于一个有机建构的动态过程之中。这一建构过程既是城市主体对社会生活品质不懈追求的努力过程，也是城市文化共同体自身持续巩固和生长的历史过程。无论是新城区建设中的新建文化场域，还是老城区微更新中的传统文化场域，在城市主体文化自觉为主导下的有机建构有着其内在的规定性。这种内在的规定性是基于人们对城市文明家园和主体精神家园的双重认知的合一，体现了人们进行城市创造性实践的目的所在。古为今用、洋为中用、物为育用、富为民用构成了中国现代城市面向世界开放格局下的创新法度。

1. 古为今用——历史积淀为时代所用

城市的发展是一个历史累进过程，除新建城市外大多具有一定的历史文化积淀，尤其对于历史文化名城来说，其城市文脉尤为丰富和发达，成为文化精神和城市气质的深厚底蕴。用好历史遗存，在城市文化场域的有机建构中弘扬优秀传统文化、传承红色基因，既是巩固城市精神根基的内在文化机理，也是城市主体文化自觉的首要担当。因而在城市文化场域的有机建构中的创新实践，首先要立足于城市自身历史进程中所具有的文化资本[1]，使其在新的时代条件下进行创造性转化和创新性发展，焕发出时代光彩，将优秀的民族文化和精神传承充分展现在城市文化场域之中，成为影响和塑造新城市主体的精神源泉。在中国城市的历史发展中，优秀传统文化和红色文化成为相互贯通的历史源头，以

1 皮埃尔·布迪厄提出了人类社会资本的四种类型，即经济资本、社会资本、文化资本、符号资本，文化资本指与文化及其活动有关的有形和无形资产。

文化基因的"双螺旋"结构作用于文化场域的有机建构，进而在总体上为城市文化的发展确立了历史方向。从各具体文化场域的建构来看，要注重"三个贯通"：一是贯通主脉，与中华民族生生不息的文明持续进程联系在一起，促进城市主体形成完整的民族历史记忆，进一步激发为中华民族伟大复兴而奋进的精神内能；二是贯通城脉，将城市的历史荣光融入现代城市发展的智慧引领，以深刻的历史启示激励人们建设美好生活家园的创造热情，将个体的城市生活归属转化为城市精神的自豪；三是贯通红脉，将中国共产党领导人民建设理想社会的奋斗牺牲和丰硕成果铭刻在城市记忆深处，在珍惜今日的生活幸福来之不易的同时，激扬人民当家作主的城市主人翁精神，以红色基因锻造城市主体的坚强意志和强大韧劲。

2. 洋为中用——世界智慧为中国所用

城市发展是人类文明共进的过程，世界各国家和民族以其自身的文明史和城市史为现代城市展现了多姿多彩的面貌。人类工业革命的步伐率先开启了西方城市现代化的进程，而信息时代的到来则让全球城市插上了创意创新的翅膀。城市作为人类文明成果的集大成者，始终处于时代的领跑地位，提升城市发展的竞争力必须将人类共同智慧聚合起来，在各自城市历史发展的基础上实现新的时代生长。中国具有悠久的城市发展史，在农耕文明时代创造了人类历史的辉煌，尤其是作为国家都城的建设史始终没有中断，成为中华文明延绵五千多年的城市见证。随着工业革命时代的到来，中国城市积极学习借鉴西方城市发展经验，在工业化的基础上再次崛起，特别是改革开放以来城镇化进程进一步加快，一批城市迅速发展为综合实力强劲、基础设施完善、文化包容开放的国际化城市。信息技术革命催生了数字化社会，城市作为时代的引领者，数字城市建设已经成为新时代的主要特征。中国城市现代化进程中的文化场域构建要以开放博大的胸怀，对世界文明智慧和最新技术成果加以兼收并蓄，既注重世界文明的中国呈现，又注重中国特色的世界表达。就城市文化场域的国际化建构而言，要在中国城市特色的基底上体现"三个结合"：一是与数字化社会结合，发挥数字新基建的优势，将文化场域各要素以数字化形态同步建构，以数字技术应用的丰富场景，面向世界展现数字化中国城市和中华文化魅力；二是与文化交流互鉴结合，将世界文化的多元性统一于促进构建人类命运共同体理念之中，形成博大包容的文化气质和城市氛围；三是与合作共享机制结合，打开文化场域的自我封闭，以互动化的机制建设形成个体参与其间的文化体验，促进文化相知、相容、相悦，彰显人类共同价值和文明智慧。

3. 物为育用——物质形态为教育所用

城市文化场域的有机建构体现了主体精神活动的内在创造力，而城市物质基础所提供的条件则为主体精神创造提供了不同环境，这一环境本身也在某种程度上决定了其物质成果积累的可持续性。对于城市自身发展的持续性和创造性而言，物质形态与精神活动紧密相联、相互作用且互为条件，物质形态的发达可以促进精神活动的丰富，而丰富的精神创造活动则进一步打开了物质创造的空间和机会。当然，这种物质与精神活动相互促进关系的形成不是天然的，而是依靠主体的精神自觉。如果主体精神沉迷于物质享受且消极保守，那么再优越的物质条件也无法唤起人们创造未来的激情和战胜各种不确定性挑战的勇气。解决这一问题的关键在于主体通过教育活动不断获得文明智慧的增长和城市精神的传扬。因而，城市文化场域要以"物为育用"为建构法则，不断地将城市物质成果的积累用于主体代际传承的教育之中，同时也使自身的终身教育成为城市文化的常态。坚持以教育为根本的文化之道，是中华文明得以延绵不断、生生不息的内在逻辑和强大韧性，也构成了中国现代城市持续创新的内生力量和人才支撑，需要在文化场域构建中牢牢地扎下根来，做到内生机理的"三个促进"：一是以物质基础促进教育环境的优化，不断将文化场域的教育资源优化升级，为城市主体的终身学习和子女教育提供更为优越的条件，扩大城市各阶层的教育获得感和成长归属感；二是以教育成效促进人才的精神创造，坚持以创新教育为核心，提高知识赋予基础上的能力赋予水平，有教无类、因材施教，使城市成为人才辈出的文化土壤；三是以智慧果实进一步促进社会价值实现和文明进阶，为知识成果和技术创新向现实生产力的转化提供良好的创新文化氛围和完善的社会助力条件，源源不断地将人的智力成果物化为城市文明的现实力量。

4. 富为民用——文化财富为人民所用

城市的发展既是社会物质财富的聚合，也是人们精神智慧的汇集，其不断增长的文化财富成为城市特有的文化资本。城市文化资本"是通过历史、时间、文化形塑、创新和文化生产场域的建构形成的文化再生产过程，它是一定区域与一定群体的共同财富，具有'公共资本'的价值"[1]。这一财富可以为城市主体持续进行创造性实践提供内在动力和活动要素，并通过新的文化实践再一次增值。因此，在城市文化场域有机构建中，一方面，要将城市文化资本作为公共财富内置于主体生活之中，不断为主体的文化创造提供要素丰富、场景多样、价值互联的社会条件，将文化财富的积累渗入人们的精神生活中来，以场域的文化活力激发主体的创造力；另一方面，要为主体的文化创造提供价值呈现、转化、累积的平台和机制，实现文化再生产的场域表达和城市审美，促进城市文化财富的持续增长，丰润主体的文化滋养和精神世界。中国城市现代化的突出特质在于"人民城市"[2]的构建，体现城市建设与社会主义制度的本质联系，让人民这一城市主体有更多的获得感、归属感和自豪感，进而为城市发展凝聚最强大的主体力量。城市文化场域的有机建构要以文化再生产过程进一步凸显人民主体地位，让人民思在其中、创在其中、乐在其中，做到主体精神上的"三个凝聚"：一是凝聚社会主义核心价值观的主体导向力，将社会主义核心价值观的认知与践行融入文化场域的体验和创造中来，不是简单地以口号宣传植入场域，而是以生动的文化记忆与主体实践浸润心田，成为"百姓日用而不知"[3]的生活常态；二是凝聚以创新为核心的主体发展力，将持续不断地激发主体创新精神和创造能力作为文化场域的活力之源，充分展现主体创新成果，并建立价值关联，实现场域文化创新向城市整体创新的质态转变，源源不断地为城市注入创新发展活力；三是凝聚中华民族伟大复兴的主体意志力，以城市文化场域的特色表达彰显中国精神、中国力量、中国气派，将民族复兴的历史飞跃作为磨砺主体信心和意志的文化基石，进一步巩固"四个自信"，实现新时代

1 张鸿雁.城市文化资本论 [M].南京：东南大学出版社，2010.

2 刘士林.人民城市：理论渊源和当代发展[J].南京社会科学，2020（8）：66-72.

3 参见《周易·系辞上传》。

的中华优秀传统文化的创造性转化、创新性发展和中国特色社会主义先进文化的旗帜引领。

┤四├
城市文化精神的历史传承与时代创生

　　城市文化场域的有机构建，其根本指向在于城市主体的价值追求，即城市文化共同体的精神塑造。如何在城市更新中通过文化场域有机构建，实现城市文化精神的历史传承和时代创生，是现代城市发展最为核心的问题。"城市的核心是人，城市工作做得好不好，老百姓满意不满意、生活方便不方便，是重要评判标准[1]。"只有坚持以人为本，将物质生产与精神生活统一于人的城市实践创造，才能在不断完善城市功能的基础上实现生活品质和城市竞争力的不断提升。聚焦于城市主体的精神世界，需要从文化之根、脉、魂、胜的"四位一体"出发，传承文化基因，弘扬城市精神，培育时代新人，形成愿景感召，在现代化建设新征程上闪耀中国城市的光彩。

　　1. 把根留住——传承文化基因

　　城市文化共同体得以凝聚的根本力量在于共同的文化基因，中华文明多元一体、兼收并蓄、延续不绝的历史积淀铸就了优秀传统文化基因，并为一代代中华儿女所传承与发扬，成为中国城市文化的深厚底蕴。中华文化有"三性"即积极性、此岸性、经世济用性，"三尚"即尚德、尚一、尚化，"三道"即君子之道、中庸之道、坚忍之道[2]，构成了历久不衰的强大生命力，贯穿于城市文化发展的历史根脉之中。在城市现代化的进程中，把优秀传统文化的根留住，就是将城市文化共同体意识牢牢地熔铸于中华文明所造就的坚韧精神家园之中，使共同体成员知其所来、明其所在、向其所往，形成坚定的文化自信和主动的文化自觉。百年来，中国共产党领导中国人民所开创的新民主主义革命和社会主义建设事业，真正实现了人民当家作主的社会理想，开启了中国特色

1 习近平 2021 年 7 月 21 日至 23 日在西藏考察时的讲话 [OL]. https://www.xuexi.cn/lgpage/detail/index.html?id=9391743179963225940& item_id=9391743179963225940. 2021-08-06.
2 《中华文化：特色与生命力》：洞察传统文化精髓的窗口 [N]. 廊坊日报，2021-09-07 (B01, 5).

现代化的历史进程。以马克思主义武装起来的中国共产党，在团结带领人民的社会实践创造中形成了"江山就是人民，人民就是江山"的红色文化基因[1]，集中体现于以伟大建党精神为源头的中国共产党人的精神谱系之中，成为续写历史新篇的强大精神力量。优秀传统文化基因和红色文化基因共同构成了当下文化传扬的"双螺旋"结构，成为城市文化场域的有机构建的文化基底，是城市文化共同体扎根立信的根本所在。应当看到，优秀传统文化与红色文化虽然历史起点和内涵不同，但两者之间存在着内生关联，信仰与道德互励、情怀与智慧共生、品行与自省同向等，都体现了中华民族优秀儿女的精神特质。文化基因作为城市主体的文化之根，源源不断地为城市发展汲取精神营养，传承文化基因的实践自觉决定着城市未来发展的精神坐标。

2. 将脉延伸——弘扬城市精神

城市发展因其具体的空间布局、功能设置、历史演变和主体融入等，往往具有其个性化的文化特征，使城市在地域民族文化的历史大背景下呈现其文化特质，并通过主体代际价值传承形成自身的城市精神。"历史性和民族性文化是特色文化城市的核心表达，是特色文化城市打造的基础和前提[2]。"在城市自身的历史演进过程中，城市主体对共同价值的体认和追求是通过历史积淀逐步形成的，这里既有人们对城市荣耀和永恒价值的追求，也有时代变迁赋予城市向度转变带来的精神培育。因而，就城市精神本身而言绝非是一种固化的存在，而是基于城市主体历史文化特色基础上的时代精神建构，体现了民族和历史文化之根在时代发展中的城市脉络展开，构成了城市文化场域有机建构的基本框架。例如，上海以"海纳百川、追求卓越、开明睿智、大气谦和"对其城市精神进行了高度概括，同时将城市品格集中表达为"开放、创新、包容"，强化城市精神品格作为城市软实力的内核之所在，在城市发展中进一步发挥城市精神对软实力提升的引领性、决定性、基础性作用，传承好、弘扬好城市精神和城市品格，造就和遇见上海更加美好的未来[3]。弘扬城市精神体现了城市主体在特色文化城市建构上的意识自觉和实践自觉，不仅是现代城市发展一种内生的精神动力，可以进一步激发主体的创造精神和实践活力，

1 曹劲松.新时代传承红色基因的逻辑必然与实践自觉[J].南京社会科学，2021（6）：9-17.
2 张鸿雁.城市文化资本与文化软实力[M].南京：江苏凤凰教育出版社，2019.
3 上观新闻.厚植城市精神 彰显城市品格 全面提升上海城市软实力！市委全会通过重磅文件！[OL].澎湃网，http://m.thepaper.cn/baijiahao_13273029，2021-06-23.

使城市成为时代创新的策源地和试验场，而且构建起城市文化共同体的鲜明价值坐标，对内凝聚人心，对外塑造形象，在开放时代广聚天下各路英才，不断实现城市发展与主体成长的相互促进、共生共荣。弘扬城市精神是将民族精神与城市个性、历史传承与时代进步、内在价值与外在形象三个有机联系的方面内在统一的过程。

3. 铸魂于形——培育时代新人

城市精神向集体社会实践能力的转化必须经由主体的内在精神构建才能得以完成，只有将城市的文化之魂铸于有形的鲜活个体内心，不断培育契合于时代发展之需的新人，城市的软实力才能真正持久不衰。城市文化场域为个体的社会化提供文化空间，必须将人的精神塑造和品行养成作为一以贯之的目标，通过丰富的文化表达、场景体验、实践互动等，实现为城市发展培育新人的整体效能。通过城市精神的传扬为社会培育高素质的个体，既是教育活动本身的目的，也是城市文化生活的追求。个体在城市生活中完成其社会化过程是一个动态的持续过程，学校教育、家庭教育、社会教育之间须形成内在的价值合力和行为动力，城市精神则是贯通其间的人生航标。将城市精神熔铸于城市生活的各领域，使主体活动始终具有一个明确的价值坐标，对城市主体的持续成长和代际培育具有潜移默化的作用。在中国特色文化城市建设中，以城市文化育人需要在党委政府主导与社会协同参与上共同推进，使各级新时代文明实践中心的引领与市场主体、社会组织的响应跟进统筹发力，实现城市个体的广泛参与和实践激励的有效机制。城市文化场的有机构建应当将城市荣誉体系纳入其中，以生动鲜活的人物故事体现城市精神的实践风采，将抽象的价值倡导与有形的个体榜样融为一体，在成为市民日常生活中可亲可见可感的精神镜鉴的同时，持续将城市精神的人格力量浸润于人们对美好生活的追求之中。

4. 引人入胜——形成愿景感召

城市作为人类文明的智慧结晶，体现了人们对城市的理解和所向往的生活愿景，包括物质生活和精神生活诸方面，并在城市自身文化发展的机理上，形成特有的文化心理。广义的城市文化本身包含了物质和精神两个相互联系的基本方面，现代城市文明是物质文明、精神文明和生态文明的相互协调，蕴含着人们对当下与未来生活空间的智慧创造和热切渴望。"理想的城市，是人类美好愿景与城市发展客观规律的统一体。由此，城市在体现自然秩序的同时，又营造出色彩斑斓的个性[1]。"城市要成为人民所向往的美好生活栖息地、实现人自身全面发展的成就之所，必须在完善城市功能、勃兴城市文化的同时，形成引人入胜的城市生活愿景感召。随着数字信息技术革命将人类带入媒介化社会，城市在实体空间和数字空间两个相互作用维度上实现了新的跃升，焕发出前所未有的文化生机。数字化转型正在从经济社会的各方面全方位地作用于人类社会和城市发展，城市文化之胜离不开数字场域对实体场域的重新构建。因此，城市文化建设应当更加主动地拥抱数字时代，而不只是被动地数字化呈现，要积极运用数字化思维和互联网思维，以城市的数字创新与实体创新的深度融合，引领城市创新和生活审美，创造集智能生产、智慧服务、文化创意、健康身心于一体的美好生活，形成城市愿景的强大感召。城市精神的本质在于持续凝聚文化共同体向善向上向前的精神内能，进而使城市创新的实践者干在其中、乐在其中，将人生奋斗的价值实现创生于城市发展的时代美好愿景之中。城市，让生活更美好；城市精神，让文化更自信。

1 朱亮高.上海要建成一座怎样的"人民城市"——朱亮高研究员在上海凝聚力工程博物馆的演讲[N].解放日报，2021-03-30（11）.

Transitioning Cultural Fields and the Continuance of Urban Spirit in Urban Renewal

Cao Jinsong

Abstract：Culture as the soul of a city, the historical generation of its field constitutes the internal logic of a city's cultural development. The transition fields with urban renewal reflect the significant influence of external conditions on urban cultural development. As a kind of relatively independent social structure which associated with specific spatial elements and subject activities, cultural field widely exists in the operation system of urban social life. Starting from the five dimensions of urban subject and natural production, material production, human production, spiritual production and belief production. On the basis of the analysis of the changes and structures of spatial, industrial, life, cultural and value forms in the changing cultural field, the innovative method of using the ancient for the present, the foreign for the Chinese, the material for education and the rich for the people in the open pattern of the modern Chinese city for the world is proposed, and the path of continuing the urban cultural spirit in the unity of historical inheritance and contemporary creation is clarified.

Keywords: urban renewal; cultural field; cultural spirit; transitioning; continuance

卢
海
鸣

　　卢海鸣，男，祖籍南京。1964年9月出生，中共党员，南京大学史学博士，编审，南京出版传媒集团总经理、党委副书记，南京出版社社长。南京市社会科学界联合会副主席。南京市地方志学会顾问。南京城市文化研究会会长。发表的作品有《六朝都城》《世界文化悬案揭秘》《栖霞风物》《雨花风物》《南京的六朝石刻》《南京民国建筑》《南京民国官府史话》《南京城名的故事》《南京民国建筑的故事》《金陵物语》《南京历代名号》《南京历代运河》《南京优秀历史文化传承与弘扬研究》《老风景画·南京旧影》等。

　　2004年，先后被中共南京市委宣传部授予"南京市'十佳'编辑、记者"光荣称号，被江苏省新闻出版局、江苏省版权协会授予"江苏省优秀出版工作者"光荣称号。2006年，被中共江苏省委宣传部评为"五个一批人才"。2012年，被江苏省新闻出版行业人才工作领导小组评为"江苏省新闻出版领军人物"。2013年，被江苏省人民政府评为"333人才"（第二层次）。2016年被江苏省委宣传部等评为"四名人才"。2018年，入选"享受国务院政府特殊津贴专家"。2019年，入选中宣部"文化名家暨'四个一批'人才"。

【人生格言】

　　珍惜当下，不负此生。

城市更新中的中西文化碰撞与融合——南京近代建筑空间的文化隐喻 [1]

卢海鸣

摘要：

建筑是城市的躯体和灵魂，也是城市历史的见证物和社会发展的标志。1840 年，随着鸦片战争的爆发，中国近代史由此拉开序幕。截至 1949 年 4 月 23 日，中国人民解放军占领南京，在前后 100 余年的时间里，南京城内外涌现出一大批近代建筑，它们种类多样、风格各异，构成了一道独特的城市人文景观。本文以南京现存的近代建筑为切入点，结合其产生的政治、军事和经济等时代背景，将南京近代建筑分为产生期（1840~1898 年）、发展期（1899~1926 年）、鼎盛期（1927~1937 年）、停滞期（1938~1945 年）和回光返照期（1946~1949 年）五个阶段，系统地阐述了各阶段建筑与时代发展的关系，指出南京近代建筑是近代城市更新的风向标，对当代南京乃至全国的城市更新都具有一定的借鉴意义。

关键词：

城市更新；风向标；南京；近代建筑

1 本文系中宣部"文化名家暨'四个一批'人才工程资助项目"之"南京近代建筑研究"阶段性成果。

近代建筑作为 20 世纪的人类文化遗产，是古都南京的一道亮丽风景，是世界"文学之都"南京的一个独特文化基因，是泱泱中华文脉中的重要一环。当代著名作家冯骥才先生曾经说过："天下任何名城的魅力，首先都来自它独有的建筑美。这些风情独特的建筑，是城市情感与精灵的化身，是一方水土无可替代的人文创造，是它独自历史生活的纪念碑……你从历史角度研究它，就会认识到它的历史价值；你从文化角度观察它，就会发现它的文化价值；你从审美角度端详它，还会找到它独有的审美价值[1]。"在中国近代史上，南京风云际会、华盖云集，各类建筑星罗棋布，这些建筑在为人类提供活动舞台的同时，又因人类的活动而充满生机和活力。时至今日，曾经活跃在近代历史舞台上的风云人物，大多已如过眼云烟，随风而逝；而当年的建筑，历经时代的变迁和人世的兴废，或多或少有一些保存下来。这些保存至今的近代建筑，不仅是城市的躯体和灵魂，也是有形的资产和无形的财富，更是历史的见证物和社会发展的标志。

近代史上，南京是清代两江总督、江宁布政使、安徽布政使、江宁将军驻地，太平天国的首都，中华民国临时政府、国民政府、维新政府和汪伪国民政府的所在地，始终处于风口浪尖。在 1840~1949 年的一百多年里，南京至少经历过 11 次攻防战，包括英军攻打南京、太平军攻占江宁城、太平军保卫天京、天京陷落、同盟会江浙联军攻克南京、江苏讨袁军南京保卫战、北伐军光复南京、龙潭战役、国民政府南京保卫战、新四军南京周边的抗日活动、人民解放军解放南京[2]。南京的载浮载沉直接影响到南京近代建筑和城市更新的发展历程。从某种程度上来说，南京近代建筑是南京乃至中国社会发展的晴雨表和城市更新的风向标。

南京近代建筑在中国建筑史上处于承上启下、中西交汇、南北交融、新旧交替的特殊地位。由新、旧二元建筑体系构成的近代建筑在 1840~1949 年的百余年间同时并存，呈现此消彼长的趋势。一方面，旧建筑体系仍在城市和广大的乡村延续，它保持了传统建筑的风貌，在城市中逐步由千百年来的主角退居配角，如

1 冯骥才.小洋楼的未来价值 [J].建筑与文化，2005（2）：22-24.
2 王洪光.历史上的南京之战 [M].南京：江苏人民出版社，2014.

1 刘先觉、杨维菊撰写的
《南京近代建筑概说》一文，
将南京近代建筑的发展分为
早期（1842~1898 年）、
盛期（1898~1937 年）、
晚期（1937~1949 年）三
个阶段，详载于刘先觉、张
复合、村松伸、寺原让治
主编的《中国近代建筑总
览·南京篇》，中国建筑工
业出版社 1992 年版。杨秉
德、蔡萌所著《中国近代建
筑史话》（机械工业出版社
2004 年版）中分为初始期
（1840~1900 年）、发展兴
盛期（1900~1937 年）、凋
零期（1937~1949 年），其
中将"发展兴盛期"又分为
发展前期（1900~1912 年）、
发展中期（1912~1927 年）
和发展后期（1927~1937
年）。

甘熙宅第、江宁布政使衙署（今南京太平天国历史博物馆）、武庙（今北京东路 43 号南京市政协办公楼）、李鸿章祠堂（秦淮区四条巷77 号李公祠）、曾国藩祠堂（今秦淮区九条巷 8 号南京钟英中学）等，而在广大乡村仍然具有顽强的生命力，如广大的民居、宗祠、寺庙宫观等。另一方面，在西方文化影响下，传统的木结构体系直接转变为具有近代建筑技术、类型、功能和形式的新建筑体系，并成为近代建筑的主流，遍布城乡各地，如金陵机器制造局（今1865 文化创意产业园）、江苏咨议局（东部战区江苏警备区办公楼）、浦镇机厂（今中车南京浦镇车辆有限公司）、和记洋行（转型改造中）、永利铔厂（南京化学工业公司）、金陵大学（今南京大学鼓楼校区）、金陵女子大学（今南京师范大学随园校区）、中央研究院（今中国科学院南京分院）、紫金山天文台、国民大会堂（南京人民大会堂）、总统府建筑群（今南京中国近代史遗址博物馆）、中山陵、中山大道（今中山北路、中山路、中山东路）、紫金山碉堡群等。本文研究的南京近代城市更新侧重于主流建筑，即南京近代建筑中的新建筑体系，旧建筑体系在近代已经处于强弩之末，姑置不论。

南京近代建筑作为城市更新的一个重要标志物，其与上海、天津、汉口、广州、厦门等城市相比，起步较晚，但后来居上。根据其发展变化，大致可以分为发轫期（1840~1898 年）、发展期（1899~1926 年）、鼎盛期（1927~1937 年）、停滞期（1938~1945 年）和回光返照期（1946~1949 年）五个阶段[1]，经历了螺旋式上升、波浪式发展的曲折历程。

发轫期（1840~1898 年）

1840 年鸦片战争爆发后，英国侵略者为了达到迫使清政府快速屈服的目的，发动了扬子江战役。1842 年 6 月，英国侵略者以舰船 70 余艘、陆军 1.2 万人溯长江上犯，准备切断中国内陆漕运大动脉——京杭大运河。7月21日，英军攻陷镇江。8月4日，英舰进入南京下关江面。两江总督牛鉴大为惊慌，上奏道光皇帝，请求外交政策由"羁縻"变为求和。道光皇帝在接到牛鉴的奏折后，万般无奈，只得回复道："朝廷廑念漕运重地，救者英便宜从事[1]。"在英国侵略者坚船利炮的威慑之下，为避免英军攻占南京城，控扼中国"漕运咽喉"，清朝钦差大臣耆英、伊里布和两江总督牛鉴妥协退让，委曲求全，于1842年8月29日在南京下关江面与英方代表璞鼎查签订了中国近代史上第一个不平等条约——《江宁条约》（即《南京条约》），内容包括割让香港岛，向英国赔偿鸦片烟价、商欠、军费2100万银元；开放广州、福州、厦门、宁波、上海五处为通商口岸，允许英人居住并设派领事等，中国从此开始沦为半殖民地半封建社会。

《南京条约》签订后，英军退出长江。南京暂时恢复了往日的宁静。

1851年，太平天国农民起义爆发，席卷东南大部分地区。1853年，太平军占领南京，改名天京，定为首都，建立太平天国农民政权，直到1864年天京陷落。太平天国农民政权在定都天京的十余年间，清军与太平军之间爆发了多次战争，南京及周边地区饱受战火兵燹，到处是残垣断壁，满眼凄凉疮痍。

19世纪60~90年代，针对中国面临的"数千年来未有之变局"和"数千年来未有之强敌"[2]，清朝洋务派进行了一场以引进西方军事装备、机器生产和科学技术来挽救清朝统治的自救运动，史称"洋务运动"。有"睁眼看世界"第一人之称的魏源在其所著《海国图志》中首次提出"师夷长技以制夷"的思想，而洋务派代表人物之一张之洞则提出了"中学为体，西学为用"的主张，西学东渐成为一股不可阻挡的洪流。这一时期，署理两江总督李鸿章在南京创办金陵机器制造局（1865年）等军工企业，两江总督兼南洋大臣曾国荃兴办了江南水师学堂（1890年），两江总督兼南洋大臣张之洞创办了江南陆师学堂（1896年）等，促进了我国军事科技的近代化进程。其中，金陵机器制造局作为西方先进工业技术和建筑技术在南京的首个试点企业，其建筑形式经历了从传统中国形式寻求借鉴与向西方形式寻找灵感的发展历程，出现了一些早期的大跨度钢木结构的

1 姚薇元.鸦片战争史实考[M].武汉：武汉大学出版社，1984.
2 雷颐.李鸿章与晚清四十年[M].太原：山西人民出版社，2008.

工业厂房（图1）。江南水师学堂作为中国人在南京创办最早的新式学堂，揭开了南京教育建筑近代化的序幕（图2）。

与此同时，西学东渐也体现在西方输入宗教、医学和教育制度等方面，教堂、医院和培养新式人才的教会学校陆续在南京

图1　金陵机器制造局的机器正厂（同治五年，1866年建）

图2　江南水师学堂门楼（民国海军部大门）

建立。这一时期的代表性建筑有金陵机器制造局（1865 年）、石鼓路天主堂（1868 年）、汇文书院（1888 年，图 3）、江南水师学堂（1890 年）、基督医院（1892 年，图 4）等。

图 3　汇文书院

（资料来源：骆博凯 . 骆博凯家书 [M]. 郑寿康，译 .

南京：南京出版社，2016：170.）

图 4　19 世纪末的基督医院（俗称马林医院）

（资料来源：叶兆言，卢海鸣，韩文宁 . 老照片·南京旧影 [M].

南京：南京出版社，2012：299.）

图 5　江宁马路穿过鼓楼（1895 年）

（资料来源：邓攀 . 老照片·南京百年影像：1840—1949[M].
南京：南京出版社，2021：81.）

1 陈诒勋 . 新京备乘 [M]. 南京：南京出版社，2014：137.

1894 年，两江总督兼南洋大臣张之洞鉴于交通不便，主持修建了由下关入仪凤门（今兴中门）穿越南京主城区的江宁马路，至碑亭巷止。1896 年，刘坤一再次担任两江总督兼南洋大臣，将这条马路由碑亭巷口展修至通济门，人咸称便（图 5）。1906 年，端方担任两江总督兼南洋大臣，扩修支路，形成四通八达之势。江宁马路以及 1907 年开始兴建的江宁铁路将南京老城南与城北下关联系在一起[1]，标志着南京城市更新由老城区向新兴商业区和居民区延伸开来，南京开启了由拥抱秦淮河发展的农业文明时代转变为拥抱长江发展的工业文明时代的进程。

+ 二 +

发展期（1899~1926 年）

1856 年，为了进一步打开中国市场，扩大在华利益，英、法两国在美、俄支持下，联合发动第二次鸦片战争。1858 年，英法联军炮轰大沽口炮台，侵入天津城郊，并扬言要进攻北京。在英法侵略者威逼恫吓下，清政府慌忙派大学士桂良、吏部尚书花沙纳为钦差大臣，赶往天津议和，分别与英、法、俄、美签订了《天津条约》。其主要内容包括：公使常驻北京，增开牛庄（后改营口）、琼州、潮州（后改汕头）、台湾（后定为台南）、淡水、登州（后改烟台）、江宁（今南京）、汉口、九江、镇江为通商口岸，外籍传教士得以进入内地自由传教，外国人得以进入内地游历、通商，外国商船可在长江各口岸往来等。由于受到太平天国战争的影响，直到 40 年后的 1899 年春，南京才作为通商口岸正式实现对外贸易开放[1]，外国商人、传教士和游客随之蜂拥而来，下关一带，商铺街、大马路、二马路、金陵关、邮局、饭店、车站、码头等陆续修建起来。

1 张伟. 金陵关十年报告 [M]. 南京：南京出版社，2014.

1900 年义和团运动爆发后，八国联军乘机发动侵华战争，攻入北京城，火烧圆明园。1901 年，清政府被迫签订丧权辱国的《辛丑条约》。同年，清政府宣布实行新政，学习西方成为一股潮流，南京也汇入这一洪流之中。

1911 年辛亥革命爆发，敲响了清王朝的丧钟。1912 年，孙中山在南京就任中华民国临时大总统，结束了延续两千多年的封建帝制，建立了资产阶级共和国，但并未能改变中国半殖民地半封建社会的性质。由于孙中山在南京就任临时大总统前后只有三个月的时间，对南京的城市更新和建设尚未来得及规划，就被迫辞去临时大总统职务。

从 1912 年 3 月 10 日袁世凯在北京就任临时大总统，到 1928 年奉系军阀退出北京城，这一段时期为北洋政府时期，南京先后扮演过留守府、都督府、督军署、副总统府、宣抚使署、五省联军总司令部等所在地的角色。由于连年的军阀混战，南京这座古老的城市不时地被卷入到战争的旋涡之中，城市更新步履维艰。

值得注意的是，1918 年第一次世界大战结束后，次年在我国爆发了轰轰烈烈的五四运动，科学与民主的思想深入人心，也影响到当时的建筑界。一批学有所成的中国建筑师从国外回来，打破了西方建筑师垄断中国建筑界的局面。南京的新、旧两大建筑体系并存，绝大多数建筑仍采用传统的民族风格，部分建筑采用清末南京开埠以来输入的西方建筑风格，体现了模仿和守旧的建筑观念发生了碰撞、融合。

这一时期，代表性建筑有基督中学（1899年）、临时大总统办公室（1908年）、江苏咨议局（1908年）、浦镇机厂（1908年）、浦口车站（1908~1914年）、张佩纶故居（1912年）、扬子江饭店（1912~1914年）、和记洋行总监办公楼（1915年）、金陵大学建筑群（1916~1921年）、江苏邮政管理局（1918年）、建康路邮政支局（1921年）、国立东南大学体育馆（1922年）、金陵女子大学建筑群（1922~1923年）、基督教圣保罗堂（1922~1923年）、国立东南大学孟芳图书馆（1922~1924年）、金陵关大楼（1923年）、国立东南大学科学馆（1924~1927年）、中山陵（1926~1931年）等。建筑类型更为广泛，包括官府、海关、学校、工厂、车站、饭店、教堂、邮局、陵墓等，除了江苏咨议局、基督教圣保罗堂、中山陵分别由中国人孙杞（孙支厦）、齐兆昌、吕彦直独立设计之外，其他建筑几乎均为外国人设计。

其中，江苏咨议局采用法国官殿式建筑形式，立面采用三段式布局，中部设有方底穹顶的钟塔，使用了中国传统建筑的砖木结构体系，成为晚清时期南京最壮观的西式行政建筑。浦镇机厂英籍厂长奥斯登别墅，单层，红砖砌筑，坡形屋顶，三面有宽阔的回廊，属于南京现存最早的殖民式建筑。宝善街2号扬子江饭店以明代城墙砖为主要建筑材料，建筑造型为法国17~18世纪式样，青砖墙壁，红色屋顶，外观雄伟朴实，内部豪华气派，是欧洲折中主义建筑的典型实例。国立东南大学孟芳图书馆，由外国人帕斯卡尔设计，采用的是标准的罗马爱奥尼亚柱式构图，并采用仿石材构造的水刷石粉面，整个建筑造型十分严谨，比例匀称，细部装饰精美，是南京地区最为地道的西方古典式建筑。中山陵总平面设计呈"警钟"形，采用中轴线对称的布局，注意结合山势，运用牌坊、墓道、陵门、碑亭、祭堂、墓室等传统陵墓的组成要素，以大片的绿化和平缓的台阶把各尺度不大的个体建筑连成大尺度的整体，形成庄严雄伟的气势。中山陵从1926年开工，直到1931年全部工程完工，熔中西建筑风格于一炉。中山陵不仅是民国建筑中最优秀的民族形式的建筑作品，也是近代化与民族化相结合的建筑典范，是中国建筑史上的一座丰碑。此后，在民国年间，以中西合璧的中山陵为中心，建成了包括谭延闿墓、廖仲恺墓、韩恢墓、范鸿仙墓、国民革命军阵亡将士公墓，以及永慕庐、行健亭、光化亭、音乐台、正气亭等纪念性建筑在内的中山陵园（图6~图11）。

图6　江苏咨议局

图7　浦镇机厂英籍厂长别墅

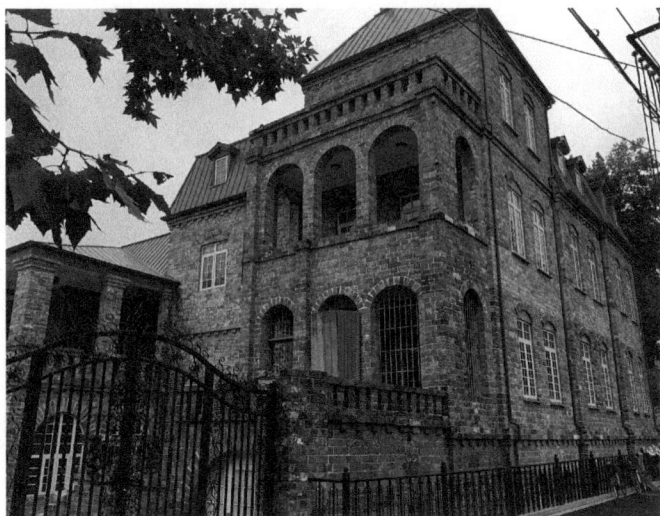

图 8 扬子江饭店

图 9 国立东南大学孟芳图书馆

图 10　1919 年建成的金陵大学北大楼旧影
（资料来源：叶兆言，卢海鸣，韩文宁. 老照片·南京旧影 [M].
南京：南京出版社，2012：161.）

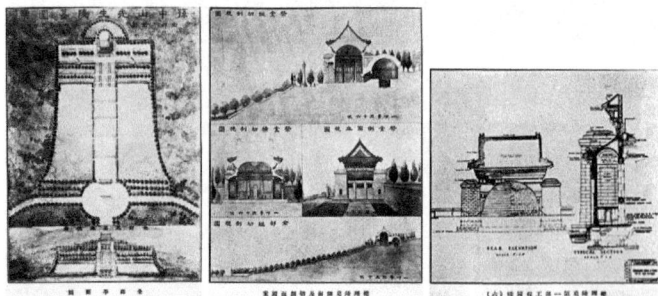

图 11　中山陵设计图
（资料来源：总理陵园管理委员会. 总理陵园管理委员会报告 [M].
南京：南京出版社，2008：137，141，156.）

┤三├
鼎盛期（1927~1937 年）

　　1927 年 4 月 18 日，国民政府定都南京后，一方面继续派兵北伐，以完成统一；另一方面，着手进行城市建设和更新，以满足政府正常运转和大量移民涌入的需求，南京出现了继六朝、南唐、明初以来的第四次建筑和更新高潮，号称"黄金十年"。

　　"黄金十年"的说法出自美国人魏德迈（Albert C. Wedemeyer）之口。在抗日战争中，魏德迈接替史迪威出任中国战区统帅部参谋长，作为驻华美军的最高指挥官。1951年9月19日，他在美国国会作演讲时说道："1927~1937年，是许多在华很久的英美和各国侨民所公认的黄金十年。在这十年之中，交通进步了，经济稳定了，学校林立，教育推广，而其他方面也多有进步的建制。"《剑桥中华民国史》评价称，1928~1937年，中国国民党力量巩固，取得成就。政府积极革新刑法、稳定物价、改革货币、建设道路、改善公共卫生、立法禁毒、扩大农工生产。此时期因为国民政府在经济建设取得成就而称为"黄金十年"。

南京的"黄金十年"，离不开当时的国际和国内环境。这段时间恰逢1929~1933年的世界经济危机，欧美经济大萧条，急需中国这个大市场，国际形势对中国非常有利。南京此时大搞城市建设，正好给了西方世界一个良好的投资机会，最好的建筑师、最好的材料、最好的技术都可以在南京大显身手。此外，外患和内乱也造成了一种新的凝聚力，抗日成为首要话题，九一八事变让中国失去了东北三省，紧接其后的一·二八淞沪抗战、长城抗战使"国难"和"救国"成了最常见的标语口号。

1928年1月，南京国民政府专门成立了首都建设委员会，主席为蒋介石，孙科和孔祥熙分别担任工程建设组主任和经济建设组主任。在首都建设委员会下面设立了国都设计技术专员办事处，聘请美国建筑师墨菲、古力治为顾问，负责制定《首都计划》，以期借鉴国外城市建设成功的经验和吸取失败的教训。1929年12月31日，《首都计划》正式公布，其内容包括史地概略、百年后的人口预测、首都界限、中央政治区地点、市行政区地点、建筑形式、道路系统、水道改良、路面、市郊公路、公园和林荫大道、交通管理、铁路与车站、港口与飞机场、自来水与电厂、排水系统、市内交通设备、电线与路灯、公营住宅、学校、工业、浦口开发计划，以及实施程序、款项筹集等方面，并附有各类地图、模型图、设计图、效果图、照片等将近70幅。《首都计划》的制定，使南京成为我国第一座按照国际标准，运用西方都市的现代功能、技术，采用棋盘格和放射状规划模式，进行综合分区规划的城市，奠定了现代南京城市布局的基本框架。其中，"建筑形式之选择"一章，对首都南京的建筑形式给予明确的规定，现摘要如下[1]：

1 国都设计技术专员办事处.首都计划[M].南京：南京出版社，2006.

"南京新建国都，此后房屋楼宇建筑，当必次第进行，其最关重要之部分，则有中央政治区、市行政区之公署，有新商业区之商店，有新住宅区之住宅，其他公共场所，如图书馆、博物馆、演讲堂，等等，将来亦须一一从新建造。关于此项房屋楼宇之建造，经过长久之研究，要以采用中国固有之形式为最宜，而公署及公共建筑物，尤当尽量采用。所以采用此项形式之故，其中最大理由，约有下列数项，兹分别论之。

其一，所以发扬光大本国固有之文化也。

其二，颜色之配用最为悦目也。

其三，光线、空气最为充足也。

其四，具有伸缩之作用，利于分期建造也。

政治、商业、住宅各区之房屋，其性质不同，其建筑法亦自不一律。以大体言，政治区之建筑物，宜尽量采用中国固有之形式，凡古代官殿之优点，务当一一施用。此项建筑，其主要之目的，以崇阔壮丽为重，故在可能范围以内，当具伟大之规模。至于商店之建筑，因需用上之必要，不妨采用外国形式，惟其外部仍须具有中国之点缀。一方并籍此项点缀，使人注意，实又足为广告之资，一举两得，为法之善，盖莫逾此。故凡外墙之周围，皆应加以中国亭阁屋檐之装饰物，而嵌线花棚架等式，亦当采用，不过屋顶宜用平面，备作天台。此种办法，盖所以使其适于商业之用，又使置身中国城市者，不致与置身外国城市无殊也。其在住宅方面，中国之建筑，最为幽静，盖其室中辟有庭院，与街外远相距离，此其最佳之点，故应保留。中国花园之布置，亦复适宜，自应采用。惟关于此项建筑之款式，无须择取官殿之形状，只于现有优良住宅式样，再加改良可耳。"

南京作为首都，是当时的政治、经济、文化中心。不仅中央政府的财政投入了大量的政府项目，而且许多官僚贵族、富商巨贾、文人雅士乃至平民百姓也纷纷购地建屋。第一，作为政治中心，中央政府各部门都需要办公用房，为了解决这一问题，国民政府在南京城内大兴土木，先后在市区建造了行政院、立法院、司法院、考试院、监察院"五院"，以及内政部、外交部、国防部、海军部、联勤部、财政部、教育部、司法行政部、农林部、社会部、交通部、水利部、卫生部、粮食部、审计部、经济部、军政部、最高法院、国民党中央广播电台、国民党中央党史史料陈列馆等。第二，与国民政府建立邦交关系的国家和地区纷纷在南京建立外交机构，也需要大量的办公用房，如美国大使馆、英国大使馆、苏联大使馆、法国大使馆、日本大使馆、荷兰大使馆、加拿大大使馆等。第三，作为金融中心，官办银行和各大商业银行纷至沓来，如中央银行、中国银行、交通银行、农民银行、中国国货银行、中南银行、浙江兴业银行、上海商业银行等，相继在南京建立行屋，从事金融业务。第四，作为文化中心，中央研究院、紫金山天文台、北极阁气象台、水晶台地质矿产陈列馆、中央图书馆、中央大学、中央陆军军官学校、中央政治学校、国民大会堂、国立美术陈列馆等陆续建立。第五，政府官员汇集南京，由政府和个人兴建了大量的公馆别墅，形成了中山陵园公馆区、颐和路公馆区等。第六，大量的公务人员、科教人员、商人、平民百姓蜂拥而来，加入到买房建宅租屋的洪流中，板桥新村、梅园新村、桃园新村、复成新村等独立式住宅、双联式住宅、联排公寓相继崛起，这些近代住宅区反映了当时人们对西式住宅及其背后生活方式的向往。此外，城市基础设施和娱乐休闲场所也纷纷建立，如中山大道、中央大舞台、首都大戏院、大华大戏院、中央饭店、福昌饭店、首都饭店、中央商场、国际联欢社、公余联欢社等（图12~图16）。

尤其值得一提的是，1927年4月18日，国民政府定都南京后，将南京的城市道路建设也纳入《首都计划》规划之中，采用放射形与方格网相结合的布局，以新街口环形交通广场为市区中心，以中山大道、子午路（今中央路）、中正路（今中山南路）、汉中路作为城市干道的基线，其他干道依基线平行或垂直布置。至抗日战争爆发前，仅南京城内兴建的主次干道就有近百条之多，总长度达到119.3km[1]，这些道路至今仍是南京城区道路的骨架（图17）。其中，又以1929年4月2日开通的中山大道最为著名（图18）。中山大道又叫迎榇大道、中山路。它是专为迎接孙中山先生灵榇由当时的北平（今北京）西山碧云寺南下奉安中山陵而建造的。"计自江岸至中山门，共长一万二千公尺，谓之中

1 江苏省南京市公路管理处史志编审委员会．南京近代公路史[M].南京：江苏科学技术出版社，1990.

山路[1]。"它北起下关江边，东出中山门与陵园大道衔接，全长12001.94m，设计宽度为40m。为了表达对孙中山先生的纪念，除了将这条道路本身命名为中山路外，全线工程各路段及配套工程，大多冠以孙中山先生的名字或号，如下关码头改称"中山

1 总理奉安专刊编纂委员会，韩文宁，韩建国，等.总理奉安实录[M].南京：南京出版社，2009.

图 12　交通银行南京分行

图 13　国民党中央党史史料陈列馆

图 14　国民大会堂

图 15　最高法院

图16　福昌饭店

码头"；原来的惠民桥拆除重建后更名为"中山桥"；朝阳门由
一个门洞改为三个门洞后，改名为"中山门"；玄津桥北侧的杨
吴城壕上新建的一座桥，取名为"逸仙桥"。中山大道是国民政
府定都南京后首都道路建设和城市更新的标志性工程。1929 年 6
月 1 日奉安大典举行过后，国民政府对中山大道又进行了多次改
造修建，路幅达到 40m，中间快车道宽 10m，铺设柏油路面；两
侧游憩道（又称安全岛、分隔带、绿岛）各宽 4m，内植树两行，
中铺草皮；游憩道两旁便是各宽 6m 的慢车道，铺设块石（又称
弹石）路面；再外侧是 5m 的人行道，用水泥铺面；人行道植有
行道树。整个道路设有包括窨井、阴沟等在内的排水系统，最终
形成由快车道、慢车道和人行道构成的三块板路型。中山大道改
变了中国历史上以君临天下的王朝政治中心作为城市中轴线设计
原点的传统理念，也改变了南京城市中轴线呈南北走向的传统格
局，直接影响到南京城市道路的布局和走向。同时，它也改变了
南京城倚重秦淮河而疏离长江的局面，将南京城北、城中、城东

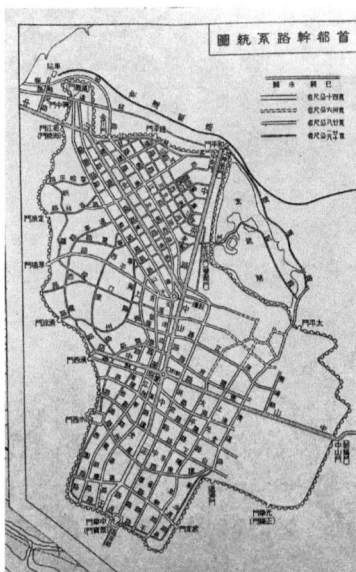

图 17　首都道路系统图

（资料来源：苏甲荣.新南京地图 [Z].日新舆地学社，1937.）

图 18　中山大道新街口段

（资料来源：国都设计技术专员办事处.首都计划 [M].南京：南京出版社，2006：82.）

有机连接起来，为南京城走出封闭 500 多年的南京城墙圈奠定了基础。今天中山大道依然扮演着南京城市中轴线的角色。

雨后春笋般涌现的各类建筑，千姿百态。以交通银行南京分行和中央大学大礼堂为代表的西方古典式建筑、以国民党中央党史史料陈列馆和励志社为代表的中国传统宫殿式近代建筑、以国民大会堂和外交部为代表的新民族形式建筑，以最高法院和首都饭店为代表的西方现代派建筑，以及中山大道等，共同谱写和构成南京特有的城市风貌与建筑格局，展现出这一时期城市更新的巨大成果和魅力。

经过 1927~1937 年持续 10 年的建设，南京的城市面貌有了巨大改观，初步具备了现代城市的规模和气势。作家聂绀弩（1903—1986 年）在 20 世纪 40 年代发表的《失掉南京得到无穷》一文中写道[1]：

南京是我的第二故乡，我在南京足足住了五年之久。初到南京的时候，城内还没有一条宽阔平坦的马路，街面上尽是破旧低矮的瓦屋……一年两年，五年十年，南京完全改换了面目，有了全国最好的柏油路，有了富丽雄伟的会堂、官廨、学校、戏院、商号、饭店、菜馆、咖啡店乃至私人住宅。

当时的中央大学教授朱偰（1907—1968 年）专门从事南京文物古迹的调查和研究，看到南京城市更新带来的巨大变化和对文物古迹造成的破坏，曾大声疾呼[2]：

自今而后，实已入于一新的阶段。新式之建筑，近代之工业，已随所谓"西化"而俱来；重以街道改筑，地名改命，房屋改建，今日之南京，实已尽失其本来之面目，而全然趋于欧化矣。试登清凉山，北望新住宅区，或登北极阁，南望城中，则见洋楼栉比，红屋相映，有不骇然而惊于变化之速者乎！新都之气象，固日新月异，然而古迹之沦亡，文物之消灭者，不知凡几矣！

然而，由于经费的不足以及抗日战争的爆发，民国《首都计划》中的许多项目未能付诸实施。在南京城内，除了沿中山大道一线有较多的新建筑以及山西路、颐和路、梅园新村、桃园新村、复成新村、竺桥新村、良友里等一带有成片的新住宅外，许多地方仍未得到应有的更新和改造。

这一时期的近代建筑，由西方建筑师占垄断地位彻底向中国建筑师占主导地位转变。不仅建筑形式多样，而且建筑风格多元。这一时期，大多数建筑物均为我国的建筑师自行设计，故可以称为"自立"时期。

1 丁帆.金陵旧颜[M].南京：南京出版社，2014.
2 朱杰.金陵古迹图考[M].北京：中华书局，2015.

1937 年七七事变爆发，日本发动全面侵华战争。至 1937 年
12 月 13 日，侵华日军攻陷南京，烧杀淫掠，无恶不作，南京城
仿佛是人间地狱。经过侵华日军长达六周的暴行之后，南京城内
外的许多建筑物惨遭日寇焚毁。

1938 年，在日本侵略者的扶持下，以大汉奸梁鸿志为首的傀
儡政权——"中华民国维新政府"在南京成立；1940 年，以大汉
奸汪精卫为首的伪国民政府在日寇的卵翼下，打着"反共救国"
的旗号粉墨登场。

在日伪统治南京的八年时间里，南京的城市经济和建设遭到
掠夺性的破坏，日伪占领者基本上都是利用原有的旧建筑，间或
对旧建筑进行一些局部的更新和改造，南京的城市建设基本上处
于停滞状态。

日伪出于粉饰太平和侵略战争的需要，于 1939~1941 年兴
建首都水厂办公楼、快滤池和水塔，以保证南京供水；1940~
1941 年在南京五台山兴建南京"神社"，以安放战死的日军骨灰盒
（图 19）；1941 年在灵谷寺松风阁西面建造纪念六朝宝志和尚
的宝公塔；1943 年在小九华山之巅建造三藏塔以安置中华门外出
土的唐朝玄奘法师部分顶骨舍利（图 20）；20 世纪 30 年代末兴
建浦口大马路 15 号日式风格民居建筑。同时，大肆成立慰安所以
满足侵华日军的兽欲，如利济巷慰安所就是利用原来的民居"普
庆新村"多栋两层砖木混合结构建筑改造而成。

在上述建筑中，位于五台山的南京"神社"的规制大体上是
仿照日本东京靖国神社，砖木结构，柱础式台基，方形外廊柱，
单檐歇山顶，黑瓦丹楹。浦口大马路 15 号建筑平面呈 L 形，正
面 8 开间，进深 7 间，砖木结构，高 2 层，坡屋顶，檐下有木斜撑。
它延续了日本传统町屋民居风格，反映了日本建筑自明治维新以
来受西洋风格的影响。利济巷 2 号"东云慰安所"和 18 号"故乡
楼慰安所"原为国民党中将杨普庆于 1935~1937 年建造的"普庆

图 19　南京"神社"旧影

（资料来源：赫达·哈默尔，阿尔弗雷德·霍夫曼.

南京 [M]. 南京：南京出版社，2015. ）

图 20　三藏塔

新村"，高 2 层，现存的 8 栋砖混结构建筑共有 84 个大小不一的房间。1937 年底日军占领南京后，将这里改造为慰安所，大量的中朝籍"慰安妇"在此惨遭侵华日军的蹂躏虐待。现存的五台山靖国神社、浦口大马路 15 号民居和利济巷慰安所是日本侵华战争的历史见证，也是城市更新的一个反面教材。

┤五├
回光返照期（1946~1949 年）

　　1945 年 8 月 15 日，日本宣布投降。翌年的 5 月 5 日，国民党政府由陪都重庆还都南京。由于机关、学校、科研院所、工厂企业等陆续返回，饱经血雨腥风的南京城人气骤旺，呈现出百废待兴的景象。这一时期又涌现了一批近代建筑，比较有代表性的有西康路 33 号美国大使馆（1946 年，图 21）、北京西路 67 号美军顾问团公寓（又称 AB 大楼，1946~1947 年，图 22）、下关火车站扩建工程（1947 年）、中山陵 5 号孙科公馆——延晖馆（1948 年）、中央通讯社大楼（1948~1950 年），以及逸仙桥附近的标准民居逸仙村等。其中，美军顾问团公寓两幢公寓楼呈一字形东西排列，东面是甲种公寓（A 楼），西面是乙种公寓（B 楼），造型一致，高 4 层，钢筋混凝土结构。公寓外观为平顶屋面，立面造型简洁，大面积的带状钢窗形成横向分隔，室内设施齐全，舒适方便，是典型的西方现代派建筑。

　　但是，由于抗战胜利后国民党政府忙于内战，财力枯竭，无力也无心投入经济建设。因此，这一时期刚刚复苏的南京城市更新和建设也只能是昙花一现。到 1949 年 4 月 23 日南京解放时，南京城内的最高建筑只有 7 层，仍然是 20 世纪 30 年代建造的福昌饭店。

　　综上所述，南京近代建筑是近代南京城市更新曲折发展的风向标，也是南京乃至中国近代史的一个缩影。南京近代建筑由移植模仿到融合创新的发展轨迹，以及设计由西方人占垄断地位到中国人占主导地位的重大转变，折射了南京近代城市更新由被动

图 21　美国大使馆

图 22　美军顾问团公寓

更新到主动更新的变化历程，揭示了政治、军事、经济在城市更新中的主导地位，以及移民在城市更新中所起的推动作用。南京近代建筑在南京乃至中国建筑史上留下了浓墨重彩的一笔，同时也在近代城市更新史上书写了激扬飞跃的篇章，它不仅为中华人民共和国成立后中国近代建筑向现代建筑转型发展奠定了基础，而且对当代南京乃至全国的城市更新都具有一定的借鉴意义。

Wind Vane of Modern Urban Renewal
——Centered on Modern Architecture in Nanjing

LU Haiming

Abstract: Architecture is the body and soul of a city. They view the history of a city and are the symbols of social development. In 1840, since the first Opium war broke out, Chinese modern history had begun. From 1840 to the April 23rd 1949 when the Chinese people's liberation army occupied Nanjing, during more than 100 years, a large number of modern buildings sprung up inside and outside the city of Nanjing. They were in various forms and styles, which formed a unique human landscape. Thorough analysis on the relationship between the modern buildings and historical background in politics, military and economics, the essay has classified the Nanjing modern buildings into five stages: the starting period (1840~1898), the development period (1899~1926), the prosperity period (1927~1937), the stasis period (1938~1945), and the momentary recovery period (1946~1949), and fully elucidates the relationship between the buildings in different stages and the development of times. The essay put forward an idea that considers Nanjing modern buildings as the bellwether of urban renewal of a modern city, which has the reference meaning to contemporary Nanjing as well as the other cities in China.

Keywords: urban renewal; wind vane; Nanjing; modern building

邵颖萍

　　邵颖萍，博士，副研究员，江苏匠工营国规划设计有限公司总经理，江苏省333高层次人才培养对象，江苏省研究生导师类产业教授，南京市宣传文化系统五个一批人才，南京市中青年拔尖人才，南京市青年文化人才。现担任南京大学城市科学研究院院长助理，兼任东南大学、南京师范大学、南京农业大学、南京林业大学、南京财经大学等多所高校研究生校外导师，任教育部MTA（旅游管理专业学位研究生）水平评估行业专家、文旅部旅游民宿等级评定和复核专家、江苏省文旅厅专家库成员、江苏省创新型研究院研究员、南京市文旅创新融合研究博士工作站站长、南京市民宿协会专家智库成员、莫干山民宿协会首批专家等。

　　邵颖萍长期以来从事区域规划、文旅融合、乡村振兴和民宿发展等领域研究，出版《落脚乡村与民宿经济——莫干山特色文化重构》等4本著作，在《社会》《南京社会科学》等期刊发表《中国城市现代化的内涵与核心》等10余篇学术论文，曾获得江苏省第十四届哲学社会科学优秀成果奖一等奖（第二作者）、江苏省第十六届哲学社会科学优秀成果奖三等奖、中国余天休社会学优秀博士论文奖提名奖、江苏省旅游规划一等奖、江苏省旅游优秀著作奖一等奖等荣誉。参与规划委托项目300余项，主持项目百余项，负责《江苏省旅游风情小镇评价办法》《江苏乡村旅游民宿集聚区建设指南（试行）》《南京市特色小镇验收命名办法》"江苏省文化产业示范园区评估""江苏省文化产业示范基地创建标准与复核"等多项盛事标准制定和评估课题。

【人生格言】

　　粗缯大布裹生涯，腹有诗书气自华。

社区参与城市更新的中国路径——扬州文化里改造的经验研究

邵颖萍

摘要：

当代中国的城市更新问题，已经成为社会整体关注的利益焦点。传统意义上政府主导、自上而下的大规模的城市更新模式缺乏公众参与的机制，已经不能适应当前城市更新实现物质、经济、社会综合性改善的要求；反之，社区参与在城市更新中的作用越来越被社会所关注并认同。本文立足于对扬州市琼花观社区文化里改造项目的个案研究，通过分析参与角色、合作过程、改造效果、动力机制四个方面的内容提出了社区参与城市更新的"文化里经验"。虽然在目前阶段，由于文化里改造中的部分特殊因素，"文化里经验"仅仅作为社区参与城市更新的简化机制而存在，但其仍然为我国社区乃至城市的可持续更新提供了一条可能途径，并注重在政府、居民和其他组织之间形成一种合作伙伴的关系。

关键词：

城市更新；公众参与；社区参与计划；文化里经验

研究缘起：
我们的城市出现了什么问题

2020 年中国城镇人口占比已经达到 63.89%，城市数量达到 687 座，中国城市发展模式已经从增量扩张向存量提质转变，实施城市更新是适应城市发展新形势、推动城市高质量发展的必然要求。党的十九届五中全会通过的《中共中央关于制定国民经济和社会发展第十四个五年规划和 2035 年远景目标的建议》中明确提出实施城市更新行动，推进城市生态修复、功能完善工程，统筹城市规划、建设、管理，合理确定城市规模、人口密度、空间结构，促进大中小城市和小城镇协调发展。新一轮城市更新更加关注土地二次开发、空间复合利用、城市功能优化和可持续发展等内容，在"以人为本"的价值导向下，社会资本和市场作用正成为城市更新的加速器。截至 2021 年年底，中国已有 411 座城市实施 2.3 万个城市更新项目，总投资达 5.3 万亿元；各地出台的有关地方条例、管理办法和指导意见超过 200 个[1]。伴随着城市的不断生长，城市更新也面临着新的发展需求，面对愈发复杂的局面和更加多元的选择，或许我们应该站在历史的纵深角度、世界的比较角度、理论的思辨角度重新审视一下，中国现阶段城市更新的特色道路应当去向哪里？

1. 从 1950 年的英国到 2011 年的中国：城市更新的中国困境

中国的城镇化进程赫然分为两个阶段，从 1848 年到 1978 年的百余年来，城镇化率从 10.9% 艰难爬升到 17.8%，增长缓慢；之后中国的城镇化出现了前所未有的发展格局，仅用 30 年的时间走完了西方近百年的从农业社会向城市社会的过渡过程。2011 年中国历史上城市人口首次超过乡村人口，城镇化水平超过 50%——从统计学意义上来说，中国已经成长为一个"城市国家"。在这一系列振奋人心的数字背后，城市的躯体却越来越不堪重负。随着时间的推移，城市规模不断发展壮大，旧有的城市肌理不可

1 2022 年 2 月 24 日国务院新闻办公室举行的推动住房和城乡建设高质量发展新闻发布会公开的数据显示。

避免地呈现出物质实体的衰败——事实上，从 20 世纪 80 年代后期以来，城市更新就已经成为中国城市必须面对的问题。值得注意的是，这种城市更新的潮流已经成为从发达的东部沿海大城市扩散到全国几乎所有大中城市的普遍"进行时"。倘若把这些抽象的数字转化成具体的画面，便会抽离出一幅惊人一致的场景——仅截取 21 世纪第一个 10 年的历史片段就可以发现，几乎全中国所有大中城市的旧居住区都正在经历以政府主导、房地产开发商包办的大规模的城市更新过程。

　　这样的画面让人仿佛回到了 20 世纪 50~60 年代的美国。如果 19 世纪城市的历史正如拉维丹颇有理由地指出的是一部疾病的历史，那么，20 世纪的城市历史也许可以叫作一部奇怪的医疗故事。这种医疗方法一方面寻求减轻病痛，另一方面却孜孜不倦地维持着导致疾病的一切令人痛苦的环境——实际上产生的副作用像疾病本身一样坏[1]。彼时的美国为了挽救郊区化带来的市中心的衰败，进行了圣保罗"城市中心重建"、华盛顿"西南区计划"、旧金山"金门计划"等一系列的城市更新，都以大规模的拆迁和清除为主。雅各布斯对这一时期美国城市中的大规模更新深恶痛绝，她认为，大规模的推倒重建"不是对城市的改建，这是对城市的洗劫[2]"。自 20 世纪 80 年代开始，中国发展相对较快的城市相继进行了规模巨大而旷日持久的城市更新。城市中心及其附近的旧建筑被认定是阻碍城市现代化发展的累赘——政府一声令下，房地产开发商争先恐后，这些年迈的"老东西"于是再也不能承担记录城市历史的重任，而是永远化为城市历史的一部分，取而代之的是鳞次栉比的新兴建筑。而那些"幸免于难"的个别建筑也仅仅是在城市中苟延残喘着，等待不久后被替代。面对崭新的、突兀的并且是仓促的街道、房屋，我们如何像吉伯德所说的那样，读出城市岁月的流痕？其实，那只是城市繁荣的海市蜃楼。城市像商品一样，被批量生产着——城市的个性被抹杀在千篇一律的高楼中。人们都很兴奋，很少有人会记起芒福德的那句感慨："我们不能用建新建筑物取代旧建筑物来实现城市更新，因为这些新建筑物只符合城市发展的陈旧格式，同时也以同样陈旧的'机械发展'思想为基础[3]。"

1 刘易斯·芒福德. 城市发展史——起源、演变和前景 [M]. 北京：中国建筑工业出版社，2004.
2 雅各布斯. 美国大城市的死与生：纪念版 [M]. 南京：译林出版社，2006.
3 刘易斯·芒福德. 城市发展史——起源、演变和前景 [M]. 北京：中国建筑工业出版社，2004.

土耳其著名诗人纳齐姆·希克梅特说过："人的一生有两样东西不会忘记，那就是母亲的面孔和城市的面孔。"城市作为记忆和文化的场所，是一种承载着历史的结构，甚至是一种自己活着并让居民在不可消除的特殊性的基础上生活的集体机制。所有的物质需求都在精神要求面前悄然隐退，至于技术理由的普遍城市生活特性，它在将每一座城市与其过去相联系的集体情感面前也被忘却[1]。然而，我们的城市却存在着记忆主体错位的严重问题：城市作为集体记忆的承载物，承载的是谁的记忆，为谁在承载记忆？城市的主人不是城市更新的主导者。雅各布斯甚至在《美国大城市的死与生》一书中提出城市规划师到底在为谁做规划这一根本的问题。多数情况下，老旧居住区的改造成为市场机制主导下公有部门和私人发展商获取土地收益和商业利润的温床，而作为社区主人、共同结成社区网络、共同创造了社区特色的原有居民，则在更新决策和实施过程中基本处于弱势的、被边缘化的一方，不但缺少一套公开的、透明的制度体系令他们可以参与规划的制定及拆迁补偿的谈判和申诉，很多情况下旧城改造还意味着对社区原居民的逐离[2]。在大规模、急进式的城市更新过程中，"往往忽略了社区文化的价值，一拆迁就是一大片，原有居民被拆得四分五裂，很难再恢复一个体现原有社区文化的新区……社区文化体现了一个社区存在的特定方式和积淀了的历史。如果将社区文化破坏了，社区的生存形态也就发生了根本的变化，变得越来越不是自己了[3]。"美国著名的城市建筑学大师伊利尔·沙里宁有一句名言，大意是，让我看看你的城市，我就能说出这座城市的居民在文化上追求的是什么。也许，这句话也可以这么说，"让我看看你的城市，我就能说出这座城市的官员和房地产开发商在利益上追求的是什么"。

2. 从公私双向合作到三向伙伴关系：社区行动规划的时代转向

根据西方的城市社会背景，单就建筑物和历史街区的物质改造而言，城市更新（Urban Renewal, Regeneration, Urban Renaissance）一般包括三种模式，即再开发或改建（Redevelopment）、整治（Rehabilitation）和保护（Conservation）。

1 拉德芙梅耶尔. 城市社会学 [M]. 天津：天津人民出版社，2005.
2 张更立. 走向三方合作的伙伴关系：西方城市更新政策的演变及其对中国的启示 [J]. 城市发展研究，2004（4）：26-32.
3 王颖. 城市社会学 [M] 上海：上海三联书店，2005.

1 张汉，宋林飞.英美城市更新之国内学者研究综述[J].城市问题，2008（2）：78-83，89.

现代的城市更新概念早已超出单纯的物质空间的改善，正日益成为经济、物质、社会等各方面统筹协调的整体工程。英、美城市更新最基本的演变历程大致经历三个阶段："大规模推倒重建式的贫民窟清理与城市美化运动，以追逐城市房地产开发利润为动力的经济导向型城市更新，以社区为单位多元主体、参与式的城市更新或称社区更新"[1]。中国香港学者张更立以英国为例，归纳总结了西方城市更新理念及管治模式的转变（表1）。最早提出"社区"概念的德国社会学家费迪南德·滕尼斯认为，社区是一种由共同价值观念的同质人口所组成的关系密切、守望相助、存在一种富有人情味的社会关系的社会共同体。在这种共同体中，情感的自然的意志占优势，个体的或个人的意志被感情的、共同的意志所抑制。20世纪90年代以前，无论是政府主导还是市场主导，城市更新的管治模式并没有充分

表1 西方城市更新理念及管治模式的转变

	20世纪70年代	20世纪80年代	20世纪90年代
城市更新理念	物质更新为主，兼顾社区需求	房地产开发为主导、经济增长为目标的物质更新	可持续、多目标（经济、社会、物质环境等）的综合城市更新
政府角色	政府主导，公共资源为基础，带有"国家福利主义"色彩	公私双向伙伴关系，政府提供少量基金作为"引诱"私有投资的手段	三向伙伴关系中起协调、引导及促进作用
私有部门角色	自发性投资活动，与公有部门的合作尚未深化	公私双向伙伴关系，政府大力鼓励私人投资	三向伙伴关系中重要的投资者角色
社区角色	政府福利主义政策的对象，在城市更新决策中参与程度较低	被显著边缘化，市场化城市更新的涓滴效应令社区受益相当有限	社区参与赋权成为政策焦点，三向伙伴关系中重要的权力制衡者
城市更新总体管治特点	政府主导、自上而下、福利主义模式的物质更新与社区改善（Urtan Renewal）	市场主导、自上而下、公私双向伙伴关系、以增长为取向的物质更新（Urtban Redevelopment）	公、私、社区三向伙伴关系为基础及自下而上与自上而下决策模式相结合的综合、全面型城市更新（Urban Regeneration）

（资料来源：张更立.走向三方合作的伙伴关系：西方城市更新政策的演变及其对中国的启示[J].城市发展研究，2004（4）：26-32.）

考虑到社区在其中不可忽视的意义以及可能发挥的巨大作用。90 年代之后，人们倾向于强调社区在更新中的作用，使社区成为公、私两大角色之外的第三极，决策模式在原来自上而下的基础上更包含了自下而上的新机制，将原来的公私双向合作拓展为三向伙伴关系。

在中国整体社会运行体制急剧转型的大背景下，"当代中国的城市更新问题，已经不再只是城市规划师发挥自己想象力的舞台，更已成为社会整体关注的利益焦点和展开博弈的竞技场"[1]。传统意义上政府主导、自上而下的大规模"房地产"模式由于长期忽视公众的声音，引发了一系列难以调和的尖锐的利益冲突和社会问题，已经不能适应当前城市更新实现物质、经济、社会综合性改善的要求，而现代英美城市更新中最常用的参与式的、自下而上的"社区行动规划"正受到越来越多的关注。社区行动规划（Community Action Plan，CAP），是城市规划和城市设计的一个重要分支工具。区别于传统的以政府和规划师为中心的规划方法，社区行动规划的基本理念是以多方合作和社区参与为基础，强调"服务取向"和"问题解决取向"，它着力解决具体的地域、时间、资源支配框架内的问题。其成果通常是"行动计划"（Action Plan），内容包括"做什么"（What）、"谁来做"（Who）、"怎么做"（How）以及"何时做"（When）[2]。社区行动规划要求社区参与的主体即社区居民主动地参与到城市更新的决策中来。与政府、开发商、各类基金等外来参与者通过平等协商合作来改善社区居住环境，强调过程性和动态性。

社区参与是公众参与的一种表现形式，是以社区为单位的公众参与。对于社区参与的概念界定，基于参与主体的不同，有广义和狭义之分。广义的社区参与"是指政府及非政府组织介入社区发展的过程、方式和手段，更是指社区居民参加社区发展计划、项目等各类公共事务与公益活动的行为及其过程"[3]。在这个意义上，政府、非政府组织（包括企事业单位、中介组织等）和社区居民一样，都是社区参与的主体。而狭义的社区参与，仅仅指社区居民的参与。它意味着社区居民对社区责任的共

1 张汉，宋林飞.英美城市更新之国内学者研究综述[J].城市问题，2008（2）：78-83，89.
2 朱隆斌，Reinhard Goethert，郑路.社区行动规划方法在扬州老城保护中的应用[J].国际城市规划，2007（6）：58-62.
3 徐永祥.社区发展论[M].上海：华东理工大学出版社，2000.

1 潘小娟.城市基层权力重组:社区建设探论[M].北京:中国社会科学出版社,2006.

2 见王刚、罗峰《社区参与:社会进步和政治发展的新驱动力合生长点》一文中关于社区内涵的描述.参见:《浙江学刊》第2期72页.

3 主要指被动性参与.

4 这种参与出自于一种积极的心理和精神诉求,参与的主体是离退休党员和门栋组长,"参与的活动既包括体力性的义务劳动,也包括社区会议、居委会选举、迎接上级政府检查、代表本住区居民进行利益表达等表演性和表达性事务".

5 "前者主要指居民自发组织的文体活动,后者主要指文艺骨干分子参与地方政府组织的竞技与表演活动".

6 指居民为了保护住房产权和社区环境进行的参与.

7 杨敏.公民参与、群众参与与社区参与[J].社会,2005(5):78-95.

8 徐琴.公众参与和可持续的老城更新——扬州老城更新的实践与启示[J].现代城市研究,2007(12):4-9.

同分担和成果分享,使每一个居民都有机会亲身参与到社区的管理中来,都有机会对社区的未来发表自己的看法,都有机会为谋求社区的共同利益而贡献自己的力量,并因而对社区产生更多的归属感和更强的认同感[1]。本文中所涉及的社区参与,仅指狭义的社区参与:①社区参与的主体是社区居民;②社区参与的客体是社区各种事务;③社区参与的心理动机是公共参与精神;④社区参与的目标取向是社区发展和人的全面发展[2]。有学者依据不同阶层居民的参与动机和策略,将社区参与归纳为五种模式,即依附性参与[3]、志愿性参与[4]、身体参与(又可分为自娱性身体参与和表演性身体参与)[5]以及权益性参与[6]。在这五种社区参与模式中,依附性参与、志愿性参与和身体参与中的表演性参与属于仪式性参与,权益性参与和身体参与中的自娱性参与属于实质性参与。"与仪式性参与相比,实质性参与才更接近参与的本意,即参与的过程不仅仅是参加早已被制定好的政策的执行过程,而是一个充满表达、商讨、质疑、对抗、利用的博弈过程;参与的目的不是传达某种意识形态和展示某种抽象意义,而是为了实现自己的兴趣爱好或者维护自己的合法权益与促进社区的公共福利"[7]。目前,中国城市地区的社区参与多停留在仪式性参与的层面。社区居民习惯于被动接受服务和管理,而不是主动参与到社区的共同利益表达中,居民的社区意识淡薄,主要体现在四个方面:一是居民参与社区服务力度、深度、广度不够;二是社区参与机制还没有从实质上将居民行为完全纳入进来,居民从一定意义上来说仍然游离于这一机制之外,资源共享、责任共担的责权未形成统一;三是社区自治制度建设不完善;四是缺乏共同的利益指向和有效的行动载体。公众参与机制的缺失,使中国的城市更新依然不由自主地一再陷入"清理—重建"的"推土机运动"的陷阱之中,由此引发的城市社会冲突频繁发生。并且,在日新月异的城市物质更新和景观改造中,城市的历史文脉、集体记忆、社会网络、邻里空间、城市肌理、城市特色被快速、无情地切割和摧毁,城市弱势群体进一步被边缘化,在历史文化名城和城市历史街区的更新改造中,上述现象尤为突出[8]。

3. 从理论建构到实践探索：公众参与的梯度介入

公众参与在西方城市规划中的兴起大致在 20 世纪 60 年代。一方面，受自由主义思想的复兴和民权运动的影响，公众的自我意识开始觉醒，对社会提出了自我权利的要求，城市规划公众参与的兴起正是这种民意在长期由政府和利益集团控制的城市规划领域中的体现；另一方面，城市规划界内部针对现代建筑运动主导下的城市规划所出现的弊病和在多元化思想影响下的反省，使技术部门的城市规划人员从象牙塔走向了社区和民众[1]。保罗·达维多夫和谢莉·安斯汀两位美国学者发表的两篇关于倡导规划和公民参与的文章，被认为是关于城市规划和城市发展中公众参与的经典之作，分别从理念和实践两个角度出发为西方城市规划公众参与的理论奠定了基础。

1962 年，保罗·达维多夫发表了《规划的选择理论》一文，从多元主义的角度建构城市规划中公众参与的理论基础。他认为，规划的整个过程都充满着选择，而任何选择的作出都是以一定的价值判断为基础的，规划师不应以自己认为是正确的或错误的这样的判断来决定社会的选择，因为这是规划师的价值观的作用，而不是社会大众的判断。规划师并不能担当这样的职责，而且这样做也不具有合法性。因此，规划的终极目标应当是扩展选择和选择的机会，而不是相反[2]。在前文的基础上，保罗·达维多夫于 1965 年发表了《倡导规划与多元社会》一文。他认为，在多元化的社会中，城市规划并不存在一个完整的、明确的"公共利益"，只存在多样的、不同的"特别利益"。不同的群体具有不同的价值观，城市规划师应该正视不同的社会价值观的分歧，表达不同的价值判断并为不同的利益团体提供技术帮助。在价值观取向的选择上，保罗·达维多夫本人倾向于与社会底层群众保持一致。与此同时，他倡导多元化的规划过程，认为城市规划应当由代表不同利益群体的规划人员共同探讨，决策的商定也应该得到不同利益群体的意见参与，以此保证多元化市场经济体制下社会利益的协调分配。学者感慨于"倡导规划"概念对城市规划公众参与理论的重要性，甚至将"公众参与"和"倡导规划"比喻为孪生兄弟。

1 胡云.论我国城市规划的公众参与[J].城市问题，2005（4）：74-78.

2 孙施文，殷悦.西方城市规划中公众参与的理论基础及其发展[J].国际城市规划，2009, 24（S1）：233-239.

1969 年，不同于保罗·达维多夫的理念探讨，美国联邦政府顾问、社会学家谢莉·安斯汀从公众参与城市规划的实践操作的角度提出了"市民参与阶梯"（the Ladder of Citizen Participation）理论。从"市民的力量"的角度出发，根据 20 世纪 60 年代美国城市项目，谢莉·安斯汀将公众参与类型按照公众参与规划的权力大小划分为由低到高的三大层次、八个阶段[1]。

"无参与"是"市民参与阶梯"的最低层次，包含操纵和治疗两个阶段。前一阶段将市民视为"木偶"，邀请活跃的市民作无实权的顾问，或安排"同路者"代表市民团体；后一阶段将市民视为"病人"，致力于通过说服教育改变市民对政府的反应，而非改善引发市民不满的社会、政治、经济等因素。在这两个阶段，公众完全处于被动地接受状态，能做的只是接受各项调查，被告知各项决策并配合规划实施——所谓的"参与"完全被覆盖在政府、规划师和其他相关"精英"人员的掌控之下，是一种事后的"参与"——市民不能"听"，不能"说"，只能"观望"，处于完全"聋哑人"的状态。第二层次的"象征性参与"包括通知、咨询、列席三个阶段。所谓"通知"阶段，是将既成事实或决定通告市民；上一级的"咨询"阶段，公众能够通过民意调查、公共聆听等方式有限地投入意见；更进一步的"列席"阶段，市民被允许发表意见，但依旧没有决策的权力。在"象征性参与"的层次，市民被形式化地、有限度地纳入到城市规划的过程中，政府的表现牵强而极度不情愿——所谓的"参与"是一种哑巴式的伪参与或称为被迫参与，其进步之处在于慢慢发展公众"听"的能力，并实现了公众声音"被听到"的可能——市民成长为有缺陷的"人"，却依然被限制发展"说"的权力。最高层次是"市民权力"，包括伙伴关系、权力委托和市民控制三个阶段。"伙伴关系"阶段，市民能够与政府人员、规划设计师、其他社会相关人员平等地谈判和分享权力；"权力委托"阶段，市民能够代政府行使决策，在制度层面上获得大部分的决策权或管理权；"市民控制"阶段，市民直接行使权力，包括管理、规划或者批准，不需要与政府沟通。在"市民权力"的层次，市民参与的自主性得以体现，逐渐把握对参与内容的主导权——"参与"最终上升到了实质性的层面，

1 Sherry Arnstein. A ladder of citizen participation[J].Journal of the American Institute of Planners, 1969（35）: 216-224.

实现真正意义上的互动，市民开始"说话"，由平等对话到主导谈话进而实现独立发言——市民才得以成长为真正意义上的独立的"人"，进行主动参与（表2）。

表2 "市民参与阶梯"的划分

参与程度	参与阶段	参与描述
市民权力 （Citizen Power）	市民控制 （Citizen control）	市民直接行使权力，包括管理、规划或者批准，不需要与政府沟通
	权力委托 （Delegated Power）	市民能够代政府行使决策，在制度层面上获得大部分的决策权或管理权
	伙伴关系 （Partnership）	市民能够与政府人员、规划设计师、其他社会相关人员平等地谈判和分享权力
象征性参与 （Tokenism）	列席 （Placation）	市民被允许发表意见，但依旧没有决策的权力
	咨询 （Consultation）	公众能够通过民意调查、公共聆听等方式有限地投入意见
	通知 （Informing）	政府将既成事实或决定通告市民
无参与 （Non Participation）	治疗 （Therapy）	将市民视为"病人"，通过说服教育改变市民对政府的反应，而非改善引发市民不满的社会、政治、经济等因素
	操纵 （Manipulation）	将市民视为"木偶"，邀请活跃的市民做无实权的顾问，或安排"同路者"代表市民团体

除此之外，国际性会议文件为城市规划和更新中的公众参与提供了合法性支撑。1977年的《马丘比丘宪章》不仅承认了公众参与城市规划的重要性，而且进一步地推进其发展，提出城市规划必须建立在各专业设计人员、城市居民以及公众和政治领导之间系统的不断相互协作配合的基础上，并鼓励建筑使用者创造性地参与设计和施工。1981年国际建筑师联合会第十四届世界会议通过的《华沙宣言》提出："市民参与城市发展过程，应当认作是一项基本权利。"规划师和规划部门并不能去限制这种权利的运用，而是应当通过其发挥作用而成为城市规划过程中的有用工具。通过广大市民的参与，可以"充分反映多方面的需求和权利"，从而使城市规划

能够实现为人类发展服务的职责。另外，只有公众参与了规划的编制和决策过程，公众才会对规划的实施具有责任感，才会真正地执行规划并将规划的实施作为其行为活动开展的决策依据。因此，《华沙宣言》对此进一步提出，为了达到规划的目的，"规划工作和建筑设计，应当建立在设计人员同有关学科的科学家、城市居民，以及社区和政界领导系统地、不断地相互配合和共同协作的基础上"。1987年《华盛顿宪章》首先提出了关于市民参与的一些基本原则，这些发展的基本原则和理念后来反映在1996年联合国《伊斯坦布尔人居宣言》和2001年《联合国千年宣言》的文本中——后者在前者的基础上有所扩展和提升，主张"一体化的和参与的解决方法及管理手段"。《华盛顿宪章》中关于市民参与的重要表述包括："居民的参与和介入必不可少……而且应该加以鼓励。历史城镇和都市区域保护首先与它们的居民有关""保护规划应该得到历史地区居民的支持""为了鼓励居民的参与，应从学龄儿童开始，为所有居民建立一个广泛的信息平台。"

我们需要怎样的城市，如何还原真正的城市生活，如何让社区居民主导自己家园的未来，如何弥补城市更新过程中公众参与机制的缺失？本文立足于国内一项社区参与城市更新的成功案例，试图对社区行动规划的实施过程进行细致阐释和深入分析，希望能够探索出中国语境下社区参与城市更新值得推广的动力机制和组织架构。因为所选案例为江苏省扬州市琼花观社区的文化里改造，本文姑且将可能在此案例中得出的某种社区参与城市更新的模式称为"文化里经验"。

十二

扬州文化里改造的实验项目和经验表达

文化里[1]位于扬州老城区四个历史重点保护片区之一的双东历史文化街区，是由2条巷子的26户居民组成的开放式小社区，隶属于琼花观社区。作为"扬州可持续的老城改造"[2]项目的试点地区，文化里几乎具备传统型街区的所有特征：在人口构成方面，中老年人和未成年人的比例相对较高，低收入人群、养老金和失业补助金领取的比例非常高[1]；在住房环境方面，几乎没有独立的卫生间和厨房，现有住房缺少维护；在公共空间方面，公共空间和绿地较少，缺乏基本的健身设施和广场、幼儿园等；在基础设施方面，废水排放能力不足，固体垃圾处理条件较差等。其几乎符合人们对衰弱的城市中心地区的一切设想。

文化里居民生活环境和条件与现代生活相去甚远，但他们对老城区都有着深厚的感情，都希望通过改造的形式保留老城区，而不是将老城拆掉重建[2]。文化里改造的项目包括改善邻里公共空间环境整治项目（街巷立面整治以及完善排水、照明、绿化、景观小品）、居民住宅内部的厨卫改造以及新建一座传统式样的节能示范住宅。

1. 参与角色分析：五方合作的项目打造

文化里的改造，是由扬州市政府、德国技术合作公司（以下简称GTZ）、扬州市名城建设有限公司（以下简称名城公司）、琼花观社区、文化里居民五方共同合作的结果。在某种程度上，仅就文化里改造这个项目而言，扬州市政府处于名义上的放权状态[3]，GTZ是引导者和设计者，名城公司是操作者，琼花观社区是联络人和协调者，而文化里居民才是真正的决策人。换句话说，整个文化里改造遵循的是政府推动、施工方实施、非营利组织操作、社区协助、居民主导的社区参与城市更新模式。有以下五点值得进一步关注。

第一，古城办的设置[4]是扬州市政府针对老城改造问题作出的专项决策，足见政府方面对老城改造工作的重视。其目的在于发展为"一站式办事机构"，融合并协调各相关部门实现最优职能配置。然而，目前古城办的管理功能尚没有发挥出来。在某种程度上，它更像是作为一种协调政府各部门利益的委员会而存在。具体到文化里改造的项目中，政府并没有过分直接干涉活动的进程和决议[5]，而是高屋建瓴式地对项目的整体发展进行把握和推动，把具体的决策权力下放给了居民。

1 根据GTZ的实地调查，老城区人口中31%为退休人口，是官方统计结果的3倍。2005年，另一项对东关街道办事处辖区内6个社区的抽样调查显示，约有16%的家庭人均月收入低于300元，62%的家庭人均月收入低于900元。而且，该地区有47%的家庭人均月收入低于同期扬州市区的平均水平（根据扬州统计年鉴数据，2004年扬州市区人均月收入为821元），仅有6.1%的被调查家庭人均月收入在2000元以上。

2 郭湘峰，朱隆斌.基于社区参与的传统街区复兴——以扬州老城文化里改造社区行动规划（CAP）为例[J].城市建筑，2009（2）：100-102.

3 扬州市名城建设有限公司是政府下设的建筑公司，代表政府负责本项目实施——在这个意义上来说，扬州市政府依旧在一定程度上"遥控"着整个项目的进展，尽管这样的"遥控"已经十分微弱。

4 扬州市政府于2004年成立了"扬州市历史文化名城保护与利用、改造与复兴工作领导小组"（简称"老城领导小组"）。古城办是其下设的一个临时性机构，由7个工作小组组成，直接受市政府领导，办公地点设在老城区。古城办全面管理老城的发展事务，在一个以市委书记和市长为首的指导委员会直接领导下开展工作，行使职责通常由规划局、建设局、文化局、环境保护局、发展改革委、国土资源局、园林局等各政府部门担当，属于跨部门的管理机构。

5 在社区层面上，与其说是政府推动居民参与，不如说是扬州市名城建设有限公司代表政府行使相关权力。下文会对此作出具体说明。

1 总部设在埃施波恩、在 65
个国家设有办事处的德国技
术合作公司是一联邦政府
企业。作为非营利性机构，
德国技术合作公司的工作目
标是持续改善人们的生活条
件。其所有收入全部用于与
可持续发展有关的国际化合
作活动，尤其关注历史城市
市中心的改造及其发展。
1974~1991 年的"巴德岗
城市发展"是德国技术合作
公司的第一个城市发展项
目，现已成为尼泊尔其他中
心城市相关问题解决方案的
典范。随后的十余年间，德
国技术合作公司在世界各
地开展了多项致力于老城文
化多样性保护和可持续发展
的合作项目，包括叙利亚的
"阿勒坡老城区恢复旧貌"
（1994 年 10 月至 2007 年 3
月）、罗马尼亚的"保护性
的锡比乌/赫尔曼斯塔特老
城修缮"（1999 年 9 月至
2008 年 12 月）、也门的"哈
德拉毛省希巴姆城市发展项
目"（2000 年 6 月至 2010
年 6 月）、罗马尼亚的"蒂
米什瓦拉老建筑区域的保护
性修缮和经济复苏"（2006
年 1 月至 2009 年 6 月）和
在"叙利亚城市持续发展"
项目框架内进行的"大马士
革老城区改造"（2007 年 8
月至 2010 年 3 月）。
2 2006 年，扬州市政府成立
了扬州市名城建设有限公司。
3 琼花观社区辖区面积
0.21km²，居民 2828 户，人
口 6874 人，是典型的传统
街坊型社区：居住环境上，
老屋多，院落多，里弄多，
建筑密度高，公共空间、
绿化缺乏；人群特征上，
有 56 户低保户，51 位残疾
人，1283 位 60 岁以上的老
年人（占社区总人口比例的
18.66%），弱势群体集中；
生活方式上，2000 年社区尚
有 300 多户居民使用煤炉，

第二，GTZ[1] 是一个外来者的身份，其角色主要体现在两
方面：一方面在于技术援助，另一方面在于理念的输入——他们
的"理念是可持续地、谨慎地、小心翼翼地更新，和一般的大拆
大建不同"。其作为本次文化里改造工程中牵涉自身利益最少的
参与主体，却是整个改造过程中和居民互动最频繁、最主动的一
方——甚至在中后期的时候，他们之间的互动已经不需要通过社
区牵线搭桥，而完全是直接的、面对面的沟通和交流。

第三，同一般古城改造中施工方为私人投资竞标的情况不同，
名城公司[2] 具有极富张力的双重身份。作为政府授权的非营利组织，
名城公司必然和政府保持相当密切的关系；作为独立运作的经济
实体，名城公司完全可以按照市场的原则来运作——这势必引起
名城公司的"角色紧张"，是以尽可能保证公众利益为前提，还
是优先追求公司利益的最大化？尤其是当其作为施工方的地位是
唯一且肯定的条件下，没有其他经济实体与其竞争，如何保证公
众利益的最大化？其与社区居民的互动比较被动和匮乏，通常是
配合 GTZ 与居民开展活动，或者是通过琼花观社区与居民进行交
流协商——相对而言，名城公司更多的是与琼花观社区进行接触。

第四，地处扬州中心区域的琼花观社区几乎符合人们对衰弱
的城市中心地区的一切设想[3]，却是"全国文明社区示范点"，形
成了良好的社区参与风范[4]。时任社区主任李华和负责党建工作的
副主任杨华作为社区工作者的代表，几乎参与了改造过程中的所
有活动，在整个改造过程中主要起着纽带的作用：前期，进行了
调查摸底，确定改造户；改造过程中，帮助名城公司和 GTZ 组织、
动员居民参与文化里改造；另外，还要协调矛盾、解决矛盾。

第五，在此次文化里改造项目中，居民是被组织的对象，却
是决定改造如何进行的主体。"我们住在文化里，老街老巷老知
己，隔壁下碗鱼汤面，邻居都来尝新奇。旧式大院居民多，井栏
面前抢着洗，张家杀了一只鸡，王家刷锅带淘米[5]。"文化里作为
典型的城市里的村庄，通过邻里、亲情、友情及职业团结等多种
纽带连接居民[6]。参与改造的 26 户人家，大多是在文化里居住了
四五十年的老人，彼此间的关系十分融洽。正是对老城区传统街
坊型社区网络关系的留恋，激发了文化里居民空前的社区意识，

促进居民主动、积极地投身社区改造工作。

2. 合作过程分析：两个"CAP"创造的理想家园

文化里改造中的公众参与主要通过两个社区行动规划（CAP）实现：主体的 Main CAP 要求解决的主题是居民的房屋修缮，另一个相对规模较小的 Mini-CAP 主要是为了美化文化里的公共空间；每个 CAP 通常分为发起和准备（Pre CAP）、研讨会（CAP Workshop）和后续（Post CAP）三个阶段。为了保证活动的效果，GTZ 邀请了国际知名社区行动规划的专家、美国麻省理工学院莱因哈德·格特尔特（Reinhard Goethert）教授前来指导整个行动规划。

Main CAP 发起和准备（Pre CAP）的阶段耗时很长，GTZ 的专家小组（既包括国际专家，也包括本地专家）自 2005 年就开始在文化里地块开展各项调查，通过实地调查和家庭走访了解社区环境的大致情况，总结问题并设计组织居民参与讨论规划和实施的框架。在这些前期的准备工作中，居民参与并未真正开始，仅停留在象征性参与中的通知和咨询阶段。2006 年 11 月中旬举办的历时四天的研讨会（CAP Workshop）是整个社区行动规划中最为核心的阶段。"最终形成了'居民参与制定老城整治行动计划'，具体明确了'做什么''谁来做''谁出钱''什么时间开始''什么时间结束'和'对政府的建议'[7]。"第一天，"我看古城"摄影活动。GTZ 工作小组选取地块内接近一半的居民（共 10 户），向每户居民赠送一台一次性的照相机，邀请居民将他们认为社区内有历史价值和没有历史价值的相关风貌要素拍下来——用自己的眼睛来看他们的社区，他们心中的老城、家园是怎样的一种东西——作为下一步研讨会的依据。第二天，"居民参与制定老城整治行动计划"商议会。参与人员除了约 30 位居民代表（文化里每户居民至少派出了一名代表），还包括相关政府机构、名城公司、双东街道办事处和琼花观社区的代表，会议地点定在社区附近的双东改造办公室。第一步，提高对老城历史因素的认识。GTZ 工作小组事先将居民拍摄的照片洗了出来，放在桌上，让居民自己来区分需要保留和需要改造的地方。"哪些是历史性的，哪些是有冲突的、不合适的，尤其是改造得面目全非的东西——让居民来分类。整个过程就像游戏一样的，在玩，气

200 多户居民使用马桶，每天早上，一条条深巷里都能见到具有农耕文明特点的马桶和煤炉。

4 政治参与上，2004 年，琼花观社区在全省范围内率先公推直选社区党委；同年 7 月，作为扬州市两个试点社区之一，琼花观社区进行了直选社区居民委员会，投票率高达 98.4%。在志愿参与上，琼花观社区大力倡导"奉献、友爱、互助、进步"的志愿精神，积极发展社区志愿者服务，成立了包括古城宣传志愿者队伍、银发护绿志愿者队伍、平安创建志愿者队伍、老妈妈志愿者服务队、党员志愿者治安巡逻队在内的 6 支共 400 余人的社区志愿者队伍。在文化参与上，社区建立了 12 个中介组织经常开展活动，腰鼓队、健身队、歌咏队、书法协会、老年合唱团、扇子舞队、京剧票友社的活动多姿多彩，参加人员近千人。

5 摘自《文化里的新生活》，这是居民根据文化里改造的成果排演的一部剧目，从剧本的片段中可以一瞥改造前老城区传统街坊型社区翻滚着的浓重乡土气息的生活场景。

6 在使用这一比喻时，村庄一般指城市里的一种生活方式，显示某些相互关联的特征：居民与生活方式的一致性、对主要社交关系的窄小区域的强烈认同、生活更多集中于社区的人际环境而非集中于家庭、区域空间内相知相识的密集度（在区域空间内存在卓有成效的互联网，这种网络同时又是邻里社会监督的工具）。参见：拉德芙梅耶尔. 城市社会学 [M]. 天津：天津人民出版社，2005.

7 摘自笔者与时任琼花观社区主任李华的访谈记录。

1 摘自笔者与GTZ技术顾问
吕凯的访谈记录。
2 摘自笔者与时任琼花观社
区主任李华的访谈记录。
3 摘自笔者与GTZ技术顾问
吕凯的访谈记录。
4 "我们中的很多人认同一
个地方是因为我们使用这个
地方,对这个地方了解很深
且产生亲切感。我们在这个
地方四处走动,产生了信赖
感。产生这种感觉的唯一原
因是周围很多不同且有趣,
方便且有用的东西像磁铁一
样吸引着我们。"参见:雅
各布斯.美国大城市的死与
生:纪念版[M].南京:译林
出版社,2006.

氛是很好的,无形之中就把需求很自然地表达出来了[1]。"第二步,让居民列举街巷、房屋内部和房屋外部存在的问题。"会议开得很热烈,就房屋修缮、沿街外观整治和街道整治必须解决的问题达成了共识。房屋内部共排出19个问题,包括衣服搭晒凌乱、违章建筑强占通道等;沿街外观排出12个问题,包括擅自加高房屋层数、电线凌乱等;街道广场排出7个问题,包括公共厕所太脏、没有停车场等[2]。"第三步,就问题的重要性以及各项选择的成本进行轻重缓急的排序。这种工作模式分为两块:一个是对居民自身重要的,牵涉个人利益的,包括没有卫生间等;另一个是相对应的公共利益涉及的问题。讨论的结果清晰并为大多数居民所认同,在专家的引导下,居民们自己找出了重要且资金需求低的问题——这类问题通常被考虑优先解决。第三天,实地走访与调研。GTZ专家小组、名城公司工作人员、琼花观社区工作人员和居民代表根据第一天的讨论结果共同进行进一步的实地走访,深入居民家中了解具体情况和每户居民的改造愿望,根据实际存在的问题在图纸上的相应位置标注。第四天,文化里居民再次参与了讨论。三条街巷的居民分组就本街巷的相关问题展开讨论,用不同颜色的纸片在平面图上定位。"图纸上的颜色代表不同的问题,比如说电线杆子有问题是红色的,窗户不太好是蓝色的,等等。这也是和老百姓互动的——结果不是我们自己贴出来的,是组织由居民'贴'出来的[3]。"研讨会提炼出居民心目中未来"社区意象"的同时,也反映了居民对自家房屋的整修愿望。在后续(Post CAP)阶段,GTZ工作小组按照居民的意愿设计和完善了房屋修缮的设计导则,并依据各家不同情况为每户居民量身打造了房屋修缮的设计图,估算了房屋修缮的造价;同时,每个街道选出固定的代表作为联系人,保证行动计划的具体实施;组织汇报会,邀请分管市长、相关官员和居民代表参加。之后的几个月中,名城公司根据居民选择的设计图进行施工落实。

在文化里地块的房屋修缮完成之后,GTZ专家小组针对公共环境美化问题,在东文化里开展了一项Mini-CAP,致力于动员社区居民亲自打造一些"不同且有趣,方便且有用的东西[4]"。这项Mini-CAP可以被看作谢莉·安斯汀的"市民参与阶梯"中的最高阶段——市民控制的典范。前期准备（Pre CAP）阶段，专家组需要考虑一些细节的处理。"比如说要考虑表达方式，把专业的语言变成老百姓的语言。你弄这个理念、那个原则的，老百姓就糊涂了，什么可持续啊，什么水要直接渗入地面啊，地面不要硬质化啊——他们不能理解[1]。"2006年1月31日，GTZ专家小组通过社区，向文化里26户居民发出了"我们的家园我们建"的活动邀请信，信上明确注明了活动的时间、地点、内容和参加人员。邀请发出之后，得到了居民们的热烈响应。因为活动场所是在露天——就是文化里的巷子，有居民主动提出供应水、茶点等吃食。此次研讨会（CAP Workshop）阶段共费时四天，和之前的CAP一样，活动紧凑而富有成效。第一天，决定行动内容。"我们在墙上贴了三张很长的牛皮纸。大家对街巷要怎么改善公共环境开始讨论：有的说要树、绿化、铺地、桌椅、石凳这些东西；有的说还需要灯；有的说这个墙上很难看，我们画点画吧——大家认为这几方面是比较关键的，对空间环境的提升很重要。大的东西列出来，下面还有细节[2]。""在选择树木方面，占72%的居民选择了紫藤、桂花、樱花等绿化品种，工作组完全尊重居民的意见[3]。"在树种栽种的位置选择上，也都是居民说了算，工作人员当场用记号笔圈定。最后，住在路边的居民还达成了树木认领的协议。第二到第三天，准备实施。GTZ的专家小组专程带着文化里的居民去买树种，出租车去、卡车回。树的品种、尺寸完全按照前一天的商定，所有的费用都由GTZ承担。随后，GTZ找了一些工人，在记号笔圈定的种树地点挖好坑。"老头、老太太要是来挖坑挖不动啊，他可以种树的时候帮你扶一下[4]。"第四天，项目实施。这一天也许是整个文化里居民印象最深的一天，"这边种着树，那边画着画，音乐放着——中午时间比较长，就弄了一些茶点，累了就吃一点、喝一点。每个人都参与了，美国的那个老先生（莱因哈德·特尔特教授）也来了，大家气球也都准备了，小朋友们玩啊、跳啊，电视台又摄着像，很娱乐——事情就结束了，而且中间没有任何矛盾[5]。"最精彩的是，GTZ工作小组还为居民们安排了一个剪彩仪式，虽然公共环境美化的活动并没有什么重要人物参加，但"我们的家园嘛，我们就是重

1 摘自笔者与GTZ技术顾问吕凯的访谈记录。

2 摘自笔者与GTZ技术顾问吕凯的访谈记录。

3 摘自笔者与文化里居民的访谈记录。

4 摘自笔者与GTZ技术顾问吕凯的访谈记录。

5 摘自笔者与GTZ技术顾问吕凯的访谈记录。

1 安东尼·奥罗姆，陈向明.城市的世界：对地点的比较分析和历史分析[M].上海：上海人民出版社，2005.
2 摘自笔者与GTZ技术顾问吕凯的访谈记录。
3 摘自《文化里的新生活》剧本。

要人物！"促进社区意识和个人身份认同的重要方面在于某一个地区的居民能够拥有和参与其生活的场所，自主地赋予其生活场所需要的意义。也就是说，能够积极地对其生活空间刻画独特的社会印记[1]。文化里的故事并没有因为剪彩活动的结束（Post CAP）而停歇，相反，这些被"分配到户"的树种成了居民们每天的牵挂。"有一棵树，因为球太大，又包着土，运的过程中工人把土磕掉了一点，长得不是很好。有一段时间，管理的毛奶奶老两口着急得不得了，'哎呀，树要死了，怎么办啊？'当时我们也比较着急，请了扬州当地的园艺师来看。这个事情就变成文化里一件很重要的事了[2]。"最后树活下来了，大家都很开心，格特尔特教授激动地表示："这是大新闻啊，太棒了！"人们都有了"自己的家园"的概念。

3. 改造效果分析：走上国际舞台的文化里

本次文化里改造的最大受益者是社区的居民。这里的居民包含三个层次：首先，是参与改造的文化里的居民，这26户人家是最狭隘意义上、最直接、最显性的受益者；其次，是未参与改造的琼花观社区的其他居民，他们耳濡目染了整个改造活动的进行，甚至亲身参与了其中的部分活动，在一定程度上分享了改造的成果，是中间层次的受益者；最后，是生活在老城区的所有居民，他们可能在未来一段时间内投身到文化里改造项目探索的社区参与城市更新的新模式中，成为最广泛意义上的受益者。2006年，扬州获得"联合国人居奖"，这是联合国人居署 - 联合国居住和移民规划项目为那些在提高城市生活质量方面作出卓越贡献的城市所设立的奖项。文化里的改造作为扬州可持续的老城区改造项目的亮点，实现了城市多维更新的目标，得到了国际社会的肯定。

一是城市文脉包裹下的现代生活。文化里改造最明显的效果在于老城区生活条件的改善。正如《文化里的新生活》剧本中所描述的，"政府改造来投资，翻修街巷摆第一，阴沟铺了十几里，基础设施配套齐。自家住房能改善，出钱出力我乐意，外部形象老古董，里面用上新设施。社区用上液化气，告别煤炉家家喜，马桶送进博物馆，留把马刷子女。社区铺个小广场，旁边配上录音机，男女老少来跳舞，既有精神又整齐[3]。"更重要的是，传统建筑的框架和元素被原真地保留了下来——只有一户违章建筑被拆掉，其他都是修缮和改造——马头墙，花格窗，古代文化与现代文明交相辉映。改造之后的文化里成为"资源节约型、环境友好型社会"的全国首个生态小区。夏天，样板房在不用空调的情况下，住宅室温仍保持在28℃左右，免除了高温酷暑的烦恼，也节约了能源。

二是社区意识激发下的公众参与。社区的本质不在于地域的或区位的结构，而在于社区成员在共同的社会环境、社会生活和社会互动中形成的社区意识。市民意识最为核心的东西也是爱德华·希尔斯所称的"市民风范"，"市民风范"是市民认同的结果。市民认同在社区意识的层面上表现为社区居民对社区的关心程度、情感认同和心理归属、社区满意度和社区事务参与程度等几个方面。现代社区意识是城市现代化进行有效整合的基本途径[1]。文化里改造使得居民的社区意识增强主要表现在以下四个方面。第一，居民对老城和历史文化遗迹的保护意识得到了加强。特别是通过大型CAP中"我看古城"的摄影活动，老城区的居民认真审视了生活了几十年的社区环境，明确了具有历史保护价值的社区环境因素。第二，可持续的发展理念深入人心。"这个项目最主要的目的是节约能源，要在古文化的硬件里有现代化的软装备[2]。"第三，居民的主人翁意识被唤醒，自发参与社区活动的热情得到激发。第四，琼花观社区其他区域居民参与古城改造的迫切需求。"有好多周边的居民都到我们社区来问，'我们什么时候可以参与改造？'[3]"可见，改造的效果得到了大多数居民的肯定，进而促使他们拥有了参与古城改造的热烈愿望。

三是关系网络维持下的和谐延伸。城市更新过程中采取改造或修缮而非重建方式的一个重要的意义就是保留了传统街坊型社区的社会生态。而文化里改造项目在保留的基础上，通过社区居民参与的形式，进一步挽救并且延伸了社区的关系网络。一方面，文化里的年轻人脉得到挽救。之前，由于老城区生活设施破败，年轻人都纷纷离开，想方设法搬到新区，扬州城内因此流传着"东圈门，看不到年轻人；东关街，全是老头、老奶奶"的说法。如今，参与文化里改造的居民毛大妈表示："儿子说住得挺好。住下去，

1 张鸿雁.城市·空间·人际：中外城市社会发展比较研究[M].南京：东南大学出版社，2003.
2 摘自笔者与文化里居民的访谈记录。
3 摘自笔者与琼花观社区工作者杨华的访谈记录。

1 摘自笔者与文化里居民的访谈记录。

2 摘自笔者与 GTZ 技术顾问吕凯的访谈记录。

3 GTZ 在文化里建了一处生态样板房，所在地原为废弃仓库，与居民毗邻——其现在的办公场所就在样板房内。

4 主要演员中，有一名经历改造的文化里居民——陶爷爷，两名琼花观社区工作者，一名生活在老城区的小朋友。

5 摘自笔者与琼花观社区工作者杨华的访谈记录。

6 雅各布斯.美国大城市的死与生：纪念版[M].南京：译林出版社，2006.

7 倪慧，阳建强.当代西欧城市更新的特点与趋势分析[J].现代城市研究，2007（6）：19-26.

不想卖，也不想拆到哪里去——现在再想买这个房子也买不到[1]。"另一方面，居民和 GTZ 工作小组实现了和谐相处。"其实我们和居民的关系就像朋友一样。像我每一次回来，居民都非常关心地说，吕博士，怎么又瘦啦？就像拉家常一样，关系都挺好的[2]。"文化里改造项目结束之后，GTZ 在扬州的办公场所就迁到了文化里[3]，而办公室的钥匙平时就由文化里的居民保管。

四是典型案例树立下的社会关注。文化里改造项目结束之后，在 GTZ 的建议下，琼花观社区工作人员组织社区居民[4]排演了《文化里的新生活》剧本，用清曲说唱的形式将文化里改造的前后对比展现了出来——用非物质文化遗产的魅力来表现扬州保护古城物质文化遗产的精神。从 2006 年到 2008 年，《文化里的新生活》从地方走到国家，进而又从国家走向世界。"现在很多外地游客到扬州，三轮车车夫都会向他们推荐文化里，说《文化里的新生活》这出剧都去联合国演出过了。这也是我们的光荣[5]。"琼花观社区工作者同样骄傲地描述文化里的"名声在外"——可见，文化里已经实实在在地成了琼花观社区乃至扬州市的"文化资本"。

一座城市有了活力，也就有了战胜困难的武器，而一个拥有活力的城市本身就会拥有理解、交流、发现和创造这种武器的能力[6]。积极的公众参与使居民的社区归属感、认同感和现代感不断得以提升，促使城市内部各种资源的有效整合与发挥，实现真正的完整意义上的城市更新与城市文明的进步与发展[7]。文化里的改造过程可以称得上是社区居民全程参与城市更新的一次效果显著的尝试。从 GTZ 工作组和政府方面的前期考察到大型 CAP 的实施过程乃至 Mini-CAP 的终极飞跃，社区居民的参与程度由最初的操纵、治疗到通知、咨询、列席，最后上升到伙伴关系、权力委托、市民控制——实现了"无参与—象征性参与—市民权力"的全阶梯过渡。更重要的是，这一系列的社区参与活动，与谢莉·安斯汀探讨"市民参与阶梯"时的出发点是一样的，"市民的力量"随着项目进行的深入逐步彰显出来。而居民，这些真正意义上社区的主人、城市的灵魂，终于有机会摆脱之前牵线木偶的傀儡形象，通过"观望—倾听—发言"的三步跨越，培育了实质意义上的共同体意识，成长为独立自主的市民。在人们的日常知识结构中，英国诗人莎士比亚似乎和城市科学并没有多大的交集。然而，这位传统意义上的城市学的门外汉却一语道出了城市的真谛："除人之外，城市何在？[1]"只有拥有真正意义上的市民的城市，才能真正被称为城市。

4. 动力机制分析：文化里经验的典型性

一是必须意识到居民的话语权是社区参与的基础。所有的市民，即使是消费者和使用者，也由于各自行为的积累，对他们使用和往来的城市空间的定性和变化过程发挥总体影响[2]。在这个意义上，虽然所有生活在城市中的市民不可能都成为城市学的专家，但城市里没有城市学的门外汉！GTZ专家小组成员吕凯讲述了文化里改造过程中的一个令人感触良深的故事。"当时我们请了设计公司来。设计师认为地块背阴，可以种些竹子，多漂亮。我们到那儿一看，果然背阴，竹子也能够成活，也挺雅的。结果居民不同意。为什么？'正对着我们门，万箭穿心，这是忌讳了。'你发现设计师的理念和他们是不一样的[3]。"这恰恰符合了雅各布斯在《美国大城市的死与生》中所想表达的意思，"我们必须要说明，我们这些在东哈莱姆居住和工作，每天都与这里有关系的人，看待这个地方的角度与那些只在上班的路上经过这里，或在每天的报纸上读到过这个地方的人，甚或在城里的办公桌上做出关于这个地方的一些决定的人的角度是不同的[4]"。不同的视角出发点其实为城市的多样性、平衡性发展提供了更多的可能。政府可能是出于一种宏观的把握，为了使城市更加功能化，更像城市；规划专家的出发点可能是为了使城市更加协调、更具技术性；而社区居民的考虑更多是一种源自生活的、习俗的、人性的需求。在围绕以社区为基础的城市的前途而连接居民和进程的一连串相互作用中，同一城市生活代理人（行动者）所起的作用可以重叠、相互接续、重新确定[5]。城市最终是为居民服务的，因此，社区居民的话语权事实上是最不能被忽略的。社区居民要参与到城市更新的进程中，最关键的跨越在于要给他们能"说话"的权力，这也是"市民参与阶梯"中"象征性参与"与"市民权力"的差别所在。社区居民的赋权在一定程度上需要地方政府的放权。这并不意味着居民和政府的利益是相互冲突的，而是出于互补性的考虑，

1 见莎士比亚剧作《柯里奥拉纳斯》。

2 拉德芙梅耶尔.城市社会学[M].天津：天津人民出版社，2005.

3 摘自笔者与GTZ技术顾问吕凯的访谈记录。

4 雅各布斯.美国大城市的死与生：纪念版[M].南京：译林出版社，2006.

5 拉德芙梅耶尔.城市社会学[M].天津：天津人民出版社，2005.

1 雅各布斯.美国大城市的
死与生:纪念版[M].南京:
译林出版社, 2006.
2 摘自笔者与文化里居民的
访谈。
3 摘自笔者与GTZ技术顾问
吕凯的访谈记录。

在可能的条件下实现双方利益的最优配置,最终实现城市利益的最佳选择。在目前的阶段,居民和政府之间的"伙伴关系"需要中间组织的斡旋和协调,其中最为关键的角色是社区组织和外部输入的非营利性的力量。

二是必须重视关键角色的操作化经验。以文化里改造为例,这里的关键角色,一是指文化里所属的琼花观社区,二是指GTZ。首先,如何进入社区?雅各布斯提出了"街道眼"的概念,大意是传统街坊型社区具备一种自我防御的机制,邻里之间可以通过相互照面来区分熟人和陌生人以获得安全感,潜在的"坏人"则完全暴露在居民无处不在的目光监督之中,自然无法下手做坏事[1]。其运作机理和福柯的全景敞视主义有异曲同工之妙:被监视的人暴露在众目睽睽之下,而监视者往往身在暗处。文化里具有典型的"街道眼"功能。"刚开始德国公司来调查的时候,我们不理解,以为他们是坏人。因为他们总是拍我们不好的照片——想以后重点改造这些不好的地方的。但是我们当时想到他们是外国人,就担心,'哎呀,这些外国人是不是坏人,把我们中国不好的一面带到外国去了?'[2]"国际合作的背景给文化里改造项目的前期准备阶段带来了一些意外的麻烦,也引发了文化里居民间的一些骚动。对此,GTZ工作组一方面依靠琼花观社区工作人员向居民进行解释,取得进入的合法性,通过"守门人"的途径自上而下;另一方面,GTZ在向居民发放项目相关宣传资料的同时,依靠专家的社会工作技巧拉近和居民的关系,"自下而上"地进入居民内部。以格特尔特教授为例,"他口袋里经常有各式各样的小玩意,看到小朋友'腾'地一下拿出个气球,看到老太太'哎,我们做个游戏吧'——都是很简单的,但是老百姓很快就能理解了。他把气氛一下子就给你拉近了,不是说老外或者教授就不容易接近——他有很多技巧。[3]"其次,如何引导社区居民参与?据GTZ工作组成员回忆,前期进入之后,居民中"有愿意参加的,有观望的,有看笑话的——什么人都有。一开始冷嘲热讽质疑我们是形象工程的,后来看到我们的确在做一些实事,原来不太理解的居民就变得挺支持你的工作的,态度就慢慢地通过CAP的方式转变了,甚至还会在下雨天主动帮我们打伞。[1]"除了明显表现出的抵触姿态，处于社会底层的弱势群体大多怀着谨小慎微甚至惧怕的心理，希望自己违心的妥协能够换回一些潜在的可能的利益，这部分居民大多不敢真实地表达自己的意愿。与针对前一种情况所采取的"身体力行"的应对方式不同，面对这种情况，GTZ需要向居民说明自身所在的立场和非营利的性质，帮助居民明确市民的正当权利，从而消除弱势群体居民的顾虑，引导他们说出真心话。另外，引导的问题还出现在具体的活动组织形式上。德国人第一次召集会议，居民只来了一半，老外很失望。时任琼花观社区主任李华建议："你们要改变与居民的对话方式，居民各有各的事，提到开会大家都没兴趣，如果换个话题，比如，'文化里居民论坛'，保准来的人很多。[2]"实践证明，新颖、放松的活动形式更加迎合社区居民的喜好，活动产生了良好效果，居民非常踊跃地发表意见。与此同时，社区居民和GTZ工作小组的成员关系也相处得非常融洽。在进行CAP的时候，组织者的准备都非常充分，实施过程紧凑而高效，研讨会阶段通常控制在三到四天就解决所有的问题——最重要的是，所有的结论都是居民自己得出的。可以看到，政府和外部输入力量的"倾听"对于社区参与是一个非常大的鼓励。再次，如何协调社区各种矛盾和分歧？在社区参与的过程中，不可避免地会出现各种利益冲突，进而产生各种矛盾和分歧。对此，GTZ工作小组和琼花观社区采取的是两种不同的解决方法。文化里地块内有一户人家的居住面积很小，希望借文化里改造的机会获得一些利益，如搬迁——但是他们并不在改造的范围内。于是，这户居民就做了一些阻挠施工、破坏文化里改造成果的事情，诸如在生态样板房前拉晒衣绳，搬走样板房前的盆花。这户居民的小情绪随后被琼花观社区的工作人员化解了。据社区工作人员介绍，"因为那户人家毕竟是社区的居民，在他们困难的时候，我们都尽量帮助他们解决。比如说他们家孩子上学（他们家比较贫困），我们可以帮助他们找一些长期帮扶的单位或个人；过年过节的时候，我们也会照顾他们，给他们一定的贫困补助——这也是社区自己在外面募集的赞助。总的来说，是为居民服务吧。你只有先服务好了，然后有什么矛盾，你去解决，居民才会配合你。[3]"这

1 摘自笔者与GTZ技术顾问吕凯的访谈记录。
2 摘自笔者与时任琼花观社区主任李华的访谈记录。
3 摘自笔者与琼花观社区工作者杨华的访谈记录。

1 2007 年第 4 期的《社会学研究》上有一篇名为《作为国家治理单元的社区——对城市社区建设运动过程中居民社区参与和社区认知的个案研究》的文章，作者是杨敏。文中的讨论涉及社区居民与社区组织关系的远近和居民享有的社区福利的多寡之间的关系。
2 摘自笔者与 GTZ 技术顾问吕凯的访谈记录。

里面实际上蕴藏了非常微妙的权力关系。按照社区工作人员的描述，这户闹情绪的人家较为贫困，属于弱势群体，在生活上经常受到社区的帮助。他们不得不在这场"斗争"中让步，因为社区掌握充分的社会、经济资源，能够为社区居民提供"体制外"的福利——这些福利是社区自己在外面募集的，这里面的重点在于，不是非把这些福利分配给你不可，而是不分配给你也行[1]。社区和属于弱势群体的居民之间存在一种"庇护关系"，社区帮助他们解决或者负担一部分生活上的困难以显示对其的尊重，进而获得他们对社区工作的支持——这是社区的"策略"。而居民也有意识地在培养这种"庇护关系"——他们会作出某种妥协。实际上，闹情绪的居民和社区进行了一场"利益"交换，或者说是达成了一项有条件的协议——通过不继续破坏文化里改造的成果来换得继续享受社区福利的待遇。社区内另一起典型的矛盾纠纷是由 GTZ 化解的。文化里居民毛大妈家的院落相对面积较大，内部布置杂乱，在前期勘察的时候被名城公司通知需要拆掉，毛大妈一家面临迁离文化里的境地。名城公司给的理由是"院落太大，居民不配合工作"。事实上，这里面有一个利益由居民到名城公司的可能性的转移：面积大的房屋被拆之后，通过置换，实际的经济利益更多地流入名城公司。毛大妈不愿意拆迁，非常着急，甚至想着要托关系摆脱老屋被拆迁的命运。GTZ 专家小组通过 CAP 引导毛大妈充分表达了自己的意愿和要求，经过和相关利益方的协调，最终帮助毛大妈把房子留了下来。"我们通过这样的机制把一些东西反映了出来，其中的利益到底是谁该得的都明确了。我们和当地部门、公司接触，一开始他们并不能理解居民参与的做法，是不是真正把人家的想法实施下来了，他们其实不是很清楚，所以可能会出现这样的问题——也是后来在合作的过程中慢慢理解并接受的，发现这样也挺好，我们很快能适应并做起来了，老百姓也很开心。如果硬来的话，可能会产生一些不可调和的矛盾。[2]"居民通过社区参与，在 CAP 的进行过程中保护了自己的正当利益。而 GTZ 专家小组也做到了保罗·达维多夫在"倡导规划"理论中所提到的要求，城市规划师应该正视不同的社会价值观的分歧，自身明确并向外界公开宣布自己所做规划的利益出发点，并要为受规划所影响的其他人发言。

三是尽力保持社区参与的持续性。理想状态的社区参与不应该随着改造活动的结束而终止。从某种程度上来说，CAP 的后续阶段应当是无限延长的。就社区居民方面而言，社区意识的强化无疑有利于促使其继续投身社区参与活动，这是内发的保证。就外部输入性力量和社区的推动作用而言，文化里改造项目也是很有启发意义的。不同于一般城市更新项目的一次性投入接触，GTZ 和琼花观社区已经形成并仍在发展着长期的合作机制。前文提及，文化里改造项目完成之后，GTZ 的办公场所迁至文化里的生态样板房中——GTZ 和文化里居民作起了邻居。GTZ 邀请了附近的居民、政府官员、名城公司，包括琼花观社区的代表共同参观新的办公场所，算是一次联谊。如今，GTZ 实际上成了琼花观社区的共建单位，双方共同开展了许多活动，包括节能宣传材料的发放等。不仅仅是外部组织，外部个人的持续性关注也在一定程度上延续了居民社区参与的热情。引导社区居民开展 CAP 的格特尔特教授每次回到文化里，"都会拜访以前支持过他工作的人，主要是社区居民。他会带点糖果、一些小礼物。[1]"文化里居民亲切地称呼他为"长得像肯德基爷爷的德国老人"。概而观之，外部输入力量的延续性关注为社区参与提供了外生的保证。

1 摘自笔者与 GTZ 技术顾问吕凯的访谈记录。

┤三├
讨论与结论：
另一种可能性

以上讨论的是文化里改造作为社区参与城市更新的典型意义，这个典型无疑是非凡并且鼓舞人心的——我们姑且称其为"文化里经验"。所谓的"文化里经验"，至少包括四个方面的内涵：①在社区参与城市更新的参与角色方面，政府推动、施工方实施、非营利组织操作、社区协助、居民主导；②在社区参与城市更新的合作过程方面，采取社区行动规划的具体方式；③在社区参与城市更新的改造效果方面，能够实现物质、经济、社会等多维更新目标；④在社区参与城市更新的动力机制方面，本地协调性力量的社区组织和外部输入性力量的非营利组织起着关键性的作用，它们作为中介组织斡旋各方利益，保证社区参与城市更新有效、持续地进行并最终获得成功。

然而，文化里有其特殊性，这些特殊性成全了所谓的"文化里经验"的同时，从另一个角度来说，却成为"文化里经验"进一步推广的掣肘。

1. 文化里经验的特殊性

一是房屋产权的私有性。据琼花观社区工作人员介绍，"相比较而言，文化里居民的居住环境、居住条件都比其他巷子好一点，居住面积比较大，私房比较多，而且多是单门独户的——不像人家都是杂院的。[1]"而参与此次文化里改造的 26 户人家更是同质，全部是私房，全部是单门独户——这就省却了搬迁、协调、补贴三方面的麻烦。倘若是一个宅子里住了几户人家的情况，按照城市更新或者老城改造的一般做法，为了改造效果和居民生活舒适度方面的考虑，至少会建议部分人家迁离原居住地——这在一定程度上就破坏了当地的社会生态关系网络。倘若一个宅子里留在原居住地等待改造的人家在两户以上，那就势必需要住户就共用的空间、房屋的外观等诸多方面的改造意见达成统一——意见最终达成之前，难免会出现一系列的摩擦。倘若房屋的全部或者部分产权是公家的——只要不是完全意义上的私房，关于房屋改造的补贴问题就可能引发甚至加深政府和居民之间的矛盾。居民可能埋怨政府的不负责任，而政府则不得不考虑提防居民的"搭便车"心理。

二是邻里关系的和谐性。文化里的"邻里关系，就是不改造我们关系还是好；改造了，还是好。[2]"不仅文化里居民的自我感觉良好，琼花观社区的工作人员对文化里的邻里关系也是赞不绝口。"文化里的居民本身素质比较高，邻里之间也比较和睦。我们这里有一个 91 号的老党员沈国志（音同）家，附近有好几户居民把钥匙都放在他家。有些家里工作的大人下班比较晚，孩子放学后无法进家门，就可以随时到他家拿钥匙去开；有些人年纪大了，也放把钥匙在他家，弄不好哪天刮风把门关上了，也好去他家拿钥匙开门。而且这已经坚持了好多年了。从这个小细节就可以看出文化里的居民本身的邻里关系非常和睦。[3]"融洽的邻里关系作

1 摘自笔者与琼花观社区工作者杨华的访谈记录。
2 摘自笔者与文化里居民的访谈记录。
3 摘自笔者与琼花观社区工作者杨华的访谈记录。

为社区的一种社会资本，起着润滑剂一般的协调分歧、缓冲矛盾的作用，为整个文化里改造项目的顺利实施提供了人际关系上的有效支撑。但也有遗憾之处，"改造的时候把我们这里分成东文化里、西文化里，对此我们很有意见。大家都是文化里，干嘛偏要把我们分成东面、西面。[1]"虽然"拆分"后的文化里便于记忆和区分，但对于一个整体的历史地名而言，这样草率地断裂地方文脉的做法还是显得鲁莽，在一定程度上也割裂了文化里居民彼此间的社会联系。

三是输入力量的国际性。一个新的"世界性的运动"正在全球轰轰烈烈地开展起来，这就是"社区发展的全球战略"[2]。而文化里的改造，就是建立在这样的国际合作的宏观背景之下。有了GTZ、世界银行、城市联盟这样的支撑框架，文化里改造项目在资金投入、技术引导、专家配置等方面都是相对突出而完善的。这样的外部力量输入背景，不是一般城市更新或老城改造所能企及的——它仅仅是一种"可遇不可求"的机遇，并不具强推广性。另外，需要补充比较的是名城公司和GTZ这两个非营利组织在本次文化里改造过程中的不同表现，两者最大的区别在于，名城公司以非营利组织的身份承担文化里的施工任务与其经济实体的另一身份冲突，导致其"角色紧张"；而GTZ与文化里居民没有利益上的争夺，甚至可以说是完全意义上的目标一致，因而在整个改造项目中能够保持"角色一致"。显然，GTZ更加符合保罗·达维多夫在"倡导规划"中提倡的和底层群众的利益取向保持一致的观点。这也是同为外部输入力量的非营利组织——GTZ能够发挥更大作用引导社区参与而名城公司与居民的互动有限的重要原因。

上述文化里改造过程中三方面的特殊性，决定了"文化里经验"在目前的阶段只能是简化的社区参与城市更新的机制而存在。要将"文化里经验"移植到其他街坊、社区，必须结合当地的实际情况在此简化机制上有所调整和深入，使其能够真正地发挥出应有的作用。

2. "文化里经验"的意义

狄更斯在《双城记》的开头就有这样一段描述，"这是最好的时期，也是最坏的时期；这是智慧的时代，也是愚蠢的时代；

1 摘自笔者与文化里居民的访谈记录。
2 孙峰华. 21世纪的社区地理学 [J]. 人文地理，2002（5）：73-77.

这是信任的年代，也是怀疑的年代；这是光明的季节，也是黑暗的季节；这是希望的春天，也是失望的冬天；我们的前途无量，同时又感到希望渺茫；我们一齐奔向天堂，我们全都走向另一个方向……"按照制度经济学的观点，一种制度变迁，如果走的是一条错误的道路，则一旦路径依赖形成，这种制度变迁将会沿着原来的错误方向自我强化，以至于被"锁定"在某种无效率状态中难以自拔。长期以来，中国的城市更新乃至老城改造采取的都是自上而下的"房地产模式"，即由政府主导控制，房地产公司通过招标或委托相关机构提供设计方案后，提交政府部门审批并实施。这种"大政府，小社会"的模式使牵涉利益最大的群体——社区居民长期被边缘化，而外来者主导了未来社区的一切可能。公众参与机制的长期缺失使得社区居民习惯于观望，当张口说话的机会到来的时候，他们甚至会反过来质疑自己是否有说话的权利——"我们不是专家，没有知识；我们不是政府，出不起钱。我们说的话，管用吗？"试想，当政府意识到问题回过头来寻找"大社会"的时候，居民早已由被动边缘化转变为主动边缘化——居民自身的"画地为牢"比政府的"强制隔离"更加可怕。

"文化里经验"为我们提供了社区乃至城市可持续发展的另一种可能性。在居民刚开始或者还没有习惯主动边缘自身的时候引导他们重新回归——它表明，通过创新的公众参与活动，可以提高居民的历史价值意识和参与程度，使普通居民乃至弱势群体也具有话语权，从而更加主动地参与到老城保护和社区建设中来。这样的设想是美好的。美国著名建筑历史名家科斯托夫说，"城市是我们的抗争和我们的光荣的最终记录：过去的骄傲就在这里获得展现[1]"。在不断地抗争中争取光荣——或许，社区和城市可以转向另一个方向。因为，社区乃至城市是公众生命的共同体验，其存在肌理和发展脉络理应由公众参与共同架构。

一是城市更新的可能形态。在旧城更新中，许多居住区由于拆迁补偿、地价上升、回迁户安置等原因而建设成生活成本较高的高级住宅区。这种更新方式一方面导致了原有居民社会网络的部分断裂，另一方面也使原有承租能力较低的便民商业设施难以续存，使居民的生活方便程度下降。解决这个问题的方式也许就

1 科斯托夫.城市的形成：历史进程中的城市模式和城市意义 [M].北京：中国建筑工业出版社，2005.

应该像雅各布斯所主张的那样，不要大规模地拆迁与更新，而是进行局部更新让不同年代和状况的建筑并存，使不同阶层、职业和消费倾向的人生活在共同空间并作出互补和分享[1]。"文化里经验"提供了一种可持续的、渐进式的老城区改造模式，是城市有机更新的一种尝试。有机更新是运用历史的、文化的、自然的、生态的、特色的、连续的观点和方法进行城市的更新改造，追求自然与和谐，保留城市发展历史的连续性和完整性，延续城市的文脉，保护城市的特色[2]。"文化里经验"注重城市更新的"保护"原则。就像居民所说的，"我们保留的是原汁原味，你若拆掉再重起，全是假的，不是真的了。[3]"放弃大拆大建的一次性的、貌似更加方便省事的"大跃进式"做法，遵循就地改造、修旧如旧、渐进式的原则虽然费时费力，却能在同样改善居民居住条件的基础上，"实现旧城居住社区与历史街区中社会网络和社区文脉的继承和发展。尤其对私房比例较高的旧城来说，更是一种好的方法"[4]。"文化里经验"由政府推动、外部输入力量包办、社区居民主导，这就避免了可能的利益争夺者借改造的名义收敛财富。在此基础上，政府以及其他组织对参与改造的社区居民予以一定的补贴，减轻居民经济负担的同时又能够提高其参与改造的积极性。值得一提的是，所采用的社区行动规划（CAP）往往能够取得其他规划方法难以取得的成效，这些成效包括：共同创造社区的未来图景，实现长期和短期的策略，并形成社区的个性；找出复杂问题的解决之道，或至少能清晰地界定出问题和任务；激活有利于社区发展的地方网络，使其成为城市发展过程中解决各种障碍的行动催化剂；在不同的利益团体之间培养共识，以达到更好的力量整合；促进地方团队的城市规划能力；提供一个公开透明的讨论平台来提高公众意识[5]。

二是国际元素的本土替代。在过去的20年里，经济和文化间的频繁交流加速了全球化的过程，极大地影响了城市的不同方面，或者说，在某些情况下，完全重塑了城市[6]。"文化里经验"的一个重要因素即是GTZ的力量输入，这便是全球化语境下国际频繁交流所带来的契机。就像吉登斯所说的，全球化并不是我们今天升华的附属物，它是我们生活环境的转变，它是我们现在的

1 房艳刚，刘继生.基于复杂系统理论的城市肌理组织探索[J].城市规划，2008（10）：32-37.

2 杨勇翔.城市更新与保护[J].现代城市研究，2002(3)：5-9，23.

3 摘自笔者与文化里居民的访谈记录.

4 张伊娜，王桂新等.旧城改造的社会性思考[J].城市问题，2007（7）：97-101.

5 Nabeel Hamdi, Reinhard Goethert.都市行动规划[M].台北：台湾六合出版社，1997.

6 安东尼·奥罗姆，陈向明.城市的世界：对地点的比较分析和历史分析[M].上海：上海人民出版社，2005.

生活方式。即便如此，中国社区建设的国际性外部输入力量也不是普遍现象。就像本文前面所分析的，这只是"可遇不可求"的机遇。问题是，难道外部输入力量的国际性背景是必需的吗？笔者以为，"文化里经验"的推广完全可以尝试国际元素的本土替代。关键是，需要没有物质利益牵涉或者物质利益牵涉最少的中介组织存在，来协调政府、开发商和社区居民之间的利益关系。或许通过以下两方面力量的相互配合能够实现国际元素的本土替代。第一，本土的非营利组织替代国际的非营利组织，实现理念和专业知识上的替代。甚至，当社区发展成熟到能够独自引导社区发展规划的实施，此方面外部力量的输入也能够被替代。虽然目前阶段，自治话语和行政权力的交织使得社区具有模糊的身份，但这种身份上的模糊却"为社区'正式权力的非正式行使'和'非正式权力的正式行使'提供了便利"[1]。社会工作逐渐专业化和职业化，为社区作为组织力量引导社区居民参与城市更新提供了人才资源和专业技术上的保障。第二，慈善机构一对一的项目援助或成为可能，实现资金上的替代。现代社会，各种基金会的设立、慈善活动的开展为这方面的替代提供了可能。社区参与城市更新应该尝试以社区为单位申请可能的慈善赞助项目，形成一对一的援助关系。这其实是一个双赢的选择：一方面，社区获得城市更新方面的资金援助，减轻了居民的负担；另一方面，比起分散的捐献，集中、定向的援助更有利于企业社会声誉的传播。

三是市民社会的精神要求。按照谢莉·安斯汀的"市民参与阶梯"，随着参与程度的升高，居民逐渐完成"聋哑人—聋人—健全人"的转变，成长为真正意义上的"市民"。而自社团之后，社区已经成为中国公民社会崛起的重要组织形式[2]。现代理论认为，市民社会的建构过程是在城市社区发展的具体层面上实现的……社区发展不仅仅是社会发展策略由关注经济、关注社会到关注人而趋于完善的表现，同时也在更为确切的意义上表明了建构一个社会性市民社会的努力方向。社区发展的基本原则与目标体系和市民社会所谓的自愿自治、民主参与、法律契约精神是完全一致的[3]。并且，社区参与要求社区居民出于利益的一致性考虑联合起来共同对外，在此协作的过程中，也可能产生我们所期待的社区

1 杨敏.公民参与、群众参与与社区参与[J].社会，2005（5）：78-95.
2 王颖.城市社会学[M]上海：上海三联书店，2005.
3 张鸿雁.城市·空间·人际：中外城市社会发展比较研究[M].南京：东南大学出版社，2003.

精英。这"意外的惊喜"实际上是对社区参与的最直接的肯定，甚至可以将这些"社区精英"联合起来，培育为非正式的社区积极分子网络。帕尔马格根据西班牙民主转型的经验提出，民主是制作出来的。"制作"在此是指精英提供民主产品与选择民主化策略的过程。社区参与为这样的"制作"提供了发生的可能。但是我们也必须考虑到另外一种可能。市民参与的结果，可能不是一个所谓的"强民主"。它可能会因过度参与而导致意想不到的结果，造成市民的挫折。或者，存在一种"多数人的暴政"的可能。在此情况下作出的决策，也可能将社区甚至城市的发展引入歧途。虽然，"市民参与并不一定意味着完美的治理方式，但是我们可以将它理解为一种持续的社会改良理念，在过程中不断发现新问题并且解决"。

　　四是异质社区的推广可能。"文化里经验"对于老城区的城市更新无疑是相当合适的。但是如果运用到其他情境中，"文化里经验"的操作还能游刃有余吗？无论社区的形式如何，社区参与作为城市更新的一种机制，依旧是有推广的价值，不过需要具体情境具体分析，应时应景调整社区参与的形式和方案。据统计，美国有超过 75 种公众参与的技术手段用于城市规划决策，英国著名社区规划和设计专家尼克·韦茨（Nick Wates）在其 2000 年出版的《社区规划手册》（*The Community Planning Handbook*）一书中至少提供了 53 种社区参与的方法，并介绍了诸如社区中心设计、遗弃地再利用、贫民区改造等 16 项社区参与案例[1]。

　　3. 结语

　　社区的地位日益突出，作用日益瞩目，已成为城市管理地方化趋势的不同称谓。在全球化面前，在瞬息万变的信息时代，科层制从上到下严格的等级管理方式的失效使权力越来越流向下级，流向直接面对信息的层级，流向那些新出现的具有合作性质的网络型组织那里[2]。社区参与作为公众参与的一种形式，在国际社会已经成为一种潮流。城市中心区的复兴是城市现代化内部化的方式，在弥补人类郊区化过程产生的失误方面，城市中心的回归将促进城市现代化和推动社会的发展[3]。我国城市更新中的公众参与尚处于起步阶段，社区参与更是作为一种摸索性的存在。要使"大

1 郭�，朱隆斌.基于社区参与的传统街区复兴——以扬州老城文化里改造社区行动规划（CAP）为例 [J].城市建筑, 2009（2）: 100-102.
2 王颖.城市社会学 [M]上海: 上海三联书店, 2005.
3 张鸿雁.侵入与接替 [M].南京: 东南大学出版社, 2000.

政府、小社会"真正转变为"小政府、大社会",就必须先培养真正意义上的、健全的"市民"。

"文化里经验"在某种意义上提供了这样一种可能性——政府推动,施工方实施,外部输入性力量非营利组织和本地协调性力量社区作为中介组织斡旋各方利益,而社区居民才得以真正成长为"社区的主人",通过社区行动规划主导社区和城市的未来,实现城市更新在物质、经济和社会等方面的多维目标;并在此过程中,注重在政府、居民和其他组织之间形成一种合作伙伴的关系。

Chinese Path of Community Participation in Urban Renewal——the Expression of Wenhuali Reform in Yangzhou

Shao Yingping

Abstract: Nowadays, the issue of urban regeneration has been the arena of different stakeholders. Due to the lack of public participation, the traditional large-scale mode, which is famous for government-leading and top-down institution, can hardly meet an integrated goal that combines economic, social as well as physical aspects. On the contrary, the impact of community participation is attracting more and more attention. Based on a case study on the program of Wenhuali renovation in the community of Qionghuaguan in Yangzhou, the paper establishes and analyzes the mode of Wenhuali in which the community plays an important role in urban regeneration, from such different aspects as the stakeholders, the course of cooperation, the effects and the power institution. Since there are some special factors in the program of Wenhuali renovation, the mode of Wenhuali would only be a simple mechanism in recent days, which will still demonstrate a potential approach to the sustainable development of the communities and the cities in our country and focus on developing a partnership between the residents, the municipal government and some other sector.

Keywords: urban regeneration; public participation; community action plan; the mode of Wenhuali

栏目四

空间生产：
存量与增量

周
琦

周琦，美国伊利诺理工大学建筑学博士，东南大学建筑学院教授、博士生导师，国际建筑科学院（IAA）特聘教授，科技部、住房和城乡建设部、教育部专家组成员，江苏省文物局专业技术委员会理事、南京名城保护委员会专家，国家一级注册建筑师。从事建筑设计及理论研究和建筑遗产保护工作30余年，在2005~2015年担任东南大学建筑历史与理论研究所所长。同时系国家重点文物院，南京唯一一所甲级文物院东大遗产院近现代建筑遗产保护部分的学术带头人和主要负责人。30年来，主持修缮改造重要近现代建筑100余栋，包括原国民政府总统府、外交部、交通部、扬子饭店、新街口工商银行、梅园新村、颐和路公馆区等。在建筑创作领域的代表作品"北京人民日报社新大楼"于2016年获米兰设计奖建筑类金奖、首届中国高层建筑设计奖、江苏省建筑设计创作奖以及2019年全国优秀工程勘察设计行业建筑工程设计一等奖等知名设计奖项。主要著作有《南京近代建筑史》《南京近现代建筑修缮技术指南》《回归建筑本源》。

【人生格言】

诗意的栖居、真实和美的建造是人类一直追求的目标，也是我们工作的出发点和落脚点。

从中西方城市形态变迁角度探究城市更新与生活美学

周琦　姜翘楚

摘要：

城市已成为当代社会活动的中心，在经历大规模的城市化建设后，中国的当代城市需要找到适合自己的转型与发展之路。本文回顾了中西方城市形态与城市生活的演变，以及近代中国城市在西方势力的冲击下，如何进行了现代化的初步转型。城市的物质形态与城市生活息息相关，封建城市、工业城市、多元的现代城市呈现出不同形态特点，这些物理形态也是社会形态的折射。当今的中国社会需要什么形态的城市，当今的中国城市又如何提供给人们更美好的生活。本文总结了中国城市现代化建设的特点，并对正在进行的城市更新提出了发展建议。

关键词：

城市形态；城市更新；转型

城市，伴随着人类文明的发展和进步而来。东、西方的先人们从游牧生活过渡到农耕生活，从农牧生产发展出商品贸易，原始聚落也汇集为早期城市，随着祭祀、贸易、防御等活动出现。在工业革命之后，城市已经成为人类聚居的主要形式，是人们进行政治、经济、文化等各种活动的中心。城市使社会更高效地运转，使当代生活更加美好。

╀─╀
西方城市结构形态演变

1. 希腊时期：城邦彼此独立

公元前 800 年左右，巴尔干半岛北部的古希腊村庄逐渐发展出拥有军队和政府的城邦，古希腊文明自此开始。在古希腊时期，巴尔干半岛和爱琴海周边的广泛区域里并未形成强大的帝国，城邦之间彼此独立，以结盟的形式共同抵御波斯的入侵。此时的希腊城邦有以下特点：第一，城邦规模较小，呈现出小国寡民的整体形态。最大的城邦斯巴达面积达到 7800km²，雅典有 2700km²，其余城邦规模在 250km² 左右；人口上，斯巴达和雅典在鼎盛时期有 40 万人，其余城邦都远远低于这个数字。第二，强调城市美学，早期的希腊城邦以泛神论的宗教为基础，而后宗教的统治地位逐渐淡化，形成民主制、君主制、贵族制等多种政治制度。城邦建设以人为中心，尺度是人性化的，建筑样式是拟人的，城邦中包含卫城、市集、庙宇、体育场等公共建筑，产生出一种生活美学，也奠定了西方城市美学的基础。第三，强调对哲学、智慧的爱好，由苏格拉底、柏拉图等古希腊哲学家引起的对早期哲学的爱好使城邦形成优雅的建筑，追求审美，强调精神生活。

2. 罗马帝国时期：先进的大型城市

公元前 27 年，罗马帝国承接罗马共和国，成为地中海地区强大的帝国。在帝国的强力统治下，其领土在图拉真时期达到最大，西抵西班牙、不列颠，东到幼发拉底河上游、南至非洲北部，北达莱茵河与多瑙河一带，帝国经济空前繁荣，政治、生产力得到极大发展。在城市建设上，罗马帝国诞生了当时最先进的大型城市。例如，罗马城的人口曾一度达到100万（另有说法为44万~45万），城市规模大大超越希腊城邦的尺度和人口容纳量。罗马城内还拥有一套有效的城市给排水系统，完整的城市路网和城市消防系统。罗马帝国的城市建筑延续了希腊精神，但是在尺度上变得巨大，并普遍进行重大的建设项目，如歌功颂德的雄伟的凯旋门、神庙，可容纳5万~8万人的罗马斗兽场，雄伟的巴西利卡，大型浴场，处处体现着强大帝国的政治形象和世俗享乐。

3. 中世纪：以教会为中心的小国寡民形态

公元5世纪，拜占庭帝国覆灭，基督教兴起并占据了中世纪文化的主要地位，强大的帝国变成以教会为中心的政教合一的国家形态，城市重新回到小国寡民的形态。罗马帝国时期的大城市消亡，小城镇随即出现，尤其在西欧大陆，"风景如画"的小城镇遍布。中世纪城镇的尺度不大，但是数量很多，同时也出现很多小城镇联邦，如意大利城邦。古罗马城市中尺度巨大的建筑、统一的几何式布局消失了，中世纪城镇呈现出一种有机形态，教堂和广场是城镇中最隆重的要素，其余部分为小尺度的建筑和街巷。这时的人们追求纯粹的宗教生活，世俗的、享乐的公共建筑也一同消失。

4. 文艺复兴时期：教会城镇规模逐渐扩大

14~17世纪，欧洲人文主义思想兴起，教会权柄受到质疑，宗教教律受到极大挑战，同时商业贸易得到发展，人性得到释放。这一时期欧洲大陆出现大量的新型城镇，市场、贸易的繁荣使城镇规模逐渐扩大，众多小型的中世纪教会城镇最终连成整体。以意大利佛罗伦萨和威尼斯为中心，有佛罗伦萨共和国和威尼斯共和国，商业交流使各种智慧、观点汇聚，文艺复兴运动拉开帷幕。城市从严格的宗教形态演变为世俗形态，市场、高档住宅、府邸和各种娱乐的公共设施出现。城市展现出人性化的繁荣。

5. 工业革命时期：城市美化运动开始盛行

18~19世纪，工业革命席卷西方世界。在工业革命之前，城市平均人口不足1万，大部分人口居住在乡村。而在工业革命开始后，英、法、德、美等国迅速进入现代化，英国的城市人口在1861年已超过60%，城市变成人们活动的中心。工业革命后，城市的基础设施开始现代化建设，这时的城市呈现出两个特点：一是城市规模扩大，可容纳更多的人口；二是城市以资本生产和经济利润为第一要义，大面积工业区和住宅区出现。随着汽车、火车、航空工业的发展，城市呈现出巨大的体量。

19世纪下半叶，欧洲进入资本主义高速发展阶段，原有城市结构无法满足经济生产方式、社会组织方式、空间行为方式的跨越式改变。人口剧增与工业革命带来一系列问题：地价上涨、居住环境恶劣、交通堵塞、城市结构混乱、阶级矛盾激化等。此时的西方城市面临"要么建设，要么革命"的局面。1806年的"大纽约市政计划"计划供城市300年的发展，殊不知才100年城市即人满为患。1891年的华盛顿面积扩张为39km²，以为留有余量，然而未及百年城市面积已变成117km²。

由于工业化对城市环境的破坏，美国城市中产阶级期望通过装饰性的规划对城市物质空间进行改善，这也引起了"城市美化运动"在美国盛行。19世纪50年代末期西方城市开始了"公园运动"（Parks Movement），之后演变为"城市美化运动"，并在20世纪90年代达到鼎盛。前期"城市美化运动"的主要内容是对公园与林荫道系统（Park and Boulevard System）的规划，中后期发展为对城市中心（Civic Center）的规划。

由于"城市美化运动"缺乏对城市社会问题的关注，规划者开始寻找更为务实的城市问题解决办法。在第一次世界大战前夕，美国城市规划开始突破对城市三维形体环境的注视，转而关注"住房与建筑密度""交通及车站"等与城市功能及效率相关的问题，因此城市规划开始注重吸收其他专业领域的知识与方法。其中影响最大的当属"对信息及统计数据搜集与分析"的理念，此种思潮与当时美国社会对"科学管理原则"的热情相关。在这种公众热情推动下，美国规划界开始盛行将"规划作为一种科学"观念，并且逐渐发展成一整套"工具理性"特征强烈的规划方法。

6. 第二次世界大战后：集中的大城市布局向多中心转化

第二次世界大战之后，各大城市的规模、人口不再剧烈增长，人们开始向郊区流动，城市呈现出"后工业"时代的景象。20世纪40年代后期，欧洲针对发展生产，解决战后房荒的问题，有计划地改建畸形发展的大城市，建设新城，整治区域与城市环境，以及对旧城规划结构改造。在大城市空间布局和功能组织上从放射状结构发展到带状系统，从分级的单中心结构过渡到灵活的多中心系统。50年代后，城市规模的扩大和城市数量的增长迎来高峰，50年代第三产业的比重逐年上升，1950~1960年城市人口平均每年增长率高达3.5%。这时，战后新建的大城市如昌迪加尔和巴西利亚开始发展，卫星城出现在原有大城市的周边，对历史城市开展了古城和古建筑保护工作，区域规划的理论和实践得到发展。60年代后城市规划由单纯的物质规划发展为涉及多学科的综合规划，将城市规划同经济、社会、科技文化及生态环境等进行结合，制定综合发展计划。为了控制大城市的无限扩张，各国都采取了发展中小城市的观点，大城市在布局上由封闭、集中的单一模式向开敞的多中心转化。70~80年代，西方出现石油危机和环境危机，人们开始加强对城市内部的发展，保护传统建筑，提高城市的空间和居住品质，增强市中心的吸引力。

20世纪90年代后，可持续发展成为城市发展的主题，城市开始向个性化发展，人们开始追求更节能的生活方式。城市正在为人们提供更好的生活。

┤二├

中国古代城市结构形态演变

中国的社会、政治、文化传统与西方有很大不同，呈现出的城市形态、特点也与西方城市不同。中国两千年的封建王朝统治形成了严格的礼仪规定，历代帝都体现出强烈的秩序感与政治权威性。

1 潘谷西.中国建筑史（第七版）[M].北京：中国建筑工业出版社，2015.

1. 原始社会晚期：城市形态萌芽

原始社会后期生产力的提高使社会贫富分化加剧，阶级对立开始出现，氏族间的暴力斗争促使以集体防御为目的的筑城活动兴盛起来。目前我国境内已发现的原始社会城址已有 30 余座，这些城垣都用夯土筑成，技术比较原始，此时城市尚处于萌芽状态[1]。

2. 夏商周时期：城市形态发展

经考古研究，夏商时期已经发展初大规模的城市。如河南偃师二里头发现了大规模宫殿遗址，遗址周边分布着青铜冶铸、陶器骨器制作的作坊和居民区；郑州商城、偃师商城、湖北盘龙商城、安阳殷墟也有成片的宫殿区、手工业作坊区和居民区。此时的城市处于初始阶段，但是可以表明这些初始城市中出现了较为发达的手工业和商品交换。

3. 春秋战国至两汉：里坊制初步确立

铁器时代的到来、封建制的建立、地方势力的崛起，促成了中国历史上第一个城市发展高潮，新兴城市如雨后春笋般出现。春秋战国至两汉时期，"里坊制"出现，"里"即封闭的居住区，"坊"即商业与手工业形成的街市，城市中除了"里坊"，还有城墙维护起来的宫殿和统治者们的衙署。

这一时期的城市总体布局还比较自由，形式较为多样，如曲阜鲁故都、苏州吴王阖闾故城、易县燕下都故城、西汉的长安和东汉的洛阳。

4. 三国至唐朝：里坊制达到鼎盛

三国时的曹魏都城——邺，开创了一种布局规则严整、功能分区明确的里坊制城市格局，即平面呈长方形，宫殿位于城北居中，全城作棋盘式分割，居民与市场被纳入这些棋盘格中组成"里"。这是在前一阶段较自由的里坊制城市布局基础上进一步优化的结果。这样，不仅各种功能要素区划明确，城内交通方便，而且城市面貌也更为壮观，唐长安城堪称是这类城市的典范。

1 潘谷西.中国建筑史（第七版）[M].北京：中国建筑工业出版社，2015.

唐代长安城中轴对称布局，由外郭城、宫城和皇城组成。城内街道纵横交错，划分出 110 座里坊。此外还有东市、西市等大型工商业区和芙蓉园等人工园林。城市总体规划整齐，布局严整，堪称中国古代都城的典范。

到后期，对于"里"和"市"管制已有所放松。例如，唐长安城中三品以上的官员府邸及佛寺、道观都可以向大街开门，一些里坊中甚至"昼夜喧呼，灯火不绝"，夜市屡禁不止。而江南一些商业发达的城市如扬州、苏州，夜市也十分热闹。唐人笔下描述的扬州为"十里长街市井连""夜市千灯照碧云"[1]，城市生活和经济的发展已向里坊制的桎梏发起猛烈冲击。

里坊制是一种基于《周礼》的城市布局，城市平面为矩形，宫城居中偏北，采取严格的中轴线对称布局，城内居住区像棋盘一样切割成一个个小方格，影响深远。位于松花江一带的渤海国上京龙泉府、日本的平安京和平城京都是仿效隋唐长安城布局。

5. 唐末以后：开放式街巷制逐渐代替里坊制

在唐末一些城市开始突破里坊制的基础上，北宋都城汴梁也取消了夜禁和里坊制。汴梁原是一个经济繁荣的水陆交通要冲，五代后周及宋朝建都于此后加以扩建。发达的交通运输和荟萃四方的商业，使京城也不得不取消阻碍城市生活和经济发展的里坊制，于是在中国历史上沿用了 1500 多年的这种城市模式正式宣告消亡，代之而起的是开放式的城市布局。

街巷制是指取消坊墙，使街坊完全面向街道，沿街设置商店，并沿着通向街道的巷道布置住宅的一种制度。商业和各种行业的布置是开放型的。它们分布在城市各条主要街道上，并按一定专业相对集中布置，"瓦子"则是"娱乐区"。

1267 年忽必烈决定迁都燕京，开始了新宫殿和都城的兴建工作。元大都的城市规划不受旧格局约束，所以其居民区与金中都新旧坊制混合形式不同，全部为开放形式的街巷。元大都的坊皆以街道为界线，虽有坊门，但无坊墙，坊门只不过是标志而已。元大都的街道规划整齐、经纬分明，相对的城门之间一般都有大道相通。

明清的北京城仍多保留元大都时期的格局。元大都城街道的布局奠定了今日北京城市的基本格局。明代北京是利用元大都原有城市改建的，清朝北京城的规模没有再扩充，城的平面轮廓也不再改变，主要是营建苑囿和修建宫殿。北京城的布局以皇城为中心，皇城核心部分的宫城（紫禁城）位居全城中心部位，四面都有高大的城门。明代紫禁城是在元大都宫城的旧址上重建的，但布局方式仿照南京宫殿，只是规模比南京更为严整宏伟。皇城外还有内城、外城，四道城池的正中线南北贯通，形成8公里长的中轴线。北京的市肆共132行，相对集中在皇城四侧，并形成四个商业中心：城北鼓楼一带，城东、城西各以东、西四牌楼为中心，以及城南正阳门外的商业区。各行业有"行"的组织，通常集中在以该行业为名的坊巷里。

与帝都相对的城市如苏州、徽州等，则不拘于礼制约束，体现出中国传统文化中崇尚自然、天地合一的道家思想。

├三┤
中国城市现代化发展历程

清末之后，随着外国资本主义的入侵和中国民族工业的产生，铁路、汽车、工厂、商场、医院、学校等西方城市的设施和公共建筑开始出现，引发了中国城市化建设的开展，中国城市开始了由传统到现代的缓慢转型。

19世纪下半叶，鸦片战争爆发，西方国家与日本先后在通商口岸开辟租界，租界不仅仅是对中国事权与利权的一种侵占，更是西方一整套意识形态、生产力、生产关系的强行植入，带给中国从未有过的城市建设方式与形态。其选址常临近老城，因此与传统的中国城市形成了鲜明对比。上海、天津、广州等地的租界内洋行、商场林立，尤其以全盛期的上海租界为代表，租界内修筑马路、发展公共交通、安装电灯、接通电话，全部仿行西方城市。

与之相比，上海老城厢内拥挤、肮脏、破败，因而时人皆以西方大都会的城市形态为向往。

根据美国学者施坚雅的估算统计，以农业中国（不包括满洲和台湾省）为例，1843 年时的城市人口为 2072 万，城市化率为 5.1%；而 1893 年的城市人口为 2350 万，城市化率为 6%。另有中国学者李蓓蓓和徐峰通过分析和结合相关学者的统计，认为 1843 年中国城市化率为 6.7%，1893 年为 8.2%，比施坚雅所估计的要高。以上海为例，英国商人罗伯特·福特尼（Robert Fortune）估计上海的城市人口在 1847 年达到了 23 万，1866 年为 68 万左右，1905 年已达到 135 万左右。

近代城市在空间上突破了城墙的限制，一些开埠城市的空间范围迅速扩大。例如，天津开埠后，其租界面积相当于旧城区的 8 倍。此前中国的城市发展通常因政治和军事展开，中心地区多是以官府衙门、庙宇和祭坛为中心。近代城市的空间布局明显呈现出商业化的特点。

面对西方的强势入侵和大量人口涌入城市，时人看到中国城市与西方城市的巨大差别，更有有识之士看到城市形态的背后需要现代市政机构，在国家组织层面，中央需要放权于地方，面对现代化潮流，原有体系必须革新。

戊戌变法时期，康有为、梁启超、谭嗣同、严复等一批维新派推进变法，提倡地方自治，资产阶级革命派也强调自治的重要性。在清政府着意实行立宪制之后，给予各地方自治权，包括"学务、卫生、道路工程、农工商务、善举、公共营业（电车、电灯、自来水、其他）、筹款、本地方习惯想绅董办理素无弊端之各事"。1920 年，《广州市暂行条例》颁布，真正意义上的市制建立，为其他城市的现代化建设提供了基础。1928 年 7 月，南京国民政府公布《特别市组织法》和《市组织法》，以中央的名义正式将城市纳入国家行政序列。20 世纪 20 年代开始的"市政改革"更是推动了中国城市的早期现代化。以南京为例，在 1927 年国民党定都南京至 1937 年西迁的 10 年间，南京城市修建、开辟以中山路为城市轴线的多条重要干道（图 1），扩建首都电厂，

图 1　首都空中游览：新街口（南京，1931 年前后）
（资料来源：《良友》，第 116 期，1936 年 5 月，第 22 页）

创建自来水厂，学校、医院、住宅、公园、市政、国防设施等建
设均有所成效。同时，城市内人口激增，定都前南京城市人口约
为 36 万，仅经 1928 年一年，城市人口便增长至 49.7 万，1934
年全市人口达到 65.9 万。至抗日战争全面爆发前，南京城市已
经完成铁路、港口码头、机场、道路、水电管网等现代化城市的
基础建设，城市内也有功能明确的区域划分，并形成城市开发与
土地管理制度。

　　然而，随着抗日战争席卷全国，以及抗战胜利后解放战争的
到来，中国刚起步的城市化过程陷入停滞。1949 年新中国成立后，
中国城市迎来了战后恢复和重建，在之后的 30 年时间里，中国建
设了公路、水坝、电站等交通工业设施，但是在城市建设上仍处
于现代化的萌芽阶段，对国际上现代城市和现代建筑的发展也缺
乏深入的认识和交流。

　　党的十一届三中全会以后，我国进入了改革开放的新时期。
中国的大门向世界打开，一时间各种新思想、新潮流、新观念
如潮水般涌入中国，中国城市的现代化建设也汲取世界各地，
尤其是西方各国的建设经验，现代城市的规划理念、方法被引入
中国。在"走一条中国式的现代化道路"的政策指引下，整个国

家的改革开放以经济建设为中心，城市建设高潮兴起。以深圳特区建设为标志，中国城市的现代化建设开始与国际接轨。在之后的20年里，中国城市的现代化建设起步很快，城乡面貌日新月异，农村人口大量向城市转移。但是在此过程中，城市发展浮现出各种问题。在物质形态上，从南到北的大小城市呈现出"千城一面"、千篇一律的城市风貌，城市建筑贪大、贪新，城市建设的速度很快，但是质量、美感水平不高，在急速开发过程中大量的历史建筑、历史城区也遭到破坏，项目质量出现问题。在生活层面上，过大的城市规模引发交通堵塞、"热岛效应"、环境污染等西方城市经历过的"城市病"，同时人口的膨胀也让城市的容纳量受到挑战，城市内棚户区聚集，公共空间缺失，人群之间的矛盾加剧。与1978年的城市化率17.92%相比，中国在2000年的城市化率增长至36.22%，中国城市的现代化转型在这一时段里完成了大量物质基础的建设，是名副其实的重要发展阶段。

2011年，中国城镇人口达到6.91亿，城镇化率达到了51.27%。人口城镇化率超过50%，这是中国社会结构的一个历史性变化，表明中国已经结束了以乡村型社会为主体的时代，开始进入到以城市型社会为主体的新的城市时代。此时，中国城市的基础设施建设和社会文化设施建设有了飞跃式的进步，城市整体功能大为提升，人居环境有了明显改善，城市面貌发生了根本性变化。在2010年，上海第41届世界博览会的主题"城市，让生活更美好"便在一定程度上推动了上海城市建设，也是在这一时段，在中国城市的现代化在基础设施基本完成的条件下，中国城市开始探索更有效、更节能、更人性化的发展形式。通过对前一阶段大量的实践和经验教训的认识、总结，人们对什么是真正本质上的现代化，如何正确学习借鉴国外先进的城市现代化建设理论和经验，有了更冷静的思考和更深入的认识，也更增强了不断进行创新建设有中国特色的城市与建筑的信心。

中国城市经过百余年的现代化转型，城镇人口数量、城市规模、基础设施建设等方面得到了极大提升，尤其在改革开放之后，中国城市化建设发展迅猛，在全国第七次人口普查数据中，2020

年我国常住人口城镇化率已达到 63.89%，接近发达国家水平，居住在城镇的人口为 9.02 亿，城区人口突破百万的城市已达 93 座，户籍人口城镇化率达 45.4%。

目前，我国的城市化建设出现以下两个特点。

一是效率极高，中国在极短时间内完成城市化进程。在改革开放后的 40 年时间，我国将接近 10 亿人转变为城市人口，城市基础设施大量建设，住房环境极大改善，2018 年我国城镇居民人均居住面积已达到 39m²。城镇居民生活质量得到改善，城市中文化、体育设施建设迅猛，人们生活的物质条件得到改善。中国在半个世纪内完成西方 200 年的进程，是人类史上的伟大壮举。

二是标准化与单一性，在快速进行现代化的同时，大量城市出现"千城一面"的现象。从南到北，从大城市到小城市，建筑是统一化、标准化的，个性化的建筑不足，城市美学出现问题。同时，大量新城区建设以交通为主导，出现道路很宽，红绿灯等待时间长，广场、建筑巨大，给人压迫感的情况，这样的城区人性化不足，失去了地域、文化、气候的多元性，城市尺度出现问题。针对以往城市建设出现的这些特点，我国目前在建设上面临的巨大问题便是城市更新。城市更新的目的是在发展数量降低的情况下，从城市内部进行更新，杜绝以往"摊大饼"的发展模式。当下的城市更新变为向城市内部看，重新激发出城市中心区的活力，避免"大拆大建"的城市建设模式。

| 四 |
新时期我国城市更新
发展的建议

目前，中国的城市化进程进入新的时期，"大拆大建"式的盲目扩张已经不适用于今天的城市，"针灸"式的城市微更新成为当下城市发展的主题。因此，从个人角度应准确把握以下几个

方面，将城市更新与生活美学结合，让城市在"新陈代谢"中更宜居宜业。

1. 重塑城市人文精神

城市尺度、建筑尺度以人的尺度来衡量，照顾老人、儿童、残障人士等各种人群，体现以"人"为中心的真善美的人文情怀。同时，城市要加强体现各地区的传统文化、地理气候条件，塑造当地特色。建筑上采用低技术的、适宜的建筑形式和技术手段适应不同地域的特点。

2. 构建多元城市功能

西方城市规划中将功能区划分为工业区、商务区、居住区、金融区等，我国的城市更新不能将人的生活行为与城市空间割裂，需要打破这种生硬的功能划分。城市更新中需要将城市中心功能复合，居住、工作、休闲、旅游等功能交织在一起，减少各种活动的交通距离，使人们接近办公、文化设施等公共服务场所，人们生活的便利性大大提高，体现一种人性化城市的规划思路。

3. 打造多方共建模式

城市更新需由政府制定切实可行的政策，鼓励社会企业、大众共同参与，共同复兴城市改造。在更新改造中社会资金流入，大众参与和舆论监督宣传可使城市更新的成果惠及各方。

4. "微更新"保留城市记忆

城市更新不是大拆大建，要采取微更新、"针灸"的方式面对已有的建设环境，可以对已存在的建筑进行一一甄别和分析，把城市各时期的记忆保留下来。例如，南京和记洋行老厂房改造，对既有建筑进行功能置换和改造利用，使用适当的、外科手术式的方法介入，减少建设过程中材料、工艺带来的环境污染（图2）。

5. 新技术与美学结合

对既有建筑进行性能改造，将现代科技附着于老建筑中，体现时尚的、复合的、可持续发展的美学观念，如南京D9街区卷烟厂改造（图3）。

图2 南京和记洋行老厂房改造

图3 南京 D9 街区卷烟厂改造

Urban Renewal and Life Aesthetics from the Perspective of Urban Morphological Changes in China and the Western

ZHOU Qi, ZHANG Qiaochu

Abstract: The city has become the center of contemporary social activities. After massive urbanization, China's contemporary cities need to find their own path of transformation and development. The essay reviews the evolution of urban form and urban life in China and the West, and how modern Chinese cities have undergone the initial transformation of modernization under the impact of Western forces. The physical form of the city is closely related to urban life, with feudal cities, industrial cities, and diverse modern cities showing different morphological characteristics, and these physical forms are also a refraction of social forms. This paper summarizes the characteristics of China's urban modernization and proposes development suggestions for the ongoing urban renewal.

Keywords: urban form; urban renewal; transformation

王
兴
平

王兴平，东南大学建筑学院城市规划系教授、博士生导师，东南大学可持续产业园区发展与规划国际合作研究中心主任。目前任中国建筑学会创新产业园区专业委员会理事，江苏省城市规划研究会产业园区与创新空间规划专业委员会主任。1992年起参加城乡规划专业技术工作至今，聚焦产业园区研究与规划近30年，累计出版产业园区系列专著8部，完成产业空间相关规划设计项目近100项。带领团队研究的《集约型产业区（产业空间）规划方法及其应用》《开发区（产业园区）群统筹整合规划技术及应用研究》分别获江苏省科学技术三等奖、中国城市规划学会科技进步奖。先后入选第五届全国优秀城市规划科技工作者、教育部"新世纪优秀人才支持计划"、江苏省"333高层次人才培养工程"和"青蓝工程"中青年学术带头人培养对象等。

【人生格言】

踏踏实实做事。

存量空间更新，塑造新时代美好产业园区

王兴平　石钰 1　李恺仑 2　雷于萱 3

摘要：

当前，随着我国经济迈向高质量发展阶段，园区大规模增量扩张的时代已进入尾声，存量更新成为新时代园区发展的标签，这对传统粗放式发展的产业园区提出了更高要求。同时，践行"以人民为中心"的城市高质量发展，是城市更新的重要价值取向。在此双重背景下，如何塑造适应我国发展阶段且满足人民对美好时代生活需求的新园区成为重要话题。本文尝试从创新转型、集约开发、景观再塑三个方面总结园区实践经验，并提出我国园区未来存量更新的对策建议，以期能为新时代构建美好园区提供发展思路。

关键词：

高质量发展；存量更新；产业园区；美好园区

1 石钰，东南大学建筑学院博士研究生，博士研究生期间一直专注区域创新、创新型园区及城市创新空间规划等领域的研究，参与完成国家、省、市课题及规划实践项目10余项，作为核心成员，重点参加高校创新集聚带、高校创新圈、高新园区等创新领域的规划实践项目。

2 李恺仑，东南大学建筑学院硕士研究生，主要研究方向为产业园区发展与规划、城市更新、"一带一路"沿线节点城市规划等。

3 雷于萱，东南大学建筑学院硕士研究生。

改革开放以来，以深圳蛇口工业区为代表的产业园区，在推动我国工业化进程、加快地区经济快速增长等方面取得了重大成就[1]。凭借着得天独厚的政策优势和经济、技术、人才等资源的高度聚集，产业园区顺利走过了蓬勃发展的40年，然而粗放式经济增长模式给园区持续健康发展带来严重挑战。同时，随着新一轮科技革命和产业变革加速发展，以互联网、大数据、云计算、人工智能、5G等为代表的新一代信息技术深入人们的工作和生活，深刻改变着园区的传统发展路径，面对新时代新技术的重大变革，产业园区转型升级更为紧迫。

21世纪以来，全球进入以知识经济、创新经济、信息经济为代表的新经济时代，全球科技竞争空前激烈，推动产业园区转型升级是我国产业走向高质量发展、技术迈向中高端水平、园区参与更高层次国际经济竞合的必然需求，实现我国产业园区从"经济增长"走向"创新发展"、从"增量集约"走向"存量集约"、从"灰色工业区"走向"绿色生态区"是产业园区多年资本和技术积累得以延续的根本，也是新时代产业园区存量更新的必然方向。

┤ 二 ├

创新转型，
提升园区经济发展质量

（一）园区更新的时代导向

1. 高质量发展成为时代主题

近日，关于中国共产党的"百年总结"——《中共中央关于党的百年奋斗重大成就和历史经验的决议》中提出，党的十八大以来，国家经济实力、科技实力、综合国力跃上新台阶，我国经济迈上更高质量、更可持续的发展之路。这一总结，再次明确我

1 王兴平，崔功豪，高舒欣.全球化与中国开发区发展的互动特征及内在机制研究[J].国际城市规划，2018（2）：16-22，32.

1 张京祥，何鹤鸣.超越增长：应对创新型经济的空间规划创新 [J].城市规划，2019（8）：18-25.
2 李健，屠启宇.创新时代的新经济空间：美国大都市区创新城区的崛起 [J].城市发展研究，2015（10）：85-91.
3 石楠.众创 [J].城市规划，2015，39（5）：1.

国经济已由高速增长阶段转向高质量发展阶段；同时该决议还强调，必须实现创新成为第一动力的高质量发展。过去的经验也表明，要素投入只能支撑经济增长，而创新才能推动经济发展，创新是推动经济迈向高质量发展的关键本质[1]。制造业高质量发展是我国经济高质量发展的重中之重，作为制造业的核心承载区以及我国经济发展的主战场、主引擎，产业园区在推动我国经济高质量发展过程中发挥着关键作用。我国江苏、浙江等多个省份陆续出台有关促进高新区（园区）高质量发展的实施意见，旨在将高新区打造成引领全省经济创新发展的重要平台。在高质量发展这一时代主题背景下，探索产业园区创新发展路径是一项重要的议题。

2. 信息化时代促进产业创新

当前，全球新一轮科技革命和产业变革加速发展，以互联网、大数据、云计算、人工智能、5G 等为代表的新一代信息技术发展日新月异，并加速向各领域广泛渗透，不断催生新产业、新模式、新业态，为各国经济创新发展注入了新动能，新兴产业经济成为新一轮各国引领未来经济发展的重要力量。产业高质量发展的重要特征之一就是产业发展与技术创新紧密结合，一方面，产业创新发展可以在信息化时代、高频产业迭代背景下，通过二次技术创新帮助产业走出衰退进入二次成长期；另一方面，还可以顺应变幻莫测的国际环境，在国际竞争中通过自主创新实现关键技术突破。实践发展中，各地区紧乘信息技术之风，一方面加速新技术与传统产业融合，为传统行业高质量发展注入新动能；另一方面培育新业态、新模式，推动优势创新、创意产业集群式发展。如此，信息化时代，新技术正在推动互联网与实体经济融合，促进产业不断创新升级。

3. "创新城区"建设推动园区更新

2014 年，美国布鲁金斯学会提出"创新城区"概念，解释了美国近些年创新企业快速向中心城区转移和集聚的现象，提出了创新城区的多种情景[2]。同一年份我国掀起了"双创"热潮，推动了新一轮创新创业活动和产业转型升级[3]。"创新城区"概念的提出，为我国产业园区借助创业浪潮，在存量空间基础上积极培育创新创业环境、孕育创新活动，不断向"创新城区"转型，提供了新的发展思路。我国产业园区在工业化进程和园区建设的 40 年发展历程中，也形成了多种空间形态。总结来看，一种是曾经位于老城区的旧工业区，一种是位于郊区的新产业园区，还有一种是老城中心区创新锚点周边区域。其中，老工业区借助城市发展已经进入到内城更新的机遇，通过功能置换、空间更新为该地区带来经济活力，不断吸引着创新人才、创新企业的集聚，从而形成了具有较强创新功能的产业集聚区；郊区产业园在已经具备一定经济规模的前提下，开始适应时代需求、解决与中心城区相对隔离等问题，不断进行城市化转型，探索新时代产城融合型创新园区；老城中心区创新锚点周边区域与前两种具有较大不同，这是一个在新经济浪潮下创新机构、大学等创新锚点与周边要素通过知识流动、信息交流，推动创新活动和经济行为的产生而逐渐形成的创新功能区，是一个具有隐形创新联系但却无明确空间边界的创新区域。多种空间形态的产业园区通过存量更新，共同为产业创新赋能。

（二）园区更新的实践经验

1. 园区转型之迭代更新

自 20 世纪末我国开发建设工业区开始，园区这一重要空间载体逐渐在我国城市发展中扮演着重要角色[1]。早期的传统产业园区以生产功能为主、以经济增长为目标，如国外爱尔兰的"出口加工区"、美国的"工业园"、英国的"企业区"以及我国在深圳设立的蛇口工业区[2]。一味地追求经济增长必然带来严重的城市问题，国内外均意识到园区转型的必要性，此时，科技园、研究院、高新技术产业开发区等推动产业转型和科技革命的园区实践逐渐兴起，成为国家和城市高质量发展的象征。随着创新型经济逐渐成为国家和城市高质量发展的象征[3]，欧美城市出现了一种新的产业园区形式——创新区[4]，虽然我国尚未形成与之匹配的相应实践[5]，但在我国存量更新的时代背景下，园区转型更新过程中也呈现内涵式创新的导向和特性，开发区再开发[6]、产城融合[7]、创新街区[8]、产业社区[9]等园区建设理念逐渐被提出并不断被实践加以应用。如此，经过 40 年来的迭代更新，园区开启了以存量更新探索创新发展的新征程。

1 王缉慈.中国产业园区现象的观察与思考[J].规划师，2011（9）：5-8.
2 王缉慈，朱凯.国外产业园区相关理论及其对中国的启示[J].国际城市规划，2018（2）：1-7.
3 张京祥，何鹤鸣，超越增长：应对创新型经济的空间规划创新[J].城市规划，2019（8）：18-25.
4 林静，蔡建明，Douglas W，等.科技型创新区人本化构建的国际实践及启示[J].地理研究，2018（4）：834-846.
5 王缉慈，朱凯.国外产业园区相关理论及其对中国的启示[J].国际城市规划，2018（2）：1-7.
6 王兴平，袁新国，朱凯.开发区再开发路径研究——以南京高新区为例[J].现代城市研究，2011（5）：7-12.
7 贺传皎，王旭，李江.产城融合目标下的产业园区规划编制方法探讨——以深圳市为例[J].城市规划，2017（4）：27-32.
8 邓智团.创新街区研究：概念内涵、内生动力与建设路径[J].城市发展研究，2017（8）：42-48.
9 袁奇峰，易品，吴婷婷，等.从工业园区到产业社区——以南昌经开白水湖片区城市设计为例[J].城市建筑，2019（16）：136-142，148.

2. 园区之街区化转型

当今社会以信息技术、知识经济等为代表的新经济，正不断重塑着园区发展路径，创新人才、创新企业成为园区经济发展的核心竞争力。相比于传统内向式发展的产业园区，创新街区更重视开放式环境空间的营造，强调在这一空间环境中信息要素、知识要素的流动和转移。因此，创新街区不仅仅为产业发展提供空间载体，还为创新型企业及就业人群提供高品质的空间环境、高质量的服务设施，促进创意人群的休闲交往、创新企业的信息交流[1]。园区街区化转型不仅发生在城市街区内部，还发生在郊区产业园的建设实践中。城市内部，各地学习国外"创新城区"的经验，依托主城区存量空间打造"城市硅巷"。例如，2018年9月，南京市秦淮区制定了"硅巷"建设规划，通过对现有写字楼、老厂房等更新改造，释放存量空间，以嵌入式大街小巷集聚创新创业者，建设无边界创新街区。城郊园区也从物质空间环境的改造着手，形成具有"街区化"的环境，推动郊区产业园向创新街区转型。例如，苏州工业园内位于独墅湖科教创新区的苏州国际科技园，通过营造宜人的景观体系、构建街区化尺度步行通道、搭建便捷的连廊空间，不断探索园区的街区化转型（图1）。美好时代，审美意识的升级推动着消费升级，而这种消费也包括对空间品质及环境的消费，园区通过街区化转型把追求向往美好生活的人们聚合在一起，以审美意识提升带动消费升级，激发新业态的产生，催生园区新经济的发展。

1 周可斌，师浩辰，王世福，等.城创融合视角下工业区到创新街区的更新路径与国际经验[J/OL].国际城市规划: 1-15[2021-12-20].

图1　苏州工业园内苏州国际科技园街区化转型

3. 园区之社区化转型

随着城市半径的不断扩张，一开始位于城市郊区的产业园区逐渐融入人们的生活空间范围内。而与此同时，在新消费、新业态的刺激下，人们对办公空间产生了更新的需求，园区的发展不得不考虑生产空间和生活空间之间相互兼容的关系，保证产业发展的同时，还要考虑新时代人民对美好生活空间的向往与追求。美国第三大创业区——"硅滩"模式的兴起，也充分验证了"人本环境"对科技创业人才、创意阶层的重要吸引力。由此，产业园区开始将产业办公、生活居住、休闲交往、游憩娱乐等功能紧密融合，逐渐呈现出"社区化"转型的新趋势[1]。国内外许多城市开始探索产业园区向社区化转型的路径，提出了产业社区（创新社区）等新型产业园区的概念。

产业社区（创新社区）既不是传统的产业园，又不是单一的城市社区，而是集研发、生产、生活、消费、生态等于一体的综合型产业创新区，旨在通过构建富有活力的产业社区，吸引创新人才和企业的集聚，激发创新潜力。例如，谷歌总部将郊区产业园向功能混合的产业社区转变，其中服务于人的需求的空间从38%提升至80%（图2）；深圳坂雪岗科技城通过城市更新建成一个融研发、教育、商业、居住、公共服务等于一体的新型产业社区，代表了2010年后深圳城市更新浪潮下工业区的改造典型[2]；INNO未来城以"Business Social"办公新概念为灵魂，旨在打造一个兼具生产、生活的复合型办公空间，除大量的工作空间之外，还提供了会议室、游戏室、冥想室、活动室等多样化、综合性服务功能（图3）。

（三）美好园区的创新之路

1. 业态更新，提高园区生命力

多样性是保障生态系统长久平衡的重要条件，创新生态系统也如此，多元化的业态能够保障园区产业发展持续健康的生命力。同时，在高频产业迭代的新时代，高新技术企业已然不再是新经济的代名词，先进生产力的代表是新兴跨界创新的雏鹰企业、瞪羚企业、独角兽企业，这就需要不断地创新创业，激发新业态的诞生，不断实现园区业态的迭代更新。让"新经济"替换传统园

1 魏来, 田璐. 创新驱动下开发区空间转型的逻辑与策略[J]. 城市发展研究, 2021（10）: 23-28, 40.
2 黄斐玫, 王飞虎. 深圳市工业用地十年——管理转型与更新热潮[J]. 城市发展研究, 2021（9）: 18-21, 36.

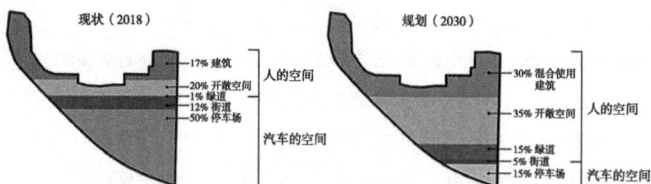

现状（2018） 规划（2030）

17% 建筑 30% 混合使用建筑
20% 开敞空间 人的空间 35% 开敞空间 人的空间
1% 绿道
12% 街道 15% 绿道
50% 停车场 汽车的空间 5% 街道 汽车的空间
15% 停车场

图 2　2018 年和 2030 年谷歌总部所在地区规划用地占比变化

（资料来源：魏来，田璐.《创新驱动下开发区空间转型的逻辑与策略》）

图 3　南京 INNO 未来城产业社区休闲办公空间

区的"旧动能"，让"独角兽"成为未来园区的"代名词"，建设长久生命力的美好园区。

2. 空间更新，提升园区生活气

传统园区正在向街区化、社区化转型，这一现象体现出工作场所之外，生活、休闲空间对"创意阶层"的重要吸引力。一般来说，非正式的交流、协作、沟通更能促进信息的传递与交换，从而激发创意思想、诞生创新。因此，面向未来，创造更多人与人碰面交流的机会成为园区空间更新的重要理念。一方面，在园区内部塑造更多高品质的公共空间，让精英人才的创意在此交换碰撞；同时，提高空间的混合使用度，促进非正式交往活动的产生。另一方面，推动创新活动从园区向城市延伸，构建十五分钟创新圈、十五分钟生活圈，改善创新服务功能，提升生活休闲功能，让创新创业人群感受充满活力的创新氛围，让空间成为链接和传递创新资源的重要场所。最终，通过空间更新，让园区高度街区化、生活化、市民化，塑造未来园区生产、生活的新坐标、新品牌。

3. 用地更新，提升园区生产力

在新时代，随着新兴产业、创业产业的不断涌现，产业空间也不再是传统工业生产所需的大跨度、单一功能的生产用地，产业用地呈现出规模灵活、功能复合等特征。城市核心区内越来越多的商务办公楼涌现，以立体载体空间的形式承载着大量的创新型企业。因此，通过产业用地多元化更新，释放土地价值，提升园区整体生产力，由此推动园区迈向创新之路。一方面，运用新技术、大数据等手段，准确识别不同类型、不同发展阶段的创新企业生命周期特征，建立适应产业生命周期的土地更新机制，合理配置存量土地资源；另一方面，统筹更大范围的用地更新，利用全市资源，在城区存量工业用地普遍不足的情况下，充分挖掘飞地模式的郊区整备用地，提升园区的生产效率。从用地保障上，支撑新时代美好园区的发展。

十三十

集约开发，
提升园区空间利用效率

（一）园区集约的内涵

1. 集约美学的价值体现

城市本身就自带集约属性。马克思在《德意志意识形态》中指出："城市本身表明了人口、生产工具、资本、享乐和需求的集中"。自古以来，城市不仅是人类聚居之所，更是人类生产之地，人类大多数物质文明建设成果均创造于此、集中于此，集约化是城市诞生的根本前提，更是工业园区发展的重要基础。

集约美学的起源受到西方主导的审美体系的深刻影响，与集约相关的美学理论最早可以追溯到美国的实用主义美学和布拉格学派的结构功能主义美学。极简主义者同样奉行集约美学[1]，他们的出现逐渐消除了古典主义美学的距离感，并赋予美学以集约化的物质性特征。直到现代主义的出现，功能主义和经济效益逐渐被重视，以适应现代大工业生产和生活的需要。但同时，也有不少声音认为工业化和现代化是埋没城市美学的坟墓。西方城市开展了轰轰烈烈的城市美化运动，试图通过景观改造和地标建造的手法、复兴古典主义的美学秩序，最终也只是昙花一现。事实证

1 福特.石泉城[M].北京：人民文学出版社，2012.

1 王兴平，袁新国.中国城市再开发概述与开发区再开发案例[C]//第三届城市再开发专家亚洲国际交流会论文集，2009.

2 赵小凤，黄贤金，陈逸，等.城市土地集约利用研究进展[J].自然资源学报，2010（11）：18.

3 王兴平，崔功豪.中国城市开发区的空间规模与效益研究[J].城市规划，2003（9）：6-12.

4 王兴平，朱凯.集约型城镇产业空间规划——原理·方法·案例[M].南京：东南大学出版社，2014.

明，现代城市美学是一种集约美学，它体现在生产、生活的各方面，也将传统美学与生产美学和经济价值包容性地联系在一起。在我国经济腾飞和园区快速发展的独特语境下，习近平新时代中国特色的城市精明增长之路必是一条集约发展之路[1]，突出集约型产业园区在美学研究中的地位，对城市美学研究的推进具有重要意义。

2. 存量发展的时代要求

集约发展是指通过合理、充分地利用各类资源，实现效率和效益的提升[2]。2008 年我国颁布了第一部专门针对节约集约用地的规范性文件《关于促进节约集约用地的通知》，2014 年国土资源部出台的《关于推进土地节约集约利用的指导意见》中明确提出，"土地节约集约利用是生态文明建设的根本之策、新型城镇化的战略选择"。党的十九大以来，我国最严格的节约集约用地政策不断完善，土地资源的集约高效利用成为未来发展的主基调。

集约发展对产业园区未来转型具有重要意义。在我国快速的工业化和城镇化进程中，产业用地特别是工业用地一直保持粗放的开发利用模式，与发达国家和国际平均水平相比，整体利用效率偏低[3]，因此集约化转型是我国产业园区迈入高质量发展新阶段的时代要求，也是未来发展的大势所趋；谁找到了集约发展之路，谁就拿到了未来可持续发展的密钥。

3. 园区升级的必由之路

园区集约发展包含了土地集约利用、空间集中优化、产业集聚发展、资源节约配置等众多内涵。其中，土地集约利用是园区集约发展的第一要义，本质是降低投入和提高产出；提高空间利用效率是实现集约发展最经济、最高效的途径，没有空间效率，生产效率就无从谈起；产业集聚发展和资源节约配置则体现了集约发展的内涵式要求，从要素源头引导园区转型升级和绿色发展。

存量时代来临，粗放的用地开发方式已经难以为继，再开发成为实现园区集约发展的主要途径[4]。园区再开发本质上属于城市更新的一种，但又与传统城市更新有所不同，虽共同目标是实现城市空间的结构优化和品质提升，但不同的是，产业园区的再开发以生产效率优先、以经济效益为秤、以集约利用为美，充分体现了生产空间的美学价值。

（二）园区集约的经验

1. 从增量集约到存量集约的政策引导

经过多年的发展，我国产业园区数量不断增加、规模快速扩张、类型逐渐多样，积累了较为丰富的发展经验，为区域经济发展作出巨大贡献。但与此同时，园区集约发展特别是更新和再开发的经验却相对欠缺，我国园区的集约发展主要经历了从"增量集约"到"存量集约"的模式转变，并伴随着日益尖锐的用地矛盾而不断加强政策力度。

我国以蛇口工业区为代表的第一代产业园诞生于改革开放初期，其本质是政策区，以承接外来加工业务的劳动密集型产业为主导，较低的工业用地地价决定了其粗放利用的普遍状态。在这一阶段，政府主要通过控制耕地占用和征收土地使用税等手段，控制园区增量发展规模、促进园区土地的节约利用。1998年新《土地管理法》通过后，土地用途管制成为约束土地节约集约利用的有效手段[1]。

进入21世纪，我国各类产业园区数量和规模快速增长，地方政府为了引资一再降低土地价格和税收标准，各类园区全面开花、数量泛滥、发展水平参差。据不完全统计，1984~2003年，我国的开发区数量从最初的14个暴涨到6866个，盲目的增量发展思维导致了较低的土地开发效率和巨大的资源浪费[2]。自2003年起，国家开始对违规低效园区进行整顿和调整，不断完善严格的土地管理制度，政策导向开始从增量集约向存量集约转型。

在存量集约阶段，一方面，园区不断向着专业化和精细化发展，园区功能逐渐丰富，开发强度逐渐提高，政策鼓励下企业开始推动技术改造，并且发挥产业集聚效应进一步提高生产力；另一方面，随着园区区位等级的不断提升，产城融合成为园区发展的必经之路，政策重点开始转向园区再开发，并不断探索"增存挂钩"等新机制、新做法。

2. 土地再开发的地方实践

自2018年3月自然资源部成立以来，集约用地工作受到高度重视。江苏作为园区大省，各类园区发展起步较早、经验丰富，在园区再开发阶段也一直走在前列。全省不同地区、不同发展阶

1 林坚，许超诣.土地发展权、空间管制与规划协同[J].城市规划，2014，38（1）：26-34.

2 郑国.中国开发区发展与城市空间重构：意义与历程[J].现代城市研究，2011（5）：20-24.

1 柏露露,谢亚,管驰明.中国境内国际合作园区发展与规划研究[J].国际城市规划,2018(2):23-32.

2 石峰.制度变迁与空间转型——开发区工业空间转科技研发空间研究[D].南京:东南大学,2018.

段的园区结合自身情况,不断创新土地再开发实践,探索新时代园区集约化再开发之路。

苏州工业园区是江苏代表性的产城融合型开发区,是工业园区转型成为综合新城的成功案例。作为中国、新加坡合作重点园区,苏州工业园区坚持一次规划、分期开发,在规划和建设阶段就奠定了集约化开发的基础[1],进入再开发阶段后,园区以功能性再开发和美学性再开发为主。苏州工业园区的再开发经验在于,它早已突破了传统意义上的"厂区"或"园区"概念[2],逐渐发展为一个具有创新和示范意义的综合新城,这是一次园区集约美学的进步与突破。从一个个邻里中心到金鸡湖畔的东方之门,园区通过功能性和美学性再开发,将单调乏味的一排排厂房改造成活力充沛的美好园区,赋予了传统园区新的活力与美学价值,塑造出市民理想城市的基本样板,处处体现了综合新城的再开发美学(图4)。

溧水经开区位于南京市溧水区,是典型的工业主导型开发区,再开发模式以物质性再开发和产业再开发为主。在探索低效用地再开发的过程中,溧水经开区主动探索、先行先试,逐渐摸索出一条具有溧水特色的再开发之路。一方面,全区从上到下不断完善低效用地盘活制度,坚持"引导"和"倒逼"双向发力,通过

图4 苏州工业园区的产城融合
(资料来源:苏州工业园区融媒体中心冯祖浩作品《城里的月光》)

划定产业发展保护区，保护园区产业的发展空间，进一步引导土地集中成片开发和企业聚集分布；坚持"亩均论英雄"，定期开展工业企业绩效评价，建立动态的低效用地数据库和管理平台，采取差别化政策倒逼低效企业退出和转型。另一方面，园区充分考虑了企业利益、广泛动员企业参与，与企业深度协商和沟通需求，落实"一企一策""一片一策"升级改造方案，推出货币拆迁、集中安置、回购高标准载体等灵活的多种再开发模式，寻找合作共赢、利益最大化的改造可能性，出台鼓励企业间吸收合并及增容技改的奖励政策，充分调动企业的积极性。

溧水经开区的土地再开发行动取得了显著成效。《2020年度溧水区建设用地节约集约利用状况整体评价报告》显示，2016~2019年，溧水区建设用地的地均生产总值从30986万元/km²增长至54484万元/km²，增长近一倍；"2021年溧水制造业高质量发展试验区建设指标表"显示，2019年，全区技术改造投资规模持续增长，工业技术改造占工业投资比重达到60.7%，2020~2021年园区完成低效用地再开发总面积2400余亩。2020年团山路的"工改工"项目更是成功探索出"改造·新建"的创新模式，为全区乃至全市的工业用地改造提供了优秀样本（图5）。

3. 现实因素和实际问题

园区集约再开发面临众多现实因素和实际问题，从"增量"到"存量"的发展观念转变仍需要一段较长的过程。首先，"集约"与"低效"都是相对的，没有固定的评价标准及评价体系，因此低效用地认定困难是各地普遍存在的问题，并导致后续监管和落

图5 溧水经开区"工改工"再开发项目

实低效用地处置措施时常遇到较大阻力。其次，目前园区土地再开发模式成本过高，政府收储行为普遍需要投入大量的资金成本和人力成本，拆旧建新的自改方式也让不少企业面临资金筹措难的问题，再开发成本过高导致企业再开发内生动力不足、政府的财政压力剧增。

（三）园区集约的未来

1. 规划体系化管理

未来园区集约发展需要智慧与远见，其中的首要任务是建立健全存量再开发规划体系。再开发规划体系能够有效地将再开发评价体系、项目准入退出制度体系、盘活实施细则等多方要素进行统筹[1]，充分发挥"评价体系—政策体系—规划体系"的协同作用，形成完善的顶层设计；同时，各地根据地方特色和现实需要补充编制再开发专项规划，不仅能与再开发规划体系形成有效补充，还能具体落实再开发各项要素，统筹再开发整体美学，实现园区再开发与城市更新的有效衔接，实现园区形象的提升。

2. 土地破碎化整合

土地再开发是园区集约利用的核心，也是实现园区效益提升的直接动力，园区再开发的最大难点在于破碎化土地的整合。工业园区大多采用方格化布局，各企业间产权边界分明，占地较满而内部空心化程度不一，低效用地的破碎化分布是导致园区亩均效益低下和整体形象破败的直接原因。通过土地置换、部分出让等手段实现空心化土地的腾退和破碎化土地的整合，就如同海绵中挤水，不断为园区节约出新的用地指标，不断提高园区的集约利用程度。

3. 功能多样化引导

园区集约并不是单纯物质空间和生产要素的集聚，集约的最终目的是实现园区的转型和可持续发展，因此园区集约的同时也要不断升级，功能升级就是实现园区能级提升的重要方面[2]。为实现园区功能再提升，首先要在区域尺度进行外部功能再定位，科学确定未来功能定位和发展目标；其次引导内部功能的复合化改造，如增加公共服务设施，实现与周边企业甚至园区范围内的共享，同时沿产业链向上下游拓展新功能，实现产业升级。功能的增加

1 许闻博，王兴平，潘豪，等.企业—产业—空间协同的杭州经济技术开发区再开发策略[J].规划师，2019（7）：48-54.
2 王兴平，朱凯.集约型城镇产业空间规划——原理·方法·案例[M].南京：东南大学出版社，2014.

图6 苏州工业园区的地标性建筑

带来了建筑类型和空间尺度的不断丰富，改变了园区单调厂房的刻板印象，区域新地标的出现更是标志着园区文化和生产优势得到发扬，有利于园区品牌的推广和园区美学的营造——金鸡湖畔的东方之门不仅是苏州工业园区的象征，更是新时代苏州形象的展示窗口，同时提高了园区人的文化自信（图6）。

4. 空间集约化改造

空间集约化改造是目前最直接、最经济的再开发形式。此类改造一般发生在企业产能过剩的情况下，以技术升级为推动力，由企业依据实际需求自主计划和实施，主要包含了加建或新建建筑、建筑外立面改造、内部空间优化利用等方式[1]，虽实施较为灵活，但提升效果有限。但整体来看，空间集约化改造通过增加容积率和建筑密度实现了园区物质空间的集约利用，是园区再开发的重要形式之一。

┤ 四 ├

景观再塑，
建设美丽绿色园区

（一）绿色园区的旨趣

1. 自然回归的必由之路

园区建设曾经是割裂自然环境的人造斑块，但随着发展阶段继续推进，开发区的生态定位逐渐回归到应有的自然体系中。蜂巢是蜂群生产的基地，蚁穴是蚁群劳作的家园，巢、穴都是自然界的组成部分。同理，人类作为自然生态系统的一分子，我们

1 袁新国，王兴平.再开发背景下开发区产业建筑改造再利用研究——以清河泾新兴技术开发区为例[J].城市规划，2011（10）：67-73.

1 张鸿雁.一个全新的时代——中国城市社会的来临[J].中国名城,2008(1):35-37.

2 张鸿雁.城市品位的治理型建构——基于"城市文化资本"再生产的多元人文诠释[J].上海城市管理,2017(2):4-7.

3 张鸿雁.城市首先意味着一种"活法"[J].阅读,2016(38):2.

4 崔倩倩,汤晓敏.产城融合型工业园区绿地特征研究[J].上海交通大学学报(农业科学版),2017(2):39-46.

的生产基地同样可以参与自然界的生态循环,成为其有机的组成部分。

从与自然割裂,到生态循环、回归自然,关于人类与自然关系的观念正在发生改变,绿色园区的建设过程就是找回园区的自然属性本质的过程,也是从生产、生活作为切入点,拓展城市"自然主义"的维度和广度的过程[1]。

2. 如田如园的审美诉求

中国人自古以来就有对生产空间的田园审美诉求,如"绿树村边合,青山郭外斜""绿遍山原白满川,子规声里雨如烟"等诗句,描绘了生产、生活中田园绿色的诗意画卷。随着物质生活水平的提高,人们对美好生活的需要日益增长,园区的生产、生活作为重要的生活组成,同样寄托着人们的美好愿望,再造绿色园区景观、提升园区品质成为人们追求审美愉悦的重要手段。

绿色园区不仅满足了在其中工作居住的人群的审美需求,也兼有景观上的外部性,完善了城市绿色体系的积累。城市的美,不仅体现在公共景观系统中,城市各类要素的外部形象共同构成城市审美形象,创造城市细节的品位和美学价值。

3. 创新土壤的理念建构

绿色理念建构品位素养。城市和市民精神的核心,就是以利他主义为核心的自我生存价值取向[2],在园区建设的过程中,尊重自然、与自然和谐共处的绿色理念是城市精神的一种表现形式,以此为指导,构建了园区的品位和素养。品位、素养培养创新土壤。正如张鸿雁教授所说,"创新的土壤比创新本身更重要"[3],这种创新的土壤与高品位、高素养相辅相成、相互促进。在绿色园区的实践中也发现,以高学历、青年人群为主体的研发技术人员是园区绿地的服务主体[4],园区的品位、素养和精神内涵吸引高端人群,成为培养创新土壤的基础。

创新土壤孵化园区升级。在创新土壤的支持下,对园区的重塑和升级包括经济产业发展、生产生活品质、园区空间意象、品牌文化氛围等,全方位、立体地提升绿色园区的竞争力。

4. 城市文化资本的重要组成

中国的景观文化源远流长,景观作为中国文化最基本的要素,塑造了中国的人文特性，即所谓钟灵毓秀[1]，如古代城市、建筑及园林景观，都是传统的中国人文景观。随着社会的发展、生产力的提高，出现了新兴的景观文化载体，具备完整的景观系统、规划设计的园区就是其中之一。园区的景观文化传承中国传统的景观文化，吸收西方景观特色，在此基础上，融合发展成为新时期、新发展阶段的绿色园区景观文化。

芒福德曾说，"城市是文化的容器"，城市的建筑艺术、景观艺术、空间艺术或其他视觉环境要素等文化资源共同构成城市文化资本，园区景观艺术则丰富了城市文化资本的内涵和层次，是城市文化资本的重要组成部分。对园区景观的再造能够提升其文化和经济价值，有利于促进城市文化资本再生产，推动城市的经济与社会发展，提升城市竞争力。

（二）园区景观的生长体系

1. 绿地生态体系构建

园区绿地生态体系的构建可以分为两种类型：一种是在周边生态环境被破坏后，通过构建绿地生态体系来进行转型升级，修复土地；另一种是在良好的生态本底基础上，优化和加强生态体系建设。不论哪一类，在体系构建的过程中，都需要关注与园区外的自然生态结合、园区内的循环体系构建。

以北京首钢园区为例，首钢是从工业土地遗址发展到绿色园区转型融合的典范。首钢首先形成了一套适合于首钢园区长期绿色建设与发展的土地污染修复治理体系，凭借绿色理念与创新思想的驱动着力打造污染场地修复高新技术企业，推动首钢园区转型发展。在首钢园的修补与建设过程中，在"绿色"与"创新"理念引领下，首钢园区十分重视能源的再生和资源的再利用，形成了对工业遗存保护与利用的创新开发思想，助推首钢园区转型绿色场景[2]。

苏州工业园区则重视环境生态，致力于构建森林式的绿地系统，主要措施包括重视外部生态环境建设，构建完善的生态大环境框架，同时加强绿色廊道建设，"编织"生态网络，形成完整的园区环境绿色大框架。另外，园区规划通过合理的布局安排，形成了园区绿色体系明显的秩序感[3]。

1 沈福煦.中国景观文化论[J].南方建筑, 20010 (1): 40-43.
2 李华晶.从钢厂到场景：首钢园区绿色创新三板斧[J].清华管理评论, 2021 (6): 72-79.
3 孙新旺, 汪辉.构建森林式工业园区绿地体系——以苏州工业园区绿地系统规划为例[J].中国城市林业, 2004 (6): 21-23.

2. 绿色生活景观重塑

随着园区发展，人们对园区景观的审美诉求和生活需求有所提升，在此背景下，园区的景观建设模式应该提出宜居宜业的建设目标，从总体布局、产业布局等层面进行景观重塑，以保障园区中人群日常生活的品质。

例如，徐州软件科技园的景观塑造，强调创新和人文特质作为软件园区的核心精神，致力于创造一个适宜于工作与生活，便于相互交流和工作的环境[1]。造景手法上借鉴了中国传统园林特点，与前沿的景观表现相结合，构建出"现代庭园"的布置格局，景观细节上则体现现代科技的本质特征。另外，强调了在设计中体现人性色彩，营造"聚合、分散、空间点"等不同空间，景观为人群活动服务，满足其生活景观的本质。

江北新区研创园，则利用既有的土地、水系条件，以水网为单元，以绿色为核心，坚持绿岛建设与特色引导，打造"紧凑"型公共活力轴，并最终打造成为创新产业、人才、城市三者融合发展的国际性高新产业孵化基地。在园区的规划设计中，公共服务体系建造是一条明线，景观系统建设是一条暗线，两线交织构成对园区生活景观的塑造，也表明了园区对生活需求的重视（图7）。

3. 绿化生产空间改造

产业园区的产业建筑发展具有阶段性，主要经历了制造业、研发业、办公业三个时代[2]。对于处在研发业和办工业时代的产业建筑来说，进行生产活动的空间对绿色景观有更多需求和更高要求，通过在建筑表面、建筑本身、建筑内部进行绿化改造，将园区的景观文化延伸至室内，满足审美诉求。

1 张谦.结合场地特征的徐州软件科技园景观规划设计[J].中南林业科技大学学报，2011（10）：116-121，153.
2 袁新国，王兴平.再开发背景下开发区产业建筑改造再利用研究——以漕河泾新兴技术发区为例[J].城市规划，2011（10）：67-73.

图7　江北新区研创园

以三洋厂房为例，这是一个建筑到室内设计、景观一体性改造的项目，同时也进行了节能、生态的技术改造，如屋顶绿化、垂直绿化、景观水池等多种生态绿化技术，形成生物气候缓冲带改善建筑微环境，丰富建筑的绿化改造层次。这些改造方式结合了科技创意与生态理念，打造出含义更丰富、生态功能更完备、审美情趣更高雅的绿化生产空间（图8）。

图8 三洋厂房
（资料来源：袁新国，王兴平《再开发背景下开发区产业建筑改造再利用研究——以漕河泾新兴技术发区为例》）

重庆北部新区 EDB 园区强调建设运营全过程对自然生态的充分保护与合理利用，如建筑布局朝向、形态体量、接地方式、建筑绿化等方面[1]。例如，"海王星"项目，基于"融入自然"的理念采取了"地下中庭、玻璃屋顶、大台阶"的设计策略，基于"亲近绿色"的理念在生态大厅中种植大量绿色植物，在各楼层结合公共活动空间配置室内或半室内绿化，共同营造了舒适放松的生产空间环境（图9）。

1 戴志中，陈康龙."复合生态"理念下的EBD园区建筑空间发展研究——以重庆北部新区EBD园区为例[J].重庆建筑，2014（4）：31-34.

图9 重庆北部新区 EDB 园区"海王星"半地下空间及绿色生态大厅图
（资料来源：戴志中，陈康龙《"复合生态"理念下的 EBD 园区建筑空间发展研究》）

另外，还有泉州九牧王园区的绿化生产空间改造方式，通过在室内摆放大量的绿植造景，为生产环境增添绿色气息，舒缓员工心境，提高空间活力（图10）。

图10 泉州九牧王园区

4. 绿色体制机制创新

绿色园区的重塑和改造不仅需要在物质空间上进行，同样要在体制机制层面予以保障。通过创新绿色评价系统、制定园区景观规划和标准、提出对园区改造方向的引导和约束机制、积极推进精神文明建设等方式，多方面系统性地提供支撑，以提升园区景观品质及其可持续性。

以南京溧水为例，该园区是江苏省首个且目前唯一的"碳达峰目标下绿色城乡建设试点区"，通过设立创建绿色工厂、创建国家级绿色园区、规模以上工业增加值能耗下降率、清洁生产（自愿、强制）企业数量占规模企业比重等指标，对开发区进行评价；积极落实"双碳"战略，执行严格的环境准入制度，围绕能源、工业、民生等重点领域，开展低碳、脱碳以及负碳关键技术研发与推广；进行"双碳"策划设计，在此基础上建设低碳园区、零碳建筑，将其建成溧水的"绿色地标"。

（三）未来发展展望

1. 建设绿色智慧园区

绿色园区的建设需要新一代信息技术作为手段，智慧应用为支撑，全面整合园区内外资源[1]，通过智慧信息平台统一处理，实现园区信息技术设施现代化和资源利用绿色化，提高绿色景观的管理和建设效率，促进园区向生态环保型转变。

1 何双铃,侯林,陈波,等.绿色智慧化工园区架构设计与建设初探[J].广东化工,2020, 47（21）：244-245.

2. 建设交互共享园区

随着信息网络和技术的进一步发展，绿色园区需要探索多层次的、立体式的交互共享，包括元宇宙与原宇宙的交互、人与自然的交互、生产空间与生态环境的交互等，园区及园区景观的建设应该积极融入交互共享的发展潮流中，开辟园区的多种存在形式和开发手段。

3. 建设生态文明园区

秉持科学性、以人为本的准则，呼唤蕴含着绿色底蕴的精神文明[1]，将经济环境、人文环境和生态资源环境融合在一起，紧密地结合起来，倡导绿色的生产和消费形式，营造绿色文明理念下的"三生"空间，最终促进绿色精神文明的建设。

1 陈少英, 苏世康.论生态文明与绿色精神文明[J].江海学刊, 2002 (5)：44-48.

五
结语

全球科技竞争日趋激烈，科技创新成为大国博弈的主战场，而这种博弈也将内化各国产业园区之间的竞争。作为科技创新的主阵地，产业园区在继续引领我国经济的改革和创新发展方面有了更艰巨的使命与要求。与此同时，以信息技术、知识经济等为代表的新经济正不断重塑着产业园区发展路径，在美国"创新城区"等概念提出的背景下，产业园区迎来了新一轮的存量更新机遇。未来产业园区应以创新驱动为导向、以集约开发为目标、以绿色生态为价值取向，把握园区转型的窗口期，使产业园区在新一轮经济中继续发挥引领作用，不断探索新时代美好园区建设之路。

本文系统梳理新时代、新阶段产业园区面临的新趋势，总结产业园区发展的实践经验，并提出未来产业园区转型的对策建议。希望本文的讨论，能够对新时代美好园区的构建有所助益。

Urban Regeneration to Shape Beautiful Parks in the New Era

WANG Xingping, SHI Yu, LI Kailun, LEI Yuxuan

Abstract: At present, China's economy moves towards a stage of high-quality development. The era of large-scale incremental expansion of industrial parks has come to an end, and the urban regeneration has become the label of the development in the new era, which puts forward higher requirements for the traditional extensive development of industrial parks. At the same time, the practice of "people-centered" high-quality urban development is an important value orientation of urban renewal. In this dual background, how to shape the new park to adapt to China's development stage and meet people's needs for a better life in the era has become a significant topic. This paper summarizes the practical experience of urban parks from three aspects of innovation and transformation, intensive development and landscape re-molding, and puts forward countermeasures and suggestions for the future stock renewal of parks in China, in order to provide development ideas for the construction of beautiful parks in the new era.

Keywords: high-quality development; urban regeneration; industrial park; beautiful park

张

峰

张峰，江苏丰县人，现居南京。先后毕业于西安建筑科技大学和南京大学，工学学士，管理学硕士，南京大学社会学院城市社会学专业博士研究生，高级工程师，国家一级注册结构工程师，江苏省城市经济学会理事。曾长期任职于建筑设计和房地产开发企业，先后创办南京联西建企业管理有限公司和南京坤馥家居有限公司，在城市建设相关行业有丰富的从业经验。攻读博士学位期间的主要研究领域为近代城市史、空间生产和城市更新。博士论文《南京城市空间生产研究（1927—1937）》获评南京大学社会学院优秀博士论文。

【人生格言】

知止而后有定，定而后能静，静而后能安，安而后能虑，虑而后能得。物有本末，事有终始。知所先后，则近道矣。

传统建筑美学在南京的复兴、演化与影响（1927~1937年）

张峰

摘要：

20世纪30年代在南京出现的中式传统建筑美学复兴，是在政治、思想、社会等多种因素的共同作用下发生的。南京国民政府的政治诉求是需要建构象征国家与政权的首都形象，长期影响社会各阶层的文化保守主义思潮呼唤复兴传统建筑文化，晚清至民国初期外国教会在华的建筑本土化活动推动以复古大屋顶为突出特征的"宫殿式"建筑逐渐走向成熟。在这些条件的共同推动下，1927~1937年南京建成一批"宫殿式"大型建筑，并在此基础上发展创新出"新民族形式"。在这一传统建筑美学复兴和演化的过程中，南京城市空间产生了社会空间的美学分化，传统样式也受到业主、建筑师和社会公众等从不同角度展开的批评。对这一历史过程的全面梳理有助于保护南京城市文脉、开展城市文化资本再生产和服务于当代城市更新战略。

关键词：

南京民国建筑；宫殿式；新民族形式；社会空间分化

建筑样式既是构成城市美学的重要内容，又深刻反映着城市发展历史中政治、经济和思想的变迁，故而分析城市建筑样式的历史演变、挖掘其深层次的影响因素，对于把握城市发展的基本规律、保护城市文脉、进行城市文化资本再生产和开展城市更新等都有着重要意义。今天的南京仍保有大量的民国建筑遗存，一批集中建成于抗日战争爆发之前南京国民政府时期（1927~1937年）的大型"宫殿式"和"新民族形式"建筑又是其中的典范。它们今日仍矗立在南京的街头，其突出中式传统建筑元素的美学风格传递出沧桑的历史变迁之感，吸引着现代人的目光。它们散发的传统建筑之美既构成了南京的城市文脉，也促使人们发出这样的疑问：在"西风东渐"的近代大背景下，欧美建筑技术和文化不断传入中国，"西式楼房盛行于通商大埠，豪富商贾及中产之家无不深爱其异，以中国原有建筑为陈腐"[1]，在中国城市中已经出现推崇西式建筑的潮流，那么又是哪些因素推动了传统建筑样式在 20 世纪 20 年代之后的南京得以复兴？此类建筑样式又经历了什么样的演变与发展？这样一种建筑美学的演变对当时的建筑领域和社会舆论分别产生了什么影响？理解这一中式传统建筑在特定阶段的复兴和演化对今天的城市更新又有哪些启发？本文将围绕这四个相互关联的问题依次展开论述。

至 1927 年南京国民政府成立时，南京已有着约 2400 年的建城史和近 500 年的建都史。晚清之后，在太平天国运动、上海开埠通商后迅速发展而超越南京成为全国的经济中心、1905 年清政府废止科举等多重历史因素的作用下，南京长期作为南部中国政治、经济和文化中心城市的历史地位逐渐被削弱。1927 年北伐军占领南京之时，南京的城市人口不足 30 万，社会传统封闭，经济以手工业和小商业为主，近代式市政基础建设严重不足，大型近代工业企业稀少，沦落为影响力较为有限的中型地方性经济中心城市。总体来说，在 1927 年南京国民政府成立前后，南京与上海、

1 梁思成.为什么研究中国建筑[J].中国营造学社汇刊（第七卷第一期），1944: 5.

1（对页）南京建城史始自春秋末期周元王四年（公元前472年），越王勾践按照范蠡的建议命人建造"越台"于长干里（在今日中门外雨花西路一带），这是一座周长仅 900 余 m、占地 6 万多 m² 的军事城堡。公元前 333 年，楚威王在灭越之后于今城西清凉山麓的石头山设置"金陵邑"，统辖江东地区，南京又称"金陵"由此而来，这是在南京地区设置正式的城市行政管理机构的起点。南京建城史约 500 年，历经东吴、南朝、南唐与明初，其中公元 2~6 世纪的南朝都城建康就是当时世界上最大的城市，人口最多时超过百万，城市空间形态丰富、规模宏大。至明初定都后，南京又建成周长超过 35km 的城墙，规模为当时世界第一，城区规模扩展到历史的顶峰。清朝的南京是两江总督驻地，城内建设满城以驻扎旗人军队。南京在政治和军事上都是"两江保障，三省钧衡"，并且维持着长江下游重要的经济文化中心地位。在社会经济的发展和人口的增加之下，明初都城气势恢宏的城市形态渐渐改变，至清代中期，城内大街已增至 38 条，市场 18 处，并向城北空地扩展。"前明都会所在，街衢洞达，洵为壮观……今为居民侵占者多，崇冈之地半为湫溢之区矣"。参见：陈忠平.明清南京城市的发展与演变[J].中国社会经济史研究，1988（1）：39.

广州、天津等国内其他重要城市相比在诸多方面的发展都有较大差距，空间形态在整体上陈旧落伍，传统的江南地方性民居奠定了城市美学的主要风格，虽也有少量新式建筑陆续落成，但从美学观念到样式选择上既无统一风格，更谈不上形成显著影响城市空间结构的潮流。为了更好地理解1927~1937年南京城市空间生产中的传统建筑美学复兴和演化，有必要首先对这一时期之前的南京城市社会发展、空间变迁和建筑样式演变进行整体梳理，总结出其中的基本规律和特点，为前面所述四个主要问题的研究和分析工作奠定必要的历史性基础。

┤二├
近代建筑的萌芽与早期发展：
从晚清至民国初期的城市建筑美学

自清政府从太平天国政权手中收复南京（1864年）至民国初期（1926年）（下文简称清末民初），南京城市建设在地方政府主导下一方面从惨痛的战争创伤中缓慢恢复，另一方面受洋务运动、金陵海关开埠等近代历史事件的影响有所发展。在这一历史时期，近代建筑得以在南京萌芽并有所发展，而外来的西式建筑形式成为这一时期重要建筑物的主要美学选项。自春秋末期建城以来，兴于建都、盛于和平、毁于战争是古代南京城市变迁的典型规律[1]，太平天国时期（1853~1964年）的大规模政治、军事剧变再一次将南京城市历史精华摧残殆尽，在这场战争结束之际，南京这座人文荟萃的历史名城一时沦落成为荒凉残破的废墟之都[2]，这是自南朝侯景之乱、隋初荡平建康宫阙之后南京城因政治、军事剧变遭遇到的又一次毁灭性打击。1864年7月清军收复南京之后，以两江总督为首的地方政府着手恢复传统的城市社会秩序，如重建保甲制度、重修贡院并恢复乡试等，南京的城市空间开始缓慢复苏。但一方面因太平天国运动的摧残之深，另一方面受限于作为封建王朝统治节点的城市政治性质和以手工业、传统服务业为主的传统型地方经济，南京城市面貌直至19世纪末仍未能从

2 1865年李鸿章来南京代理两江总督时曾有记述："金陵一座空城，四周荒田，善后无从着手，节相以萧曹清静治之。何贞翁过此云，宜竟废弃一切，另移督署于扬州。虽似奇创，实则无屋无人无钱，管葛居此，亦当束手。沉翁百战而得此地，乃至妇孺怨诅，当局固无如何，后贫难竟磨厉，似须百年方冀复旧也"。参见：李鸿章.复郭筠仙中丞（同治四年六月十九日）[M]//李鸿章.李鸿章全集.长春：时代文艺出版社，1998.

战乱创伤中完全恢复，旧城区"市廛萧条"，城墙范围内仍存在着大片的空旷区域甚至"蒿莱弥望"[1]，不仅城市建设水平极不充分，而且建成区域也维持着陈旧落伍的状态。

在洋务运动兴起、1899 年金陵海关在下关开埠等重要事件影响下，近代建筑技术和西式建筑风格随着西方的商品、宗教和思想观念一起传入，在清末民初的南京出现了在重要建筑物中主动采用西式风格的潮流，一批功能各异的此类大中型建筑在数十年中陆续建成，南京近代建筑进入了萌芽和早期发展阶段。金陵机器制造局（1865 年起建，后在清末民初多次扩建）是洋务运动的代表工程，最早由英国工程师主持设计和建造，布局和形式效仿英式工业建筑，并因地制宜地用木制代替钢屋架，承重墙体采用地方青砖，叠加采用大面积玻璃加洞顶半圆形砖券的门窗形式[2]，这种清水砖墙加洞口拱券的立面处理手法成为此后一大批建筑的典型元素，一种杂糅的、具有时代感的近代建筑风格在此时已有初步显现。由西方传教士主持建造的教堂、教会学校和教会医院基本采用典型的西方建筑形式。石鼓路教堂（1870 年建成，1928 年重建）是经典的罗马式建筑，有规律重复出现的半圆形门窗洞拱券和圆形拱顶是其主要特征；太平南路圣保罗堂（始建于1913 年）采用较为纯正的哥特形式，高耸的钟楼是其外观中最令人瞩目的构图元素；在加拿大来华教会医生马林的主持下，南京第一所西式医院在 1892 年于鼓楼建成，其建筑风格为较典型的殖民地式，青砖砌筑清水砖墙并以红砖线条镶嵌，门窗洞顶砖砌拱券，屋顶为坡屋顶并设老虎窗；江苏省咨议大楼（始建于 1909年）采用严谨的法国古典形式，由中国建筑师孙支厦奉官派以"大清国专员"身份赴日本实地考察、测绘日本帝国议院后仿照设计[3]，这一案例充分反映了清末民初中国从政府到社会渴望效仿和追赶西方的心态；在南京的教育类建筑中，官办江南水师学堂（兴建于 1890 年，其院落大门体量巨大并采用浓郁的巴洛克风格）和教会学校汇文中学（兴建于 1888 年，钟楼和图书馆为殖民地式）等学校建筑也采用了典型的西式风格[4]。此类散布于南京城区不同地点的大中型建筑对西式建筑风格的选择与清末民初时期中国渴望学习西方、以西学为用的社会潮流有直接关系，是社会思想变

1 1896 年 2 月，张之洞在奏折中描述南京城内萧条情形："金陵城内辽阔过甚，兵燹以来市廛萧条，城内有居民者三分之一，空旷者三分之二……北城一带，蒿莱弥望，匪类潜踪，命案抢夺间见叠出，商旅来往，官吏趑走，备极艰顿"。参见：张之洞《张文襄公奏稿》卷五十。

2 刘先觉，王昕.江苏近代建筑.[M].南京：江苏科学技术出版社，2008.

3 汪晓茜.大匠筑迹：民国时代的职业建筑师[M].南京：东南大学出版社，2014.

4 刘先觉，王昕.江苏近代建筑[M].南京：江苏科学技术出版社，2008.

迁在城市空间美学上的直接表现。

　　西式建筑在清末民初的盛行更以区域连片的方式塑造了下关的空间样态。下关在清末民初的繁荣是金陵海关开埠、长江码头与火车站等相继发展的结果，货运、客运日渐发达带来该区域的百货业、服务业迅速发展，经济繁荣带来大量新建的商铺、酒店、旅馆等，以及邮局等市政建筑物，其中有大量建筑主动采用西式风格，在下关形成了成片的近代式新型城市空间。最先得到发展的是码头及其配套设施。1868年美商轮船公司在江边租地建西式候客"洋棚"多间，办理轮船客运业务，1873年轮船招商局建设"棚厂"（候客厅），1882年建成第一座轮船码头。在1899年金陵海关开埠通商后，惠民河与长江之间的区域（约长2.5km，宽0.5km）成为中外航运机构与轮船码头集中之地，并随水运事业发展渐向周边扩展，一个具有一定规模的近代式港埠出现在下关江边。最初建成的沪宁铁路南京车站（建成于1908年）邻近下关江边码头，站房采用新式二层砖石结构，木结构屋顶上铺白色瓦楞铁皮，建筑面积520m²，平面布局依使用功能需要合理划分出不同房间。英商开办的大型食品加工厂和记洋行始建于1913年，在江边占地400余hm²，采用英国工业建筑形式，多栋近代式钢筋混凝土厂房在外观上饰以欧洲古典风格的细部元素，办公楼则带有明显的折中主义特征[1]。在金陵海关开埠后下关的商品贸易日渐发达，带来百货业、服务业的迅速繁荣，江边大马路、二马路一带商铺、旅馆、酒楼连接成片，其中有规模的多采用西式建筑风格，典型的如泰成布店（1922年开业，店员50人）即为气派的3层西式洋楼[2]。位于下关大马路的江苏邮政管理局大楼（1921年竣工，地上3层）由英国建筑师按欧洲古典主义风格设计并建造，其规模和建造质量都足以成为这一时期南京新式建筑的典范，建成后成为本地建筑行业参照与模仿的对象[3]。

　　与此同时，在以秦淮河两岸为中心的老城区仍然长期维持着传统空间样态，以砖瓦木构、单层、坡顶为主要特征的江南民居和旧式窄街陋巷是其主要构成元素。随着开埠后各种舶来日用百货大量涌入南京市场，与下关类似，西式建筑装饰和新潮的商品展示方式也开始出现在老城区的商业铺面之中，城市社会经济

1 孙昱晨.南京和记洋行的历史及保护策略研究[D].南京：东南大学，2016.
2 南京市下关区地方志编纂委员会.下关区志[M].北京：方志出版社，2005.
3 刘先觉，王昕.江苏近代建筑[M].南京：江苏科学技术出版社，2008.

的变迁对传统城区的影响通过空间美学的细微变化表现出来。到五四运动前后，中国社会对在华外国势力的态度发生大幅转折，反对列强、争取主权开始成为中国社会的主流思潮。在这一社会条件的明显转变之下，在华教会大学建筑开始有意识地采用传统中式建筑风格，这一转变在金陵大学和金陵女子大学等南京教会大学建筑群中表现突出，并为此后南京国民政府时期传统中式建筑的复兴埋下了伏笔[1]。总的来看，自晚清至民国初期，南京城市空间在整体上仍维持着传统形态，下关区域和主城区局部的重要建筑多采用西式风格，近代建筑开始在南京萌芽并有所发展，社会对建筑形式的选择有力地反映了这一历史时期开埠通商、近代工商业发展等社会经济的主要变迁。

┼ 三 ┝
以壮观瞻：
南京国民政府建构首都形象的政治需要

南京之所以在近代中国城市史中占据独特而重要的地位，长期作为中华民国的首都是主要原因。南京国民政府在 1927 年成立之后，十分重视首都的城市形象，将其视为彰显国民文化、维护政权统治的象征和符号，如孙科在 1929 年底编制完成的《首都计划》的"序"中所言[2]：

"良以首都之于一国，固不唯发号施令之中枢，实亦文化精华之所荟萃。觇人国者，观其首都，即可以衡定其国民文化地位之高下。"

如果说孙科代表了南京国民政府中央一级党政要人对首都建设问题的共识，那么此类观点在南京城市政府的主要官员那里也有明确表达，如 1928 年 2 月时任南京市市长的何民魂所述[3]：

"南京昔为重镇，今为首都，中枢所在，观瞻攸系，其建设之亟需，尤千百倍于他处，盖建首都，树全国之模型，即所以增中枢之威望，而使全国民众，望风景仰，益具倾附之热情，国运永隆，莫非由也。"

1 教会大学建筑风格的转变受当时社会"收回教育权"、五四运动后社会思潮逐渐向排外转变等社会变迁的影响，使得在华教会自 20 世纪 20 年代前后开始主动拥抱中国文化以缓和与中国社会的矛盾，换取中国民众的支持。这一部分内容参见本文第四小节有详细分析。
2 国都设计技术专员办事处.首都计划[M].南京：南京出版社，2006.
3 参见《南京特别市市政公报》1928 年刊载的《何市长向中央全体会议签请首都建设经费文》。

重视首都城市形象的表述频频出现在这一时期的各类官方话语之中，充分表明南京国民政府对新首都城市形象问题给予的重视程度。但正如前节所述，自晚清至民国初期的南京发展非常缓慢，在南京国民政府成立之初，南京城市面貌整体上表现出萧条陈旧、传统落伍的状态，近代建筑仍处于萌芽和早期发展阶段，远不能满足新生政权将首都城市形象视为政权和国家象征的热切期望。新政权于 1927 年 4 月发表《南京市政厅宣言》，对此前北洋政府治理下的南京城市现状进行了严厉批判[1]：

"惟是今日南京，空存大好之河山，殊鲜精华之物质，且历经军阀之蹂躏，绅豪之剥削，其取诸市民者，未尝为市民谋利益，以致市政上应举各端，如工务、卫生、商场利益，十数年了无设备。不但此也，市尘之狭隘，道路之崎岖，娱乐之鄙俚，空气之恶浊，忍使数十万市民俱为时代的落伍者，良可慨已！"

基于统治者的政治诉求和市容萧条的现状，使得南京国民政府迫切需要开展首都建设"以壮观瞻"。至 1928 年年中，在经过"宁汉对峙""宁汉合流""二次北伐"等一系列政治、军事事件之后，南京国民政府待政治形势稍有平稳，就将系统建设首都事宜提上日程，组织法律、建筑、市政等专业人员着手编制城市规划方案和完善建设制度，制定出一整套以城市总体规划方案《首都计划》（1929 年底编制完成）为代表的技术规范、城市法律、空间制度等各类空间文本，它们共同构成了列斐伏尔"空间的生产"（Production of Space）理论意义上关于首都的"抽象空间"（Abstract Space）[2]，为此后由政府推动由上至下开展大规模的首都建设提供了一套理论模型和制度基础。在这一建构首都抽象空间的过程中，南京国民政府一开始就意识到要实现理想中的首都形象，必须要从法律的设置上牢牢抓住空间美学标准的控制权，其通过《首都计划》的条款设置明确提出，在首都新建筑的外观样式问题上必须避免美国式的放任做法，而应根据"中国之情势"纳入政府监管[3]：

"私人房屋建筑之形式，其在美国，政府不得加以限制，而此则列有专条，凡建筑屋宇之图样，概须经主管机关之核准。"

这一规定是南京国民政府将首都形象视为国家与政权象征而

1 参见《南京特别市市政公报》1927 年《宣言 1》。
2 在列斐伏尔看来，"抽象空间"又称"空间的表征"（Representations of Space），是官僚、科学家、设计师等对城市空间进行规划、设计、构想的理念性内容，它与生产关系以及生产关系所蕴含的秩序及相应的知识、指示、编码等密切相关，在其对应的活动中隐含着意识形态。参见：安杰伊，齐埃利涅茨. 空间和社会理论 [M]. 刑冬梅，译. 苏州：苏州大学出版社，2018.
3 国都设计技术专员办事处. 首都计划 [M]. 南京：南京出版社，2006.

格外重视的必然结果。依此原则,《首都计划》设计了政府审查建筑图样的具体制度[1]:

"第二十条　凡有在工务局请领建筑执照者,设计委员会须派该会委员二人,审查其建筑图样。对于该图样外观之形式,及所在街道各建筑物之性质,须查明其是否适合。如认为不合时,须将图样转呈委员会核夺,委员会得分别准许,或饬令改正,再行呈核。"

按照这一制度安排,南京的所有新建和改建建筑必须先制图呈报政府审查,只有满足官方的美学标准后才准领照建造。在此后的首都建设中,这一建筑图纸审查制度得以有效执行,甚至连贫民承租官地搭建简易房屋栖身时,也必须凭"木屋图样""报工务局查明"[2]。在此后的城市管理中,南京城市政府还将本市的建筑从业人员和相关企业置于严密的监管之下,进一步强化了对首都城市形象的控制能力。南京市政府在成立初期即发布《营造业登记章程》《营缮散工登记办法》等制度,要求在本市承接业务的建筑师、工程师、营造企业以及承揽水作、木作、石作、凿井等各类杂基工程事项的店铺必须在市工务局进行登记、审查、定级,且经发给执照后才许营业,违者要进行罚款并强制补行登记,并且每满三年须重新登记。此类建筑行业监管制度还延伸到"市内瓦工木石泥水凿井搭棚等散工",要求其填表登记和审查后发给登记证才可揽工[3-4]。这一套全方位的建筑业监管制度为南京国民政府在首都建设中按政权的需要选择建筑样式、建构首都形象提供了法律保障。经过上述梳理,研究的问题自然转到南京国民政府为建构首都形象会选择何种建筑样式上来。

1 国都设计技术专员办事处.首都计划[M].南京:南京出版社,2006.

2 参见《南京特别市市政法规汇编初集》,第339页,《南京特别市市政府工务局取缔市内搭盖棚房章程》。

3 参见《南京特别市市政法规汇编初集》,第56、81-85页,《一年来之首都市政》。

4 参见《南京特别市市政法规汇编初集》,第328-330页,《南京特别市营造业登记章程》。

┤四├

中国固有形式:
文化保守主义与教会建筑活动的影响

南京国民政府在确定新首都城市美学标准和建筑样式的问题上经历了一个选择的过程。对于这一问题,南京国民政府在成立初期一时没有形成明确的共识,仅有第二任市长、属于桂系势力

1 何民魂. 南京市特别市市政府秘书处. 造成艺术化的新南京[Z]. 南京特别市市政公报, 1928（13）: 封底.
2 《市政全书（第5版）》. 1931年（第三编）: 7-9.
3 《市政全书（第5版）》. 1931年（第四编）: 38.

的何民魂于1928年4月公开表达过一个独特的观点，即首都南京的建设应坚持以"农村化"为基调的"艺术化"原则[1]：

"我们为什么要它农村化呢？原来中国是以农立国的，农民占全民百分之八十五，农产品也极其丰富，首都是表现一国特殊精神所在！所以我们一定要主张将首都农村化起来；而且南京有山有水，城北一带，农田很多，只有稍微建设，即有可观，我们为着要把东方文明与艺术的真精神——整个表现出来！同时主张'艺术化''科学化'。若是专一歆羡欧美的物质文明，抄袭人家成文，有甚意义，反觉把自己的真美失掉了，所以要建设'农村化''艺术化''科学化'的新南京！"

这一以"农村化"为基础的城市美学理念的出发点是首都形象应体现中国的农业国性质，表现本民族的"东方文明"和"自己的真美"，而不是模仿欧美工业文明的标准。这一时期，何民魂治下的南京市政府有关部门还曾专门撰文对这一理念进行具体阐述，将首都建设的方向总结为"科学化""艺术化"和"农村化"。"科学化"主要指"应用科学之方法""为严密之设计"，重点是规划道路和区域划分；"艺术化"主要指"以经营公园之法经营都市""改变首都民众之观感"，但未对城市美学问题作具体说明；"农村化"强调南京"以政治为重心，与工商业为生命之都市不同"，为避免欧美工商业城市反自然的"密居生活与空气污浊"，倡导学习由英国人霍华德首倡、流行于西方国家的"田园市"理念[2]，但这一提法又并未对霍华德的"田园城市"理论如何结合中国和南京实际展开系统论述，仅是对西方"田园城市"理论从字面意思上进行粗浅的袭用而未得其精髓。在何民魂的这种理念基础上，南京市工务局曾组织建筑师李宗侃等专业技术人员于1928年编制出一部全市规划方案《首都大计划》，主要内容集中在城市分区和道路规划两大方面，对首都的建筑物样式问题既无明确说明也无详细图示，仅在说明性文字中粗略描述中央政府所在地应为"巍然耸峙之大厦一所，飞檐画栋，气象森然，自千百丈外已遥可望见""全国规模最大""为首都壮观瞻，示党国之精神"[3]。这一情况说明，成立初期的南京国民政府在首都城市美学和建筑样式问题上还未形成明确的解决办法和共识。

何民魂所提倡的以"农村化"为核心的城市美学理念在南京政权内部并未得到广泛回应和支持，随着政治形势和派系斗争的变动，何民魂于1928年7月离职而由刘纪文接任，这一理念的影响也基本消失，何民魂当政时期编制的《首都大计划》被弃置一旁。此后，南京国民政府将编制新的首都城市规划方案的权力收归中央，由曾主持过广州市政建设的孙科负责组织，重新选任专业人员并成立专门执行机构"国都设计技术专员办事处"，同时聘请美国著名建筑师墨菲等"为顾问，使主其事"[1]，至1929年底编制完成一部全新的南京城市整体规划方案《首都计划》。即便如此，何民魂在任时所提首都城市美学应表现本民族文明特征的观点在国民党内部却有着广泛的基础。它也并非由何民魂首倡，而是早在1925年举办的中山陵国际建筑设计竞赛中就由国民党元老和右派人士为主要成员所组成的"（孙中山）葬事筹备委员会"与孙科等家属代表提出。竞赛中将所谓的"中国古式""中国精神"作为命题的基本原则加以强调。可以这样说，正是国民党右派主导下的中山陵建设为新首都树立了一个空间美学样板，再加上曾在20世纪20年代早期与传统中式建筑有过紧密联系的孙科、墨菲两人主导了《首都计划》的编制，这才使得所谓"中国古式"或"中国固有形式"在1929年后通过《首都计划》被明确规定为南京大型政治性建筑的规定样式，从而对抗日战争前10年中南京城市美学风格的形成产生了深远影响。这一类建筑形式名为"中国古式"，实际上却是一种有着"被发明的传统"[2]属性的中西杂糅样式，它在晚清以来有着清晰的演化路径。清末民初，在文化保守主义思潮和外国教会的建筑活动共同影响下，西式建筑主体叠加复古中式大屋顶的"官殿式"开始出现，并随着工程实践经验的不断丰富而成熟于20世纪20年代；至南京国民政府成立之后，在本土建筑师群体对中国古建筑的系统发掘整理以及积极参与建筑实践的努力中，"官殿式"又得以进一步发扬光大，并以此为基础结合社会的实际需要创新发展出"新民族形式"。

在五四运动前后形成的中国社会主要思潮中，文化保守主义因最具民族主义色彩而对社会各阶层有着显著影响力[3]，并逐渐在建筑领域发挥影响。近代以来的文化保守主义者，从晚清的"国

1 国都设计技术专员办事处.首都计划[M].南京：南京出版社，2006.
2 英国历史学家霍布斯·鲍姆等认为，"被发明的传统"是一整套被有意识地发明出来的实践活动，它受制于某些为公众接受的规则，具有仪式或象征性，并通过不停重复来灌输特定价值观，其中特别强调与传统的连续性.参见：霍布斯·鲍姆等.传统的发明[M].顾杭，等译.南京：译林出版社，2008.历史学家这一"被发明的传统"理论，与福柯理论中的话语实践理论和哲学思想中的建构主义有较多类似之处。
3 许纪霖.二十世纪中国思想史论（上）[M].上海：东方出版中心，2000.

1 郑大华.民国思想史论
[M].北京：社会科学文献出
版社，2006.
2 黄仁宇.从大历史的角度
读蒋介石日记[M].北京：九
州出版社，2008.
3 转引自郭伟杰.谱写一首
和谐的乐章——外国传教士
和"中国风格"的建筑，
1911—1949[M].中国学术
（第十三辑）.北京：商务
印书馆，2003.
4 编者.为中国建筑师进
一言[J].中国建筑，1934
（11-12）：1.
5 编者.为中国建筑师进
一言[J].中国建筑，1934
（11-12）：69.

粹派"、五四运动时期的"学衡派"到南京国民政府时期的"文
化本位派"等，他们的一个基本特征就是秉持"现代化并不是欧
化，现代化可，欧化不可"的观点，维护和弘扬以儒家思想为代
表的传统文化，并对其进行有意识选择取舍后结合当时的社会情
况重新加以诠释[1]，试图以此证明传统文化在当前的社会条件下依
然具有强大的生命力，从而证明本民族的生命力，激发国人在列
强环伺大背景下的民族认同。自进入近代以来，民族危机越严重，
救亡图存越急迫，中国社会中的民族主义情绪就越高涨，文化保
守主义的影响力就越大。其长期在国民党尤其右派中影响深远，
蒋介石在 20 世纪 30 年代也明显表露出对"礼义廉耻"等儒家传
统道德的推崇，并将其当作加强独裁统治的政治工具[2]。文化保守
主义的影响于五四运动前后就已扩散至建筑领域，如一位广东籍
的留美建筑师曾于 1919 年发表文章，呼吁通过复兴民族建筑传
统来响应国家与民族的复兴[3]：

"今天中国正处于充满活力的伟大民族复兴的开端。我们
国家特有的品质以及艺术造诣应该得到充分认识和肯定，不可丢
弃……最理想的情况应是：我们建筑发展的总体情况，必须在特
征上是民族化的，在精神实质上是令人愉悦的中国式的。"

至 1934 年 11 月，专业杂志《中国建筑》仍呼吁本土建筑师
努力探索将新式建造技术与传统建筑文化结合起来的方法，从而
使中国式建筑永不落伍[4]：

"中国皇宫式建筑，在历史上占有极高位置，此时摒弃不顾，
不特无以对我历史上发明家，且舍己之长，取人之短，智者所不
为也。若能依据旧式，采取新法，使中国式建筑，因时制宜，永
不落伍，则建筑师之名将与此建筑永垂不朽矣。"

但是，在建筑实践和设计技法上率先推动以中式传统大屋顶
为主要特征的"宫殿式"建筑走向复兴的是在华外国教会和外国
建筑师。清末民初的中国社会虽然部分认识到向西方学习的重要
性，但社会各阶层仍不断爆发反洋、反帝、收回教育主权等运动，
为了应对这一变化产生的压力，彰显融入中国社会的姿态，外国
教会主动采用中式样式建造"本土化教堂"[5]、教会医院与大学，
其中教会大学建筑因出现最早、影响最大而被认为是"中国传统

古典建筑复兴的起点”[1]。此类建筑由在华外国教会委托外国建筑师开展设计，平面布局、建筑体量和立面处理等均仍采用西式手法，以近代式工艺技术、进口的钢筋水泥辅以本地砖瓦木材建造，在外部造型上通过设置中国传统“宫殿式”大屋顶和细部装饰来凸显中式风格。通过对不同年代的建筑实例进行对比分析，可以看出这一类教会建筑在美学风格上经历了从早期的生硬到进化再到成熟和程式化的演化过程。此类教会大学建筑出现最早的是上海圣约翰大学“怀施堂”（1894 年竣工，图 1），由西方建筑师在海外隔洋造车完成设计，典型的西式墙身与不伦不类的中式斜屋顶勉强结合；稍晚完工的上海会审公廨与圣约翰大学科学馆（均于 1899 年兴建）也设置有出檐翘角的中式屋顶[2]。早期的此类建筑在风格上远不成熟，设计手法极为生硬，将不地道的中式屋顶强行设置于西式建筑主体之上，上、下部分之间极不协调，被时人讽为“身穿西装，头戴瓜皮帽”。至 20 世纪 20 年代，全国已有 12 所教会大学陆续进行了此类建筑实践。南京的金陵大学建筑群（图 2）由芝加哥帕金斯建筑师事务所（Perkins, Fellows & Hamilton, Architects）在美国完成设计，理学院（东大楼）、文学院（北大楼）和农学院（西大楼）先后于 1912 年、1919 年和 1925 年完工，开创了使用中国北方官式屋顶的先例，在墙身的处理上也努力维持与大屋顶的协调，但其中部突起的歇山顶完全违背了中式建筑传统的定式，并在全国同类建筑中也是孤例[3]，这是建筑师习于西式技法中体量关系组合、不了解中式传统建筑定式的结果，表明此类样式到这一时期仍未定型和成熟。

　　“宫殿式”建筑在美国建筑师墨菲（Henry K. Murphy）的作品金陵女子大学建筑群（设计工作完成于 1921 年之前，建成于 1923 年，图 3）中实现了程式化，最终走向成熟。经过此前在多所教会大学建筑中的摸索，墨菲在该案例中已能较准确地应用各类中式传统元素，从而形成一套成熟完整的设计手法：将清代“宫殿式”歇山顶应用于主要建筑物、在附属建筑中灵活运用其他种类的传统中式屋顶（庑殿顶、卷棚顶、攒尖顶等）[4]、使用钢筋混凝土仿制斗栱、在墙面规律排列红柱、大量使用彩绘、立面构图、各元素尽量服从清代官式建筑则例等[5]，但出于功能使用考虑，在

1 董黎.中国近代教会大学建筑史研究[M].北京：科学出版社，2010.

2 伍江.上海百年建筑史：1840—1949[M].上海：同济大学出版社，2008.

3 董黎.中国近代教会大学建筑史研究[M].北京：科学出版社，2010.

4 在中国传统建筑形制中，庑殿顶是最高等级，歇山次之，屋顶下的空间不具实用性。歇山顶因下部的空间高度更大，故为这一时期的建筑师所重视，将歇山顶代替庑殿顶广泛应用于主要建筑，并在歇山顶内开窗进行通风、采光，尽可能地将屋顶空间加以利用。这一从实用出发重视歇山顶的做法在 1929 年编制完成的《首都计划》中也有说明。

5 董黎.中国近代教会大学建筑史研究[M].北京：科学出版社，2010.

图1 圣约翰大学"怀施堂"

（资料来源：伍江. 上海百年建筑史：1840—1949[M]. 上海：同济大学出版社，2008.）

图2 建成初期的金陵大学北大楼（左）与东大楼（右）

（资料来源：叶兆言，等. 老照片：南京旧影 [M]. 南京：南京出版社，2012.）

图3 金陵女子大学建筑群

（资料来源：叶兆言，等. 老照片：南京旧影 [M]. 南京：南京出版社，2012.）

布置建筑物的平面和结构构件时仍主要遵循近代西方成熟的设计技法。基本与金陵女子大学同一时期完工的燕京大学建筑群也同样由墨菲设计、监造，同样是教会大学建筑中"宫殿式"风格走向成熟的代表作。

此后，墨菲通过他在广州与南京的建筑实践推动"宫殿式"在国民党政权内部产生重要影响。1922年和1926年，墨菲先后两次为孙科任市长的广州开展市政中枢区设计和全市规划，当地也出现高度模仿金陵女子大学的建筑实例（公立执信中学）[1]。1928~1929年，墨菲先承担了南京国民革命军阵亡将士纪念公墓（图4）的设计工作，继而以技术顾问身份主持《首都计划》编制（该项工作仍由孙科以国民党中央委员的身份负责组织开展）。在墨菲推动"宫殿式"风格走向成熟的建筑实践中，数位年轻的中国建筑师也参与其中，并在此后的独立创作中将这类设计风格加以发扬光大。董大酉先辅助墨菲完成国民革命军阵亡将士纪念公墓的设计，以后以上海市政府顾问兼主要设计师的身份于20世纪30年代中期先后完成上海市市政府、博物馆与图书馆三座大型"宫殿式"建筑的设计，其设计的上海体育场（1935年竣工）也大量采用传统建筑元素以突出民族风格。吕彦直先在1918~1922年在墨菲开办的事务所工作，期间参与了金陵女子大学的设计，之后独立执业，于1925年和1927年先后设计中山陵和广州中山纪念堂，两项重大政治性工程都通过设置传统大屋顶等手法突出了浓郁的中式风格。墨菲、孙科等的建筑活动推动中国传统建筑样式受到南京国民政府的一致推崇，而近在南京东郊的中山陵作为"近代国人设计以古代式样应用于新筑之嚆矢"[2]，更是为1927年之后的首都建设提供了最直接的美学样板。

中山陵在设计之初就已由业主奠定了"使用中国古式"、突显"中国精神"的基调。在1925年5月，以国民党右派和元老

1 赖德霖,伍江,徐苏斌.中国近代建筑史(第二卷)[M].北京:中国建筑工业出版社,2016.
2 梁思成.中国建筑史[M].天津:百花文艺出版社,2005.

图4　国民革命军阵亡将士纪念公墓祭堂（1934年摄）
（资料来源：叶兆言，等.老照片：南京旧影[M].南京：南京出版社，2012.）

1 总理陵园管理委员会.总理陵园管理委员会报告(上)[M].南京:南京出版社,2008.
2 赖德霖,伍江,徐苏斌.中国近代建筑史(第二卷)[M].北京:中国建筑工业出版社,2016.
3 徐友春,吴志明.孙中山奉安大典[M].北京:华文出版社,1989.

为主的"(孙中山)葬事筹备委员会"公开举办国际设计竞赛,选择中山陵图样,这是中国历史上第一次举办国际建筑设计竞赛。该竞赛对建筑样式事先就提出明确要求[1]:

"祭堂图案须采用中国古式而含有特殊与纪念之性质者,或根据中国精神特创新格亦可。"

竞赛共征集到40余幅中外建筑师的作品,筹备委员会组织专家与孙中山家属、国民党元老等从中评选出前10名给予奖励。建筑师们依据上述要求进行命题作文,"中国古式"成为所有获奖方案的美学标准,首奖吕彦直方案的祭堂取自传统中式宫殿母题,形式上突出大屋顶、斗栱等传统元素(图5);其他9幅作品也都从传统的亭阁、宝塔、宫殿、城墙等建筑母题出发,大量使用大屋顶、石雕栏杆、重檐、琉璃瓦等[2]。评委凌鸿勋曾强调依吕彦直方案建成后的中山陵"采取国粹之美术",孙科向国民党二大会议报告时称颂其"式样采古制"[3],此类话语与中山陵的设计过程都说明"宫殿式"建筑风格在国民党内部已获得普遍认可,孙科和吕彦直这两位曾与"宫殿式"建筑有过密切关系的人士分别以孙中山家属和建筑师的身份发挥了重要作用。而1929年完成的《首都计划》更以技术规范的形式建构出首都建筑样式的美学级差序列,"宫殿式"得以在其中占据最高等级。

图5 吕彦直设计的中山陵祭堂立面图
(资料来源:赖德霖.中国近代建筑史研究[M].北京:清华大学出版社,2007.)

从"宫殿式"到"新民族形式"：
传统建筑美学在南京（1927~1937年）的演化与影响

由孙科负责、墨菲担任顾问并主持的南京城市规划方案《首都计划》于1929年年底编制完成，从四个方面系统阐述了首都建筑应采用"中国固有之形式"的理由：发扬本国传统文化、颜色悦目、屋顶空间可用、便于分期建造等。《首都计划》对传统建筑样式的强调，在其所附多张表现图中甚至走向从街边的大小楼宇到规划住宅再到船只与路灯"无物不大屋顶"的极端（图6）[1]。这种城市美学观念在此后的建筑实践中得到了一定程度的贯彻，如南京市政府于1931年专门出台规定，将干道边的小便池也要建成传统的"亭"式"以壮观瞻"（图7）[2]。

1 国都设计技术专员办事处.首都计划[M].南京：南京出版社，2006.

2 南京市政府卫生局.南京市政府卫生局十九年年刊[R].1931.

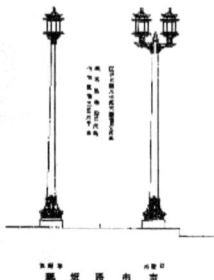

图6 《首都计划》附图

（资料来源：《首都计划》，第100、196和203页。）

1 国都设计技术专员办事处.首都计划[M].南京:南京出版社,2006.

《首都计划》还将建筑形式中中式元素的多寡与建筑物的性质和等级直接关联。地位最高、区位最优的政治性建筑应采用"宫殿式"以求崇闳壮丽,其他类建筑按性质作不同要求,如商业建筑虽可选择外国形式,但规定外墙要有"中国亭阁屋檐""嵌线花棚等式"的"中国之点缀",住宅应保留中式花园和庭院[1]:

"政治、商业、住宅各区之房屋,其性质不同,其建筑法亦自不一律。以大体言,政

图7 抗战前南京街头的小便亭
(资料来源:南京市政府卫生局.
南京市政府卫生局十九年年刊[R].1931.)

治区之建筑物,宜尽量采用中国固有之形式,凡古代官殿之优点,务当一一施用。此项建筑,其主要之目的,以崇闳壮丽为重,故在可能范围以内,当具伟大之规模。至于商店之建筑,因需用上之必要,不妨采用外国形式,惟其外部仍须具有中国之点缀……其在住宅方面,中国之建筑,最为幽静,盖其室中辟有庭院,与街外远相距离,此其最佳之点,故应保留。中国花园之布置,亦复适宜,自应采用。惟关于此项建筑之款式,无须择取宫殿之形状,只于现有优良住宅式样,再加改良可耳。"

这一根据建筑性质来限定形式的规则,制造出首都抽象空间中的美学级差序列,建筑样式与建筑性质及城市区域形成了大致的一一对应关系:"宫殿式"及"新民族形式"的大型官办建筑与政治区、"外国形式"(西式古典或现代形式)的大型商业建筑和商业区、"中国花园"但样式自由的高级别墅与新式住宅区、简易式住房与平民住宅区等。至抗日战争前,经过10年左右的建设,这种差序对应关系在南京已逐渐变成现实,南京国民政府通过对建筑美学的规定推动了首都社会空间的分化。在最宽阔的城市主干道中山大道沿线陆续建成一批"宫殿式"大型政府建筑,这一条南京最重要的城市主干道因此成为

首都传统美学风格最浓郁、民族象征意义最突出的带状区域；一批以银行和高级饭店为代表的大型商业建筑沿主干道两侧分布，高大的体量、西式的构图元素、新颖的立面材料等构成现代都市商业区的繁华意象；在统一规划、集中建造完工的山西路新住宅区，200余栋高档别墅由业主聘请专业建筑师设计，造型自由活泼，配套设施完善并且环境优美，此类住宅造价十分高昂，入住该区的居民均属于社会精英阶层；老城南旧居民区仍长期维持着黑瓦砖墙的旧式平房民居和逼仄陋巷的传统落后形态，大量社会中下层市民在此拥挤杂居；而由政府主导新建的极少量平民住宅区和新棚户区，样式简易、用材简陋，均坐落于空旷偏远的郊区，居民多为被迫外迁的普通市民和底层棚户居民。通过建筑样式的分化，城市的不同区域在一定程度上被符号化和等级化，从而造成了社会空间的美学分化——政治区、商业区、不同阶层的居住区之间的外观差异以及区位差异。其实质上表征着这一历史时期南京城市空间的社会阶层差异，明显的空间不正义因此产生。这成为南京国民政府在首都建设问题上长期受到社会各界批评的一个主要原因。

在这一时期，中国本土建筑师的学术和实践活动共同推动了传统建筑美学在南京和其他城市发扬光大并有所创新。自1928年起，以中国营造学社及梁思成、刘敦桢为代表的建筑学者对历代古建筑进行了系统发掘和学术整理，为传统形式的设计实践进一步发展提供了坚实的学理基础。以杨廷宝、范文照等为代表的本土建筑师设计出一批有影响力的"宫殿式"建筑，并结合社会变化和时代需要创新发展出"新民族形式"。至抗日战争前，一批突出传统建筑美学的大型建筑物沿南京主干道建成并控制着城市的天际线，这种风格浓郁的城市空间把首都在整体上变成一个足以象征民族国家的、符号学意义上的能指。其中，以铁道部（图8）和交通部（图9）为代表的一批政府机关类建筑是有着复古大屋顶的"宫殿式"建筑，而国民大会堂（图10）和中央医院（图11）等建筑则按"外国形式加中国点缀"的方式设计，即取消传统的大屋顶，建筑平面和墙身设计更为自由，仅在局部饰以中式元素以突出民族风格，一种新的建筑风格"新民族形式"得以形成。抗日战争前南京这两类建筑的代表与建筑师如表1与表2所示。

图8　铁道部大楼
（资料来源：叶兆言，等.老照片：南京旧影[M].南京：南京出版社，2012.）

图9　交通部大楼
（资料来源：叶兆言，等.老照片：南京旧影[M].南京：南京出版社，2012.）

主入口

侧视

图10　国民大会堂
（资料来源：叶兆言，等.老照片：南京旧影[M].南京：南京出版社，2012.）

全景

入口细部

图11　中央医院
（资料来源：《中国建筑》（第二卷第四期），1934.）

表1 抗日战争前南京有代表性的"宫殿式"建筑

名称	建成时间	建筑师
铁道部	1930 年	范文照、赵深
励志社	1929~1931 年	范文照、赵深
华侨招待所	1933 年	范文照、赵深
国民政府考试院建筑群	1931 年起	卢毓骏
中央研究院建筑群	1931~1936 年	杨廷宝
交通部	1934 年	（俄）耶朗
中国国民党中央监察委员会	1937 年	杨廷宝
中国国民党中央党史料陈列馆	1936 年	杨廷宝
中山陵藏经楼	1936 年	卢树森
国立中央博物院	1936~1947 年	徐敬直、李惠伯设计，梁思成、刘敦桢顾问

表2 抗日战争前南京有代表性的"新民族形式"建筑

名称	建成时间	建筑师
北极阁气象台	1931 年	卢树森
中央体育场	1933 年	杨廷宝
外交部	1935 年	赵深、童寯、陈植
大华大戏院	1935 年	杨廷宝
中央医院	1933 年	杨廷宝
中国国货银行	1936 年	奚福泉
国民大会堂	1936 年	奚福泉
国立美术馆	1936 年	奚福泉

"宫殿式"建筑自从出现在首都南京之后，就一直面对着来自业主、建筑领域的专业人士和社会公众等的不同批评。来自业主的批评主要针对复古式大屋顶明显费料、费工而造成的高成本。针对这一类的批评声音，《首都计划》曾专门从屋顶空间的利用、防暑、防火等技术角度为"宫殿式"建筑的适用性进行辩护[1]。但在南京国民政府财政状况始终紧张、首都建设资金长期筹措困难的现实条件下，"宫殿式"建筑逐渐走向简化，复古式大屋顶让

1 国都设计技术专员办事处.首都计划[M].南京:南京出版社,2006.

1 杨廷宝.杨廷宝建筑设计作品集[M].北京：中国建筑工业出版社,1983.

2 华盖建筑师事务所.首都国民政府外交部办公大楼暨官舍：附表[J].中国建筑,1935(3)：4.

3 结构理性主义理论以19世纪中期的法国建筑师勒·迪克为代表,他从哥特建筑研究中总结出主要观点,"建筑形式的本质是使其本身适合于结构的种种需要。给我一种结构体系,我愿给你们自然地找到它应该产生的形式。但是如果你们改变了这种结构,我将被迫改变其形式。由于结构改变,外观也要变,但精神恰恰是表现结构"。参见：柯林斯.现代建筑设计思想的演变[M].英若聪,译.2版.北京：中国建筑工业出版社,2003.

步于平屋顶,墙身、檐口等部位也减少细部装饰,仅在局部点缀传统元素(如斗栱、栏杆、雀替、霸王拳等)来表现民族特征,"新民族形式"由此出现。外交部大楼工程是这一类变化的典型案例。该项目动议于1931年春,初期预算80万元,并由基泰工程司建筑师杨廷宝按"官殿式"风格完成设计(图12)[1]。此后因九一八事变爆发、南京国民政府被迫暂时移署洛阳等原因使得预算大大缩减,外交部"为求紧缩"和"合乎实用不求华丽"而改由华盖建筑师事务所赵深、陈植、童寯等重新设计,新的方案中取消了造价高昂的大屋顶,并将室内面积加以精减合并,但在内部装修时仍大量采用宫灯、藻井、红柱、彩绘等塑造清代王府风格(图13)。外交部办公大楼实际建造费用为39万余元,含附属工程在内的总造价约52万元[2],与原方案相比明显节约。

自20世纪30年代起,部分本土建筑师针对"官殿式"和"新民族形式"从功能主义(形式应追随功能)和结构理性主义(形式应追随材料、结构和建造)的专业角度展开批评[3],这明显是受西方现代主义建筑运动影响的结果。范文照是最早参与南京大型

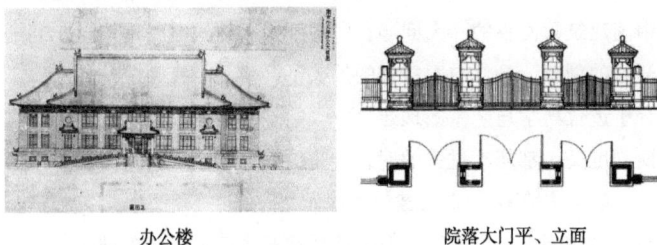

办公楼　　　　　　　　　　　　　院落大门平、立面

图12　杨廷宝设计的外交部方案

(资料来源：南京工学院建筑研究所.杨廷宝建筑设计作品集[M].北京：中国建筑工业出版社,1983.)

外观　　　　　　　　　　　　　装修内景

图13　按华盖建筑师事务所方案建造的外交部大楼

(资料来源：《中国建筑》(第三卷第三期),1935.)

"宫殿式"建筑设计的著名建筑师，先后主创或参与铁道部、励志社等工程。他于20世纪30年代中期开始对"宫殿式"建筑展开反思，走上反对复古、提倡"房屋应从内部做到外部来，切不可从外部做到内部去"的现代主义建筑创作道路[1]。童寯曾对本人参与的"新民族形式"的外交部大楼和其他同类建筑进行批评，认为"民族形式的建筑应更为丰富多彩，这种在西式建筑上加些中式装饰的做法很不足取"[2]，"尽管有种种类同中国装饰的完美润色之处，也不能归类中国建筑。理由很简单，这类装饰毫无结构意义"[3]。通过对"宫殿式"和"新民族形式"的反思与批评，部分中国建筑师于20世纪30年代中期开始转向创作纯粹的现代主义建筑，如董大酉因设计上海市政府等多座"宫殿式"和"新民族形式"的大型建筑物而闻名，但其本人在上海的私宅却采用完全的现代主义形式。

梁思成于1944年在古建筑研究的基础上对"宫殿式"建筑有过系统的批评。他首先探讨了保存古建筑与发展新建筑之间的关系，认为艺术创造不能完全脱离传统而独立存在，"但如何接受新科学的材料方法而仍能表现中国特有的作风和意义"是近代中国建筑师面临的一大问题；"宫殿式"建筑是为解决这一问题开展的创新，是"中国精神的抬头"，但"'宫殿式'的结构不合于近代科学与艺术的理想，""它是东西制度勉强的凑合，这两制度又大都属于过去的时代，""糜费侈大，它不常适用于中国一般经济情形"，此类建筑就像作文时的"堆砌文字，抄袭章句，整篇结构不出于自然"，要创造适用于中国人自己的建筑，应从中国式的"生活思想"入手，深入研究传统建筑的结构体系和平面部署，从而培养美感、驾驭材料，遵循最新的结构原则，则"新中国建筑及城市设计不但可能产生，且当有惊人的成绩"[4]。这一批评从建筑进化理论的角度肯定了"宫殿式"建筑的短暂复兴具有的创新意义，但因其既违背结构理性原则，又在一定程度上脱离社会生活的实际需要，故而没有长久的生命力。

南京的"宫殿式"建筑在抗日战争前还招致社会的广泛批评，主要原因是其奢侈华丽的形象与这一时期南京市区遍布的

1 范文照.中国的建筑[J].文化建设,1934(1):135.

2 刘敦桢.纪念朱启钤、梁思成、刘敦桢三位先师——有感于中国传统建筑文化之发掘、深入研究，继承、发扬和不断创新[J].华中建筑,1992(1).

3 杨永生，王莉慧.建筑史解码人[M].北京:中国建筑工业出版社,2006.

4 梁思成.为什么研究中国建筑[J].中国营造学社汇刊（第七卷第一期）,1944:5-11.

1 丁帆选.江城子 名人笔下的老南京[M].北京:北京出版社,1999.
2 孙季叔.中国游记选[M].抚顺:亚细亚书局,1934.
3 长短评.轮渡的效率[J].华年周刊(第二卷第四十七),1933.

草屋棚户形成直观对比,公众视线中的建筑美学差异传递出统治者与普通市民之间鲜明的阶层差异。在抗日战争前的10年中,南京建设的成就主要集中在大型建筑、主要道路等容易彰显城市形象的工程上,而在与普通市民生活密切相关的工业建设、经济发展和基础民生等方面投入明显不足,大量社会中下层市民的生活基本没有得到改善,住房紧缺、贫困等问题还不断恶化。在这种现实情况下,社会舆论屡屡通过批评首都的"官殿式"建筑来抨击政治腐败的南京国民政府。武汉大学教授袁昌英于1934年写道[1]:

"新都,你除了陵园、谭墓还足以自矜外,更有别的可引以自重吗?不错,你有几条马路,几座官殿式的衙门,不少的洋式官舍与私宅。然而我每次在这些衙门、官舍与私宅前经过时,我总觉得它们多半是些没主宰的空虚的躯壳,它们实在一大部分是些魂不附体的空建筑!"

记者曹聚仁在这一时期的南京观察到政治权力的不平等与建筑美学差序之间的深刻联系[2]:

"进城时,城门口得有一番手续,倾囊倒箧,检查得非常细密。我看见有人递了一张名片,就自由通过了;也有扬长走过,不必递名片的。南京住着这三种人:一种不必递名片的,一种是有名片可递的。还有一种是无名片可递有劳细密检查的。进城不远,就可看见许多官殿式的建筑,有的还在建筑。不必递名片的,据说就住在这官殿里面。高楼门一带,错落的别墅散在那边,这大概都是有名片可递的。金陵王者之都,官殿式的建筑,看起来颇为相称;只那些淹在水潭里的茅屋,点缀其间,'太不雅观!'"

同一时期,有市民对南京国民政府这种只顾营造首都形象而漠视大众民生的城市建设发出一针见血的质疑[3]:

"我们实在不则不问,近年来的建设这样、建设那样究竟给了我们——尤其是我们中间的恃劳力为生的人——增加了多少幸福?首都有了中山陵和中山大道以后,除了替我国撑些场面,教外国观光的上宾可以赞一声'中国有显著的进步',可还有什么别的好处没有?"

普通市民发出的这一质疑已超越具体建筑样式的美与丑、现代与传统的争论，将包含建筑美学在内的城市建设问题置于更深层次的社会层面加以拷问。

┤六├
小结与讨论

1927~1937 年发生在南京的传统建筑美学复兴有着复杂的思想、社会和政治根源。文化保守主义思潮在社会各阶层和国民党政权内的深远影响、教会建筑的早期探索为其提供了思想土壤和技术积累，并在新生的南京国民政府迫切建构首都形象的政治需要下，以本土建筑师为主力开展的学术活动和设计实践使其发扬光大并有所创新。"宫殿式"和"新民族形式"的建筑美学既塑造了具有浓郁时代特征的南京城市空间，也因造价过高、过分注重形式以及促成社会空间不公平的分化而分别受到业主、建筑专业人士和社会大众的批评。今日的中国城市已跨过大拆大建的扩张期而进入城市更新的新阶段，这需要城市建设决策者和规划师、建筑师等专业人员更深入地思考如何创造与之相适应的城市和建筑美学问题。通过系统地回顾这场发生在约 90 年前的传统建筑美学的复兴和演化，我们可以获得如下几点启发。

建筑形式首先应根植于对空间的功能需求，忽视功能的纯粹形式主义会因不具备充足的社会基础而丧失生命力。"宫殿式"建筑为了突出民族精神强行设置复古式大屋顶，最终因造价过高和使用不便的原因被社会抛弃。其次，建筑形式是时代精神的反映，不同时代必然呼唤与之相称的建筑美学，完全复古的历史主义美学观念在新的时代无法找到充足的生存空间，曾设计出经典"宫殿式"建筑的范文照、董大酉等的主动反思并最终转向现代主义建筑就是证明。再次，建筑美学不能脱离材料和建造的客观限制独立存在。例如，斗栱本是传统木构建筑中传递荷载不可或缺的关键结构性构件，但在"宫殿式"和"新民族形式"中的斗栱都采用水泥仿造后作为纯粹的装饰物后期安装，这种形式与材料、结构的不匹配既造成建造生产效率的下降，也助长一味追求形式的矫饰做作。在近代建筑技术已进入钢材水泥时代后，根植于手工木构技法的传统中式建筑形式必然要被技术和材料的不断进步所边缘化。

"现代主义建筑运动"自诞生以来，虽屡遭历史主义、象征主义、未来派、解构主义、后现代主义等各式风格流派的冲击，但随着科学精神和民主观念在现代社会的普及，社会文化中崇尚客观、理性、平等的主流思想不会改变，以尊重现实和理性为核心的现代主义建筑只会与时俱进却不会过时，而一味复古、标新立异、故作姿态甚至哗众媚俗的建筑形式必然只能取悦一时或一小部分观众。这也是抗日战争前部分中国建筑师在接触到现代主义建筑思想后毅然抛弃传统形式的原因。此外，建筑之美又需要根植于地方性才能产生独特的城市精神。"宫殿式"建筑的手法在程式化中走向僵化就是反例，南京、北京、上海甚至广州的建筑都采用同样的清代北方官式屋顶，这既限制了地方建筑传统原本的多样性，也违背建筑应适应当地气候与环境的基本要求。再者，公共建筑的社会属性要求其美学样式应宜人亲切和利于大众使用，弘扬公平公正的价值观并体现人文关怀，而不是建构崇高宏伟却封闭高冷、脱离大众的纪念碑、纪功柱，民国时期的社会舆论对"宫殿式"建筑过度追求形式、脱离大众利益的尖锐批评同样值得今人深思。总之，只有城市建设的决策者和规划师、建筑师们都能真诚地响应时代和公众的现实需要，勇于突破传统、权力和权威的禁锢，才能创造出属于新时代的城市美学，这既需要对城市发展中美学和科学规律的准确把握，又需要真正的文化自信。同时，我们也应看到，"宫殿式"和"新民族形式"的大量近代建筑作为历史遗存，在今日已成为南京宝贵的"城市文化资本"，如何有效地挖掘、整合并创新性地对民国建筑进行开发和利用，实现城市文化资本的再生产，从而服务于当代城市更新的整体战略和推动城市永续发展，是一个值得深入开展学理性研究的新问题，需要在历史研究的基础上另文展开讨论。

Revival, Evolution and Influence of Traditional Architectural Aesthetics in Nanjing (1927–1937)

ZHANG Feng

Abstract: The revival of traditional architectural aesthetics in Nanjing in the 1930s was caused by political, ideological and social factors. The political demands of Nanjing National government needed to construct the capital image symbolizing the state and government. The trend of cultural conservatism which affected all social strata for a long time called for the revival of traditional architectural culture. The architectural localization activities of foreign churches in China have promoted the gradual maturity of the palace-style architecture characterized by the large retro roofs since late Qing Dynasty. Under the joint promotion of these conditions, a number of "palace form" large buildings were built in Nanjing from 1927 to 1937, and on this basis, a "new national form" was developed. In the process of the revival and evolution of traditional architectural aesthetics, the aesthetic differentiation of social space has taken place in Nanjing's urban space, and the traditional style has also been criticized from different angles by architects and the public. A comprehensive review of this historical process is helpful to protect the urban context of Nanjing and carry out urban renewal.

Keywords: architecture of the Republic of China in Nanjing; palace form; new national form; social spatial differentiation

美学建构：
形美与神美

冯

奎

　　冯奎，安徽肥西人，现任国家发展改革委城市和小城镇改革发展中心学术委秘书长、民盟中央经济委副主任，兼任中国企业管理研究会副理事长，北京交通大学博士生导师。主要从事城镇化政策、城市发展研究，主持国家发展改革委等部委委托的现代化都市圈建设、推动沿边高质量发展、推动特色小镇高质量规划建设等方向的十多项重点课题，主持制定全国 30 多座城市的发展战略规划。主持完成的新城新区、县域城镇化、城市治理智慧化等方面的研究成果均获得国家发展改革委优秀成果奖，其他规划与研究类的成果获省部级奖 10 余次。担任合肥、呼和浩特、青岛等全国 20 多座城市的发展顾问。曾任中国城镇化论坛、中欧城镇化博览会等总策划，与中国友谊勋章获得者、法国前总理拉法兰发起创办"中欧绿色智慧城市峰会"。作为主要执笔人完成的关于城市群治理、中小企业政策、沿边发展等报告，均获得党和国家领导人的重要批示。

【人生格言】
　　光而不耀。

改革创新：提升城市品质的调研与思考

冯奎

摘要：

在工作调研中发现，各地普遍重视城市品质工作，已取得多方面显著成效。同时，在生活、生产、人文、生态、治理等方面，城市品质的问题较为集中。城市品质提升得仍不充分、发展水平尚不平衡。从工作角度看，主要原因有：对城市品质内涵认识不清、工作缺少指标引领、习惯于大拆大建、法律法规与体制机制不健全等。未来，应进一步提升对城市品质地位作用的认识；科学把握城市品质的主要内涵；研究编制科学的城市指标体系；强化各类底线约束，将城市品质的内容做实；改进和加强城市品质的考评工作；依靠城市更新，加强城市治理，稳步推进城市品质。

关键词：

城市品质；城市更新；治理；评价

"十四五"规划提出，加快转变城市发展方式，统筹城市规划建设管理，实施城市更新行动，推动城市空间结构优化和品质提升。调研中发现，各地普遍重视城市品质等工作，城市品质取得了重要进展，在开展城市体检、探索建立城市品质标准、推广城市品质案例模式等方面，积累了丰富的经验。同时，在生活、生产、人文、生态、治理等方面，城市品质的问题较为集中。城市品质提升仍不充分、发展水平尚不平衡。从根本上来说，这是因为中国仍是发展中国家，城市经济社会发展水平不高，这是城市品质存在诸多问题的根本原因。从工作角度而言，其原因还有城市管理者、建设者对城市品质内涵认识不清、工作缺少指标引领、习惯于大拆大建、法律法规与体制机制不健全等。总的来说，城市品质的方向性、系统性、科学性、有效性有待提升。

面向现代化强国目标，结合我国城市实际和"十四五"规划以及 2035 年远景目标要求，未来应进一步提升对城市品质地位作用的认识；科学认识我国城市品质的主要内涵；研究编制科学的城市指标体系；强化各类底线约束，将城市品质的内容做实；改进和加强城市品质的考评工作；以城市治理为工作重点，稳健开展城市更新行动等。

├ 一 ┤
提升城市品质取得的进展与成效

提升城市品质在工作层面的重要进展主要反映在政策要求更加明确、支撑体系正在建立、城市体检试点有效推进和地方政府积极行动四个方面。

1. 政策要求更加明确

中央城镇化工作会议（2013 年 12 月）、中央城市工作会议（2015 年）、《国家新型城镇化规划（2014—2020 年）》指出，需要顺应现代化城市新理念、新趋势，推动城市绿色发展，提高智能化水平，增强历史文化魅力，全面提升城市内在品质。

"十四五"规划和2035年远景目标提出，必须加快转变城市发展方式，统筹城市规划建设管理，实施城市更新行动，推动城市空间结构优化和品质提升。"十四五"期间，应该从城市发展方式、城市建设、城市治理、住房市场体系与保障体系等方面全面推动城市品质提升。

从城市政策角度分析，城市品质提升已不仅仅是实现城市现代化的战略重点，更是推进新型城镇化发展的政策目标。"十四五"规划中就明确指出，新型城镇化进程最终要"使更多人民群众享有更高品质的城市生活"。

2. 支撑体系正在建立

2018年12月，住房和城乡建设部发布包括《海绵城市建设评价标准》《绿色建筑评价标准》在内的十多项标准。2020年4月，中国标准化研究院、中国城市和小城镇改革发展中心等多部门、多地城市共同起草的国家标准《新型城镇化品质城市评价指标体系》通过专家审查。2020年5月，国家发展改革委印发《关于加快开展县城城镇化补短板强弱项工作的通知》，2020年9月，自然资源部印发《市级国土空间总体规划编制指南（试行）》，指导和规范市级国土空间总体规划编制工作，促进高质量发展和高品质生活。

其中，《新型城镇化品质城市评价指标体系》借鉴国际标准《城市服务和生活品质指标》（ISO 37120）及《中国城市质量奖重要指标》相关内容，将经济发展品质、社会文化品质、生态环境品质、公共服务品质、居民生活品质"五大品质"确立为一级指标。该标准提出了品质城市的内涵与定义，创建了城市全面发展的指标体系，具有一定的探索意义。

3. 城市体检有效推进

2019年，住房和城乡建设部征求相关部委意见，建立了开放型的城市体检指标体系框架。该指标体系框架对应新发展理念和城市人居环境高质量发展内涵要求，重点包括生态宜居、城市特色、交通便捷、生活舒适、多元包容、安全韧性、城市活力、社会满意度八大方面内容。住房和城乡建设部指导并与沈阳、南京、厦门、广州、成都、福州、长沙、海口、西宁、景德镇、遂宁11座试点城市共同以城市体检为抓手，以改善人居环境质量和推动转变城市发展模式为着力点，解决"城市病"突出问题，提升城市品质和人居环境质量，取得了一定成效。2020年6月，住房和城乡建设部出台《2020年城市体检工作方案》，天津、上海、重庆、广州、武汉等36座城市参加以防疫情、补短板、扩内需为主题，查找城市发展和城市规划建设管理存在的问题和短板为内容的城市体检。

4. 地方政府积极行动

从全国范围来看，各省、市、区域更加重视城市品质，打造不同城市名片，促进高质量发展和高品质生活。如山东省印发《城市品质提升三年行动方案的通知》，由省住房和城乡建设厅负责研究分解任务、协调工作推进、组织开展工作指导和监督评估，各市、县（市、区）政府是城市品质提升的责任主体，落实部门责任和分工。山西省提出"城市品质提升行动（2019—2022）行动方案"，全省建立考核评价机制，定期进行考核，考核结果作为地方领导干部综合考核评价的重要依据。广东省围绕增强人民群众的获得感、幸福感、安全感，扎实推进城市体检试点工作，大力建设宜居城市、韧性城市、智能城市。江苏省着力提高城市生态环境建设，出台条例加强城市园林绿色规划、建设和管理，注重资源保护和生态改善，加强城市公共服务与文化传承功能建设。四川省重点推动城市基础设施改造建设，践行"一尊重五统筹"城市工作总要求，以创建城市优良人居环境为中心目标提升城市品质。青岛、嘉兴等市成立由市领导同志担任指挥长、各相关部门主要负责同志任队长的城市品质改善提升攻势指挥部及攻坚队，挂牌作战。泰州围绕城市科学发展、高质量发展，逐步形成了建设品质城市的目标追求，并于2020年6月牵头制定了《品质城市评价指标体系》，并通过国家标准专家审查。

我国城市品质提升的工作已取得了一定成效，主要体现在以下几个方面。

一是促进形成了发展共识。各地普遍重视城市品质，据对100座城市2016~2019年政府工作报告的关键词检索分析，2016年城市品质的频次为238次，2019年为522次。"十三五"期间，城市品质建设上升为国家标准，全国近10个省级行政区开展了城市品质行动。

二是逐步展现了综合效应。长沙对 14 个历史街区、27 个 "城中村" 实施了更新改造，完工并投用了 66 个市政基础设施等重大民生基础设施项目，在城市功能完善、人居环境改善等方面取得了显著成效。厦门实施 6 大类、35 项重点任务，内容涵盖住房、交通、水环境、风貌品质等多个民生领域，目前已完成老旧小区改造 2.5 万户，新改建、修复城市污水管网 80km 等工作。青岛市打出了一套 "组合拳"，在拆违治乱、老旧小区改造、市容环境整治、治理堵点乱点等重点领域各项工作取得阶段性进展。

三是获得了市民的积极评价。从沈阳、南京、福州、厦门、景德镇、长沙、广州、海口、成都、遂宁、西宁 11 座不同规模、区位城市的社会满意度调查结果看，61.2% 的受访者对人居环境总体感到 "满意" 或 "非常满意"。中国城市规划设计研究院等机构对比 2015 年开展的全国 40 座城市人居环境满意度调查结果得出，2019 年城市满意度调查中的生态宜居满意度有明显提高。

四是积累了模式经验与方法。一批城市建立了 "一年一体检，五年一评估" 的常态化的城乡规划体检评估机制，确保城市总体规划确定的各项内容得到落实，对规划实施工作进行反馈和修正。三亚市率先进行 "双修" 试点，三亚、福州等 58 座城市已开展全国 "城市双修" 试点。杭州、合肥、慈溪等市从 "数字治堵" 入手，建设 "城市大脑"，探索 "智慧交通" 发展模式。

从本研究调研的十几座城市来看，每座城市都形成了自己的经验与方法，为未来推动城市品质进一步提升奠定了基础。

十二

城市品质存在的一些主要问题[1]

1 本节部分内容参考：冯奎，李庆. 聚焦底线和短板，系统提升城市品质 [J]. 中国发展观察，2020（22）：18-20，57.

1. 生活品质方面，成本较高，不够宜居

一是出行的时间成本和经济损失较高。例如，根据《2020 年度全国主要城市通勤监测报告》，我国主要城市居民大多通勤时间为 45 分钟以上，普遍高于国际大城市；根据交通运输部发

布的数据，我国每年交通拥堵带来的经济损失为国内生产总值的5%~8%，折合人民币2500亿元。

二是居住成本较高。以住房收入比为例，根据Numbeo发布的数据，2018年全球房价收入比排名前5位中有4座中国城市，分别是香港、北京、上海、深圳，比值均在40左右，约为伦敦的2倍、纽约的4倍。

三是健康成本高。据《2019年我国卫生健康事业发展统计公报》显示，我国居民人均医疗费用占当年居民人均可支配收入的1/3左右；而美国2018年该项数据约为18%，日本仅为12%，明显低于我国。

2. 生产品质方面，低产低效，资源浪费

一是经济密度不高。例如，2018年上海中心城区（不含浦东新区）平均单位面积GDP达到37.58亿元/km²，在国内遥遥领先，但与国际城市核心区相比还有一定距离。纽约曼哈顿是上海中心城区的13.8倍，伦敦金融城更是上海的33.3倍。

二是人口、土地资源配置不合理。土地城镇化明显快于人口城镇化，土地资源配置效率较低，许多中小城市一方面人口在流失，另一方面却在"摊大饼"式地向外围扩张，盲目建造超过需求的基础设施，出现低密度扩张、发展不充分、资源浪费等问题。

3. 生态品质方面，污染较重，发展脆弱

一是环境污染严重。例如，根据《2019年世界空气质量报告》，在全球空气污染最严重的前100座城市中，我国有48座；《2020年中国环境质量公告》显示，我国地下水Ⅳ类与劣Ⅴ类占比高达85.6%。

二是工业用地比重高，生态用地少。根据住房和城乡建设部公布的最新数据，我国城市工业用地占比约为20%，明显高于日本的7.7%、韩国的10.1%；我国一线城市的绿化和广场用地占比均不到8%，而巴黎、纽约、首尔均高于20%。

三是城市水资源承载压力巨大。目前，全国660多座城市中，有400多座城市缺水，其中108座为严重缺水城市。

4. 人文品质方面，缺乏内涵，特色不彰

一是在国际化城市面前，中国传统建筑文化特色流失。"贪大求洋求怪"的建筑风貌价值取向未得到明显改观，城市建设急于扩大建筑面积，盲目追求国外建筑风格，建筑模板化，建设速度过快，盲目"拷贝"导致"洋建筑"成风。

二是在快速城镇化面前，区域的和民族的特色流失。城市建设大拆大建，一些珍贵的历史文化街区受到破坏，有的地方破坏真古董，建设假古董，无序发展，流水线化，重建设规模，轻地域性和民族性特色风格。在规划建设中忽视"天人合一"的中国传统城市建设特征，不尊重自然山水，往往让城市居民"有山不见山、有水不近水"。

三是在大城市面前，中小城市特色消失。中小城市普遍存在定位目标趋同、功能重复、产业同构等现象。

四是在现代化的标杆城市面前，小城镇的特色流失。一些小城镇建设盲目照搬大城市的开发建设模式，追求形式、浪费严重，普遍存在"千镇一面"、布局散乱、风俗和人情观逐渐淡化等现象。

5. 社会品质方面，治理不精，关爱不够

一是农业转移人口进城落户难。全国近2亿流动人口未能在城市落户，住房安家、子女入学等存在困难，缺乏情感归属。

二是低收入人口就业难。由于受教育程度偏低、缺少一技之长等原因，部分低收入群体难以获得稳定就业。

三是城市治理存在"一刀切"问题。例如，一些城市为了追求好看的环保政绩或者应付环保督察，往往采取"一律关停""先停再说"等敷衍做法。

四是在应急状态下表现出的韧性品质不足问题。主要是城市已有资源基础不足以应对重大自然灾害、重大突发公共安全事件等而产生的一系列保障性问题。如公共卫生资源分布不均衡、食品运输与安全管理存在漏洞等，当应急状态出现时，原有问题漏洞会产生更多连锁反应。例如，这次新冠肺炎疫情中，城市普遍存在公共卫生资源不足，社区服务功能较弱，政府、社会、市民协同响应水平不足等问题。

2021 年，中国人均 GDP 突破 1.2 万美元，开始接近 2021 年世界高收入国家的门槛值——1.3 万美元。但是，中国目前只比世界平均水平略高一些，中国作为"最大发展中国家"这一最本质特征没有改变。中国城镇化经过快速发展，刚刚超过世界平均水平，城镇化和城市品质存在的问题仍旧突出。特别要看到，中国区域之间、城乡之间不平衡现象非常严重，部分区域和城市的品质较好，但另外一些城市的品质或这些城市的部分品质指标严重滞后。总体而言，城市品质作为反映一国及其城市经济社会水平的重要内容，不可能脱离经济社会本底与状态的"基本面"。

从工作角度来看，我们发现对于提升城市品质，各地热度高、氛围浓，但对若干重大方向性问题，还没有清晰的思路与答案。这些问题包括以下几个方面。

1. 城市品质内涵认识不清

以偏概全明显。一些城市对城市品质缺乏系统性认识，对于生产、生活、生态等方面，只重视其一，不能兼顾。例如，在大力提升城市形象和改善城市环境，争创"国家卫生城市""全国文明城市"的背景下，许多城市将街头摊贩视为"六乱"和"脏乱差"的代表，采取"一禁了之"的治理政策，不仅在实际管理中诱发很多矛盾，而且给市民生活带来不便。还有一些城市存在片面追求生活品质，破坏生态环境，非法占用林地草原建别墅、高尔夫球场、豪华墓地等行为。

一些观念陈旧。一些城市在城市建设过程中"贪大求洋"、追求奢华，认为"高大上"就是城市品质。例如，有些城市盲目规划建设大马路、大广场，虽然视觉上看起来有品质，却给市民生活带来极大不便，宜居性不高。再如，有些城市新建高铁站远离城市建成区，周边开发建设存在规模过大、功能定位偏高等问题，造成资源浪费，给市民出行带来不便。

照抄照搬突出。在城市快速发展过程中，一些城市热衷于"造亮点""建门面"，一味模仿、照搬照抄，盲目移植国外及其他地区的造景手法。

2. 缺少科学标准的体系

部分城市"十四五"规划没有纳入城市品质等内容。由于相关政策文件出台的时间不同，一些城市的"十四五"规划和2035年远景目标纲要中没有纳入城市品质、"双碳"目标等内容。

基本公共服务未能充分覆盖流动人口。全国第七次人口普查数字显示，我国流动人口3.7亿，这部分人口是中等收入群体的后备军，政策层面应助推他们一把。新近公布的《国家基本公共服务标准（2021年版）》在部分细目中，没有做到对这部分人口全面有效覆盖。应统一政策标准，尽快将流动人口纳入各地基本公共服务的人口范围之内。

对弱势群体关注不够。城市品质相关国家标准中基本没有涉及城市弱势群体的指标，大多地方标准也几乎完全照搬国家标准，一些城市品质提升的行动方案也主要集中在普惠性的改善，鲜有针对弱势群体的关注。特别是最低收入群体居民生活必需品人均消费支出与城市居民最低生活保障比这项数据在南京、成都、西宁等省会城市均接近或者超过100%，突出反映了城市对低收入群体的友好度较低。

城市品质缺乏客观的评价标准。目前，城市品质相关的社会化指标较多，但大多缺乏充分的多学科论证，客观性、权威性不足，出现排行榜乱象。

3. 习惯于大拆大建的建设模式

一些城市大拆大建问题突出，直接的后果是我国建筑的平均寿命不到30年，既产生了巨大规模的建筑垃圾，又产生大量的能源消耗，对碳达峰、碳中和的目标实现极为不利。

随意拆除老建筑。部分地方城市将提升城市品质等同于破旧立新、大拆大建。例如，在城市更新行动推进过程中，有的地方老建筑、古民居被拆除或遭到破坏，或者拆真建假，采取抄袭、模仿、山寨等行为，城市特有形态以及历史街区的格局和风貌因设施拆除重建而遭到移除，而且造成重复建设和资源浪费问题。

大规模搬迁居民。城市建设中，部分城市存在大规模、强制性搬迁居民现象，改变了社会结构，割断了人、地和文化的关系，造成居民工作节奏、生活习惯、生理、心理、感情等的改变和震荡。

运动式拆违。有些部门和地方片面理解中央的政策，机械和形式主义加以放大，开展轰轰烈烈的拆违运动，一刀切地将所有违章建筑都要拆除，严重影响了就业、创业、增收、消费和经济景气。

4. 政策、法律、体制、机制不健全

法律法规体系尚未形成。一方面，国家层面虽已出台了有关棚户区改造、老旧小区改造等专项政策，但在总体层面还缺少城市品质提升的高位阶制度安排和纲领性文件。另一方面，许多城市在城市更新方面做了大量工作，在制度建设方面进行了有益探索，如上海、广州等城市出台了城市更新条例，但是大多数地方在城市品质提升方面还缺乏制度体系的有力支撑。

部门间缺乏协同性。由于城市品质涉及产业、生态、民生等多个领域，各部门间条块分割，大多基于事权范畴各自出台自身口径的相关文件，缺乏整体性、系统性和协同性。仅以生态建设相关指标为例，就有住房和城乡建设部发布的《国家园林城市标准》、生态环境部发布的《生态县、生态市、生态省建设指标》、水利部发布的《关于加快推进水生态文明建设工作的意见》、林业和草原局发布的《推进生态文明建设规划纲要（2013—2020年）》等，指标选择缺乏协同，存在指标体系间交叉重复明显的现象。

多元主体共建机制尚不明晰。城市品质提升的主体包括政府、社会和市场主体等，各方利益诉求和动力机制不同，然而目前在制度构建过程中对城市品质提升背后动力机制的研究不足，对社会问题的作用机制和重视程度考虑不足，多元主体的参与途径和机制也尚不清晰，缺乏与基层治理机制的衔接。

对进一步提升城市品质的建议

城市品质存在的问题有复杂的原因。从主观和工作角度来说，面对快速城镇化和城市发展，城市政府在规划、建设、治理等方面的经验、能力均有所欠缺。

本研究分析认为，提升城市品质具有综合效应是发展的目的所在，是中国高质量发展的支柱，也是提升中国国际竞争力的基本路径，还是稳增长、稳投资、惠民生最重要的领域，是各方面认可度最高的"最大公约数"。中国转向高质量发展，国家宏观层面已提出实现高质量发展的理念、路径，企业微观层面多年来持续推进质量标准体系，成效显著，但在城市这个中观层面，品质体系建设与路径尚不清晰，已有的一些品质指标不能满足需求。国家"十四五"规划和2035年远景目标明确要求全面提升城市品质，围绕城市品质的相关工作还应进一步予以加强。具体建议如下。

1. 加强城市品质内涵研究

一是认真学习习近平总书记关于城市发展的重要讲话精神，面向现代化强国目标，系统提炼和把握城市品质的内涵。基于人民城市为人民的价值理念，本研究认为：城市品质以人民美好生活品质为核心，主要体现生活、生产、生态、社会、治理的发展现状与可持续性，是对城市综合实力与竞争力的反映。

二是提出高质量的城市品质指标体系。目前关于城市品质的内涵并不清晰，一些部门以提升城市品质为名，投入大量资源，有的甚至与提升城市品质背道而驰。地方政府面对来自主管部门和社会媒体各类评比，手忙脚乱，疲于应付，故此本研究建议应提出高质量、有权威性的城市品质体系，将自评与他评相结合，减轻地方负担。

三是鉴于城市品质工作的重要性，建议条件成熟时单独设立国家城市质量奖，以此引领和推动城市高质量发展。此前阶段，也可考虑在现有的中国质量奖中增设"城市"一项内容。

2. 强化城市品质底线约束

一是将"十四五"规划及2035年远景目标中所确定的内容，特别是要将其中的约束性指标，如劳动年龄人口平均受教育年限、单位GDP能源消耗降低、单位GDP二氧化碳排放、空间质量优良天数比率、地表水达标比例、森林覆盖率等指标转化成为城市品质指标。

二是在国家公共服务体系建设标准中对流动人口覆盖不足，应予以修改完善。根据第七次全国人口普查结果，我国流动人口已近4亿。目前已公布的基本公共服务国家标准（2021年）是国家向每一个公民作出的硬承诺，原则上要做到全覆盖、不漏项。但该项标准所覆盖人口以常住户籍人口为基本对象，对流动人口覆盖并不充分。建议应针对所有人口（含流动人口）落实国家基本公共服务，以此作为城市品质的硬性要求。

三是将体现重大政策方向的内容或指标充分反映到城市品质中去。当前，我国发展不平衡、不充分问题仍然突出，城乡区域发展和收入分配差距较大，促进全体人民共同富裕是一项长期艰巨的任务。建议将反映共同富裕的核心指标如中等收入群体比率、城乡收入倍差等作为城市品质的要求。我国城市安全面临的问题突出，应将公共安全等指标在城市品质中予以体现。新型城镇化规划应强化对城市基础性标准的设定与要求，使之成为城市品质的组成部分。

四是将各城市反映强烈的问题列入城市品质指标。本研究调研发现，城市住房、子女上学、医疗、公共问题治理等问题在各地都有突出反映，建议在城市品质中予以反映。同时，建议各地因地制宜设定一些自我改进类型的城市品质指标，引导城市资源配置，提升城市品质。

3. 统筹城市品质规划编制

一是推进"多规合一"规划编制体系，改变城市品质标准政出多门、执行部门无所适从的现象。发挥城市品质作为结果输出项的特征，倒逼规划体系与工作流程的变革。

二是强化城市品质领域的数据共享，减轻数据填报负担，减少数据造假。删减涉及城市品质的繁冗考核体系。

三是推进分类考评。国家行政部门强化对城市安全、基本公共服务等方面的考核，强化底线标准。精简各类社会化的评比考核，国家部委行政部门及其直属机构不参与有收费性质的城市品质考评。鼓励各地推进"自评价"，对评价结果予以公开，强化市民的监督机制。

4. 推进城市品质标准建设

一是有关部门进一步总结和推广优秀城市的案例与做法，使之标准化，变成可操作、能推广的技术性的制度工具。

二是修订一批引导性或约束性的城市品质标准。对标现代化强国的目标要求，充分考虑我们迈向中等发达国家的阶段特征，结合城市的分类现状，在生活品质、经济发展、生态宜居、人文环境、社会治理等方面，设立一些硬件、软件达标项目，引导各城市分阶段予以实现。

三是参与和引领国际标准制定。建议在绿色低碳城市、数字智慧城市等领域，创建中国的标准，加强国际传播，形成话语体系与影响力，服务于推动国际合作。

5. 推进城市品质更新提升

一是将城市更新作为基本路径。围绕邻里、教育、健康、创业、交通、低碳、建筑、服务、治理等市民关心的痛点、热点，通过旧功能升级、新功能的注入提升城市品质。坚持"有机更新"的价值观导向，以保护利用为主、拆除重建为辅的方式推进城市更新工作，因地制宜有序推进，远近结合久久为功。坚决反对大拆大建，不片面追求规模扩张带来的短期效益和经济利益，坚持分区施策、分类指导。严格控制大规模增建，除增建必要的公共服务设施外，不大规模新增老城区建设规模，不突破原有密度强度，不增加资源环境承载压力。

二是吸引多元主体参与城市品质提升。借鉴国外和国内城市经验，可给予容积率奖励、税收优惠、补助金等优惠政策，吸引社会力量参与城市更新。设立城市更新基金，探索应用公私合营模式，通过公私合作、利益共享、风险共担方式，降低政府负担，提高社会力量参与的主动性和积极性。强化社区治理，通过过程式协商形成各方都能接受的方案，促进社会团体与市民自我管理、规划建设好家园。

三是综合运用多种治理手段。用发展治理思路挖掘老城区的比较优势，寻找新发展动力源，如科技、文化、交通、生态等可以赋能转化的核心资源，通过创新与更新联动，重构老城区的空间格局，由点及面推动整体更新，使其焕发新生。以精准治理提升更新效能，利用大数据智能化分析公民需求层次和类型，通过有效政策传递和资源流动及时、精准地满足公民需求。以持续治理保障持续更新，如将规划、建设、管理、运营的全过程信息纳入平台信息检测运营，对城市进行检测—诊断—综合施策，为城市"看病"甚至"治未病"，构建涵盖全生命周期的日程化、精细化的维护制度。

6. 加大城市品质改革创新

准确把握城市发展趋势，推进规划体系、建设体系的改革，提高规划的战略性、科学性，提高城市建设的质量标准。

一是加速推进制度创新，加大投融资体制机制改革，发挥政府资金的引导作用，鼓励民间资本参与城市品质提升；深化城市治理体制改革，培育治理主体、厘清治理责任与权利，形成有效的治理反馈与提升机制。例如，应对新冠肺炎疫情，落实人口 500 万以上大城市在重大疫情防控等方面的法律主体责任与权利。

二是注重运用科技力量，通过大数据、云计算、人工智能、物联网等手段推进城市治理现代化，提高对城市问题的预警水平，实现精准治理；建设"城市大脑""智慧城市"，加大在科技应用上的创新研发力度，充分发挥其在调配公共资源方面的作用。

三是积极探索文旅融合发展模式，发展培育新兴文旅业态，挖掘城市文化，讲好城市故事，通过促进文旅高质量融合提升城市品质。开展全民性的城市品质创建活动，破除生活陋习，坚持以文化人，培育城市文明，如不吃野生保护动物、逐步推广分餐制等。

Investigation and Thinking on Improving Urban Quality

FENG Kui

Abstract: During the survey, it was found that the local governments generally paid much attention to urban quality work, and they also have achieved remarkable results in many aspects. At the same time, we were also aware that most of the problems of urban quality are concentrated on the aspects of life, production, humanities, ecology and governance. The improvement of urban quality is still insufficient and the development level is not balanced. From the perspective of work, the main reasons include unclear understanding of the connotation of urban quality, lack of index guidance, accustomed to large-scale demolition and construction, imperfect laws, regulations and systems. In the future, we should further enhance our understanding of the role of urban quality status; scientifically grasp the main connotation of urban quality; study and compile a scientific urban index system; strengthen all kinds of bottom line constraints and make the content of urban quality real; improve and strengthen the evaluation of urban quality; rely on urban renewal, strengthen urban governance and steadily promote urban quality.

Keywords: urban quality; urban renewal; governance; evaluation

刘
新
鑫

刘新鑫，博士，中国传媒大学政府与公共事务学院副教授，硕士生导师，北京 2022 冬奥会和冬残奥会张家口赛区媒体中心特聘专家，首都科学决策研究会常务理事，北京国际城市发展研究院特约研究员，成都市委宣传部天府成都国际传播研究中心特聘专家，"中国城市营销发展报告"课题组核心成员。主要研究领域为区域品牌战略传播、城市形象国际传播、城市传播治理。迄今出版著作 4 本，发表学术论文 36 篇（其中 CSSCI 论文 10 篇），参加国际学术会议并宣读论文 11 篇，主持或参与科研课题 28 项（其中主持省部级课题 2 项、地方政府委托课题 8 项，参与国家社科基金重大项目 1 项）。

【人生格言】
　　城市让生活更美好！

城市更新与城市形象品牌融合创新发展之路

刘新鑫　刘婉秋 [1]

摘要：

实施城市更新行动是党的十九届五中全会作出的重要决策部署，是"十四五"规划和2035年远景目标纲要明确的重大工程项目。在世界范围内，很多城市都在为实现深度城市转型而努力，通过改变城市旧有形象，在宜居、创新、智慧、绿色、人文、韧性场景中融入传统文化与现代审美要素。与此同时，城市品牌正迅速成为一种公共政策，城市借助品牌工具传播城市形象实现城市发展战略，成为公共决策的重要组成部分。本文通过梳理城市更新和城市品牌的相关概念及案例，探讨城市更新和城市品牌的关联性，进一步提出：在规划层面做到文化引领，将城市品牌提前置入城市更新规划理念；在实施层面做到方向统一，塑造城市品牌特色，确定城市更新统一风格；在推广层面提升软实力，以城市品牌推广展现城市更新成果。

1 刘婉秋，中国传媒大学政府与公共事务学院2021级公共管理专业（传媒与公共事务管理方向）研究生。研究方向涉及城市品牌战略、城市形象传播、城市文化、社会治理、媒体融合发展、智慧城市等领域。

关键词：

城市更新；城市品牌；城市形象

备受世界瞩目的中国城镇化进程为中国发展带来人口红利的同时，也引发了城市文化景观与生态系统的历史割裂。社会学家用"断裂"概括这一时期的社会特征："在一个社会中，几个时代的成分同时并存，相互之间缺乏有机联系"[1]。这种断裂不仅表现在城市"千城一面"的景观形象上，表现在人们对城市认同的疏离感中，也表现在城市文化的"无根性"上。在城镇化快速推进的过程中，忽视城市文化与精神的重塑和建构，是对城市发展规律的背离，也将引发城市文明体系的价值失范与传承危机。现代城市中的人们紧张忙碌，面对激烈的竞争压力，人们却悲哀地发现内心缺少终极的精神支撑。因为人不可能在物质中获得永恒的满足感，所以环境美学专家阿诺德·林特把城市的审美关切与人本主义联系起来，对城市之美与人的关系进行了深刻阐释。他说："如果我们不懂得审美的价值与意义，我们就可能在无人格的力量中变成无助、疏离的典当物；如果我们不有意识地将审美与人建环境结合起来，文明必将无望——文明不仅仅是人类创造的，它也必须是符合人性的。[2]"因此，当人们开始对现代城市产生失望和沮丧的感觉时，我们不得不认真审视城市活动中的美学价值与人文关怀，重新思考人类核心价值的实现路径。正如伯林特归纳的那样："人类的舒适生活和内在满足感才是人类活动的中心目标"[3]。

城镇化进程中的城市更新曾在一段时间以过度浪费的印象投射于人们的城市体验中。人本思想强调的"利人原则"要求城市在更新变化中应控制"适度的城市规模和有机的城市更新"[4]。以尊重人的需求和尊严为前提，实现城市市政设施的合理构建、居民社区的人性设计和城市精神的倡导引领，是城市更新的题中要义。2013年，中央城镇化工作会议明确提出严控增量、盘活存量、优化结构、提升效率，由扩张性规划逐步转向限定城市边界、优化空间结构的规划等政策方针，将城市更新工作提高到了国家

1 孙立平.断裂：20世纪90年代以来的中国社会[M].北京：社会科学文献出版社，2003.

2 阿诺德·林特.审美生态学与城市环境[J].程相占，译.学术月刊，2008（3）：25.

3 阿诺德·林特.生活在景观中——走向一种环境美学[M].陈盼，译.长沙：湖南科学技术出版社，2006.

4 王如渊.西方国家城市更新研究综述[J].西华师范大学学报，2004（2）：6.

1 恽爽.城市更新的初心与坚持 [EB/OL].清华同衡规划播报 https://m.thepaper.cn/baijiahao_15319015. 2021-11-10.

战略高度；2015 年，中央城市工作会议再次提出城市要坚持集约发展，框定总量、限定容量、盘活存量、做优增量、提高质量；2016 年，国务院在对加强城市规划建设管理工作的意见中提出，要有序实施城市修补和有序更新；2019 年，中央经济工作会议提出要加强城市更新和存量住房的改造升级；2020 年，"十四五"规划正式提出实施"城市更新行动"，这是党中央作出的重大战略决策部署，也确立了今后一段时期城市更新将成为推动城市高质量发展的重要抓手。

在城市发展框架下进行的城市更新工作，逐渐显现出"多元价值、多元模式、多学科融合、多领域探索"[1]的新局面。从内涵价值层面来看，城市更新不仅要有"拆建修补"的物质变化，还要有"以美育人"的精神追求。在保护和延续城市文脉的基础上实施城市更新，让城市留下记忆、让人们感受文明，才能让美和活力在城市里充分涌流。城市更新向美而行，除了通过有形的治理措施进行建设，还要靠无形的人文关怀引领建设。例如，北京、上海、青岛等城市对景观道路实行"落叶不扫"的措施，合肥在城市零散地块建设改造"口袋公园"让居民"推窗见绿、推门见景"，哈尔滨冬天在公园绿地保留积雪以增添冬情雪趣。这些治理措施在保障城市安全有序运行的基础上，关照到居民对空间意境的美感需求，呈现出城市更新与城市治理、空间美学融合发展的新格局，促使公共治理框架下的城市更新更加以文化内涵为本、以人居品质为本。

城市更新中的城市品牌构建工作，是城市品牌向空间规划领域的延伸，也是城市在实现文化空间基底方面的高效治理手段。城市品牌有种强大的力量，这种力量可以使存在于城市里的每一个具有象征意义的价值和具有功能意义的价值结合在一起，以复杂的方式交织呈现，增强人们对城市的认知与认同。与此同时，城市品牌是城市发展战略的核心体现，是高效优化配置城市资源的重要抓手。城市品牌的可识别性有助于增强城市更新进程中文化的不可复制性，增强文化的吸引力和辐射力，并且实现文化的可持续发展。城市品牌是城市治理的行为和手段，城市品牌更加关注城市品质和城市价值的提升，更加关注城市居民的生活质量。对内，城市品牌提供统一的文化价值和情感认同；对外，城市品牌提供统一的形象输出。从这一角度来说，城市品牌的价值体现是城市从战略发展高度进行空间规划与文化发展的统筹治理，从而实现城市治理的优化与协调，因此，城市品牌被视为政府实现政策目标的治理工具[1]。在城市更新行动开展过程中，融入城市品牌化战略，将会更好地促进城市更新的实施，提升城市品质内涵。

十二
城市研究进程中的
城市更新

城市更新作为城市自我调节的机制可以追溯到城市形成的初期，如希波战争中曾遭焚毁的雅典在战后重新复兴、从中世纪到巴洛克时代城市和建筑的演变等[2]。进入工业时代后，城市更新成为规划引领的发展行为，旨在解决不同时期的城市问题。从时间上来看，城市更新的发展历程可以分为五个时期，并以不同的概念加以表述，其本质均未脱离解决城市发展问题的内涵特征（表1）[3]。

表1　城市更新概念依时间细分

时间	概念表述
20 世纪 40~50 年代	城市重建（Urban Reconstruction）
20 世纪 60 年代	城市复苏（Urban Revitalization）
20 世纪 70 年代	城市更新（Urban Renewal）
20 世纪 80 年代	城市再开发（Urban Redevelopment）
20 世纪 90 年代	城市更生（Urban Regeneration）

（资料来源：根据阳建强《西欧城市更新》整理。）

1 Joo Y M, Seo B.Transf-ormative city branding for policy change: The case of Seoul's participatory branding: [J].Environment and Planning C: Politics and Space, 2018, 36（2）: 239-257.

2 李德华.城市规划原理 [M].3 版.北京：中国建筑工业出版社, 2001.

3 张平宇.城市再生：21 世纪中国城市化趋势 [J].地理科学进展, 2004（4）: 72-79.

1898 年，霍华德在他的《明日的田园城市》中对"田园城市"进行了论述，该理论从人口、结构、生态、绿化等方面分析

1 埃比尼泽·霍华德.明日的田园城市 [M].北京:商务印书馆,2011.

2 沙里宁.城市:它的发展衰败与未来 [M].北京:中国建筑工业出版社,1986.

3 勒·柯布西耶.明日之城市 [M].北京:中国建筑工业出版社,2009.

4 彼得·罗伯茨,休·塞克斯.城市更新手册 [M].北京:中国建筑工业出版社,2009.

了城市发展过程中存在的问题,指出促进城市改良的有效途径[1]。1943年,美国的芬兰裔建筑师伊·沙里宁在其著作《城市:它的发展、衰败与将来》中对该时期城市发展中出现的问题进行了详尽的剖析,对其进行了革新,并对"有机疏散"这一概念进行了阐释,这对当时西方的城市更新甚至是今天的城市更新规划都有着重要的参考价值[2]。1922年,柯布西耶在《明日的城市》一书中对20世纪初期的城市发展与社会问题作了详尽的记录,并提出要建立一个符合时代发展的理想型未来城市,必须从内部调节现有城市的发展问题。他提出了城市更新发展应遵循的四个基本原则:增加城市绿地率,增加交通方式,增加中心城区人口密度,减少中心城区交通拥堵[3]。1958年8月,第一届国际城市更新研讨会在荷兰海牙举行,在此次会议上,与会专家一致认为,城市更新的主要目的是有意地改变城市环境,并有计划地通过对现有区域进行调整来注入新的活力,以应对当前社会的变化以及未来城市生活和工作的要求。对他们而言,城市更新的基本目标是通过采取一系列措施来活化和振兴那些部分或完全未达到其原本设计目的的城市建筑及空间。城市更新通常被应用于市中心地区,这些地区往往位于城市历史片区,包括所有住宅和非住宅用地。随着城市规划的进一步发展,人们对城市更新也有了新的定义,其中较为权威的包括《不列颠百科全书》及2000年由英国学者彼得·罗伯茨(Peter Roberts)和休·塞克斯(Hugh Sykes)共同主编的《城市更新手册》中的定义。《不列颠百科全书》中将城市更新定义为:解决复杂城市问题的综合方案,包括废弃的、不卫生或破败的房屋,交通、卫生和其他服务设施的缺乏,杂乱无章的土地利用,交通堵塞,以及一些与社会相关的城市衰败因素,如犯罪。《城市更新手册》将城市更新界定为一种综合的、整体的城市概念与行为,其目的是为城市的经济、物质、社会、环境带来持续的改善[4]。

我国学者提出了契合我国城市发展需求的"城市更新"理念。20世纪80年代初,城市规划专家陈占祥将城市更新的概念引入国内,并将其定义为城市"新陈代谢"的过程,并且他认为城市经济在城市更新过程中扮演着重要的角色,同时还提出了一套新的城市更新方案，既包括"推倒重建"，也包括保护与修缮历史片区[1]。随后，在1994年，吴良镛先生在其著作《北京旧城与菊儿胡同》中对城市更新作出定义，并首次提出了"有机更新"的城市更新理念。他认为城市更新是一个综合的城市改造方案，然而传统的"旧城改造"更注重物质层面关于更新方式的技术方法的探讨，而忽视了社会和经济层面的价值问题。吴良镛先生认为，城市更新应包括改造、改建或再开发、整治和保护：①改造、改建或再开发是指比较完整地剔除现有环境中的某些方面，目的是开拓空间，增加新的内容以提高环境质量；②整治是对现有的环境进行合理的调节利用，一般指做局部的调整和小改动；③保护则指保留现有的格局和形式并加以保护，一般不许进行改动[2]。《城市规划原理（第四版）》中将"城市更新"称作"城市再开发"，强调其对城市功能的更新指对城市已开发地区进行具有一定规模的更新改造与开发活动，它强调的是在正确把握未来变化的基础上，更新城市功能、改善城市人居环境、恢复或维持许多城市已经失去或正在失去的"时代牵引力"功能[3]。

无论是国内城市还是国外城市，都从增量更新阶段转向存量更新阶段。伴随城市化进程展开的城市更新建设，国外城市起步较早、经历时间较长，在理论和实践中积累了较多经验。从城市更新的过程来看，西方国家经历由从大拆大建到以人为本的可持续更新过程，城市更新的着力点也从最初的空间设施改善发展为注重城市文化传承的软实力提升。从城市更新主体来看，自上而下的城市更新模式在最初发展阶段被广泛应用，随着发展逐渐有了私人部门、社会组织、居民团体的加入。从城市更新方式来看，由大规模拆建到小规模更新改造，由改善人居品质到保护传承城市历史文脉是城市更新的必由之路[4]。与之相对应的是，我国目前在城市更新方面的关注焦点与国外城市略有相同。国外发达城市在历经长期空间设施的基础改造之后，进入种族融合、邻里社区、公共服务均等化等层面的更新阶段[5]。我国目前更多关注空间改造与文化要素的融入、公民参与模式路径的探索等方面，有学者评价目前的城市更新还未完全深入社会、文化、经济等领域[6]。

1 陈占祥.城市设计[J].城市规划研究，1983（1）：4-19.
2 吴良镛.北京旧城与菊儿胡同[M].北京：中国建筑工业出版社，1994.
3 吴志强，李德华.城市规划原理[M].4版.北京：中国建筑工业出版社，2010.
4 刘伯霞，刘杰，王田，等.国外城市更新理论与实践及其启示[J].中国名城，2022，36（1）：15-22.
5 蒋伟刚，蒋孟晨，吴双.基于CiteSpace知识图谱分析的国内外城市更新研究进展[C]//中国城市规划学会、成都市人民政府.面向高质量发展的空间治理——2021中国城市规划年会论文集（02城市更新），2021.
6 许建强，韩雪.基于文献计量方法的国内城市更新研究文献评述[C]//中国城市规划学会、成都市人民政府.面向高质量发展的空间治理——2020中国城市规划年会论文集（02城市更新），2021.

与城市更新相向而行的
城市品牌

　　"城市品牌"这个概念最早由凯文·科特勒教授提出,他在1998年出版的《战略品牌管理》一书中首次提出"城市品牌"概念。他提出:"像产品和人一样,地理位置或某一空间区域也可以成为品牌,城市品牌的作用在于,让人们认识一个特定的地区,并且把特定的意象和联想与城市的存在相结合"[1]。现代营销学之父菲利普·科特勒从营销学的观点出发,提出了品牌是城市营销的核心。英国社会学家约翰·厄里站在城市消费者的立场,提出要建设一个和谐、稳定的城市,首先要树立自己的品牌。都灵理工大学教授阿尔贝托·瓦诺洛以都灵市为案例,阐述了如何以城市品牌的创造力打造具有吸引力的城市形象。我国学者王玫于1998年在《公关世界》杂志发表的《城市品牌的创立和展现》中将城市形象与城市品牌理念结合起来,并对其进行了系统构建[2]。此后,城市品牌的研究序幕在我国正式拉开。多维度、跨学科的分析论述不断拓深城市品牌的应用实践。

　　20世纪90年代末,城市品牌由城市营销延伸而来,进入社会学、传播学、营销学和地理学等研究领域。一方面,多学科属性在一定程度上导致城市品牌理论较为杂糅;另一方面,也为新时期城市发展所必需的多学科支撑奠定了基础。城市品牌的复杂性与城市巨系统的属性密不可分,城市品牌被应用在提升城市竞争力、提升城市形象等方面。近几年逐渐有城市意识到城市品牌也是城市文化发展的重要支撑与有力抓手。

　　因此,可以说城市品牌涵盖了"一系列的城市行动,以建立一个积极的城市形象,通过治理实践与叙事传播在不同群体之间进行沟通交流,从而在国际上获得与其他城市相比更大的竞争优势"。城市品牌建设过程中的利益相关者众多,政府官员、政府部门、组织机构、企业、学术组织与学者、基础设施供应商、居民等都是与城市品牌建设息息相关的利益群体。在我国,城市品

1 凯文·莱恩·凯勒.战略品牌管理[M].卢泰宏,吴水龙,译.3版.北京:中国人民大学出版社,2009.
2 王玫.城市品牌的创立和展现[J].公关世界,1998(6):8-10.

牌的建设主体以地方政府为主，政府部门通过城市品牌建设工作构建起长期、系统的城市发展目标，用以改善或提升城市的形象与声誉。因此，城市品牌建设工作是一个具有战略意图的政策驱动过程，它积极寻求推动城市发展的模式与路径，在此过程中寻求政府官员、利益相关方与公众的持久支持。从这个角度而言，城市品牌在城市治理过程中扮演着重要角色，由于其先天具备的战略性与协同性，不仅是公共政策制定过程中的战略依据，也是城市落实战略的实施路径。

源于对城市发展的推动力与城市利益相关者的广泛联系，城市品牌逐渐与城市更新产生融合发展态势。如慢城市、绿色城市、智慧城市、空间规划等议题的研究和实践都有城市品牌的介入与推动[1]。在城市更新过程中，城市品牌实践遵循了线性发展规律，由最初的创建标志性的视觉形象与口号，到进行品牌化营销与传播，再到融入城市建设发展议题。城市品牌从工具性指标发展成为引领性政策，主要原因是城市品牌的文化内核是推动城市发展的内在动力，围绕文化核心进行城市规划、建设与再开发，也是城市更新的题中要义。与此同时，可持续性品质提升、城市美学表达、多方协同治理等共同议题也促使城市品牌与城市更新相向而行。

1 Wang Min, Gu Shanshan, etc.Urban renewal and brand equity: Guangzhou, China Residents'Perceptions of Microtransformation[J]. Journal of Urban Planning and Development, 2021（3）.

┤四├
城市品牌与城市更新的融合路径

1. 文化引领：将城市品牌理念融入城市更新规划

城市规划是城市更新行动的重要技术手段和保证，为城市社会和经济活动的物质空间提供了科学保障。当今城市规划理念已从注重城市物质空间形态规划转向了对物质与非物质空间形态规划并重。城市品牌建设与城市经济发展、文化发展、社会发展等规划有着密切关联，属于非物质空间规划的范畴。《国家新型城镇化规划（2014—2020年）》指出，市民化滞后、建设用地利用率低、城市空间及规模不合理、"城市病"日渐严重、文化保护不足、"千城一面"等是在城市建设中突出的几个关键问题，并强调要优化城市布局形态，增强城市可持续发展能力；把以人为本、尊重自然、传承历史、绿色低碳理念融入城市规划全过程；要求加强规划制度创新，优化完善旧城功能的同时强调注重人文城市建设，保存城市文化记忆。城市更新作为城市演变的重要过程，本身需要有前瞻性的策划，前期置入品牌塑造和传播策略，以文化定位为核心进行更新项目的实施和引入，会对更新项目的后续运营起到事半功倍的效果。

毕尔巴鄂是西班牙巴斯克自治区比斯开省的首府，位于西班牙北部距比斯开湾以南约16km的内维翁河河谷，是一座因航海业和进出口贸易而兴起的港口城市。毕尔巴鄂在城市更新过程中，为提高其国际形象，组织了一场国际性的建筑大赛，吸引全球著名建筑师参加。这不仅使城市更新项目的设计水平得到提高，而且也使毕尔巴鄂的世界知名度得到进一步提升。1987~2013年，美国、英国、日本等国家的建筑师都参加了毕尔巴鄂的城市改造工程，毕尔巴鄂地区16%的重大城市更新工程由国外建筑师完成，体现出国际化发展趋势。古根海姆博物馆毕尔巴鄂分馆是最典型的一个项目，毕尔巴鄂也因此成为一座具有国际影响力的"艺术和会展城市"[1]。

2. 互为支撑：在城市更新过程中显现城市品牌特色

以文化特色为核心的城市品牌能够为城市更新提供建设依据。城市更新过程中的景观设计、空间品位、文化元素、色彩设计等都体现出这一地区的品牌特色。西方城市在更新历程中经历了城市中心改造、城区再开发、社会更新等阶段，逐渐呈现出以设计为核心的社区或局部空间更新。目前我国城市更新以项目方式进行，不同项目之间的更新模式各异，很难在城市发展整体层面形成统一的风格和特色，因此更加需要政府主体从城市发展角度制定统一的城市品牌战略，以供不同更新项目在统一的城市文化定位与特色中进行实践。

希腊雅典为了迎接2004年雅典奥运会进行了大规模城市更新，与奥运会同时进行的还有城市品牌建设，雅典依据城市品牌

1 王鹤宁，陈天，臧鑫宇.城市营销带动城市更新——从"古根海姆效应"到"毕尔巴鄂效应"[J].国际城市规划，2020（4）：55-63.

定位与战略框架,对更新成果进行了统一的规划,并作了事后评估。这一做法被誉为"后奥运"城市的发展模式探索。在城市更新过程中引入城市品牌战略的还有英国的纽卡斯特。为了扭转工业城市的发展困局,纽卡斯特进行了以第三产业为主要建设内容的城市更新,在更新项目建设过程中制定了新的城市品牌计划,通过引进和开发符合城市转型需求的城市品牌活动,多管齐下激活更新项目。

3. 搭建平台:城市品牌推广传播城市更新成果

城市品牌是城市营销发展到一定阶段的产物,是城市治理的行为和手段。城市营销是由市场营销的实践发展而来,主要关注的是如何"销售"城市,通过城市发展策略的规划,向细分人群销售不同的城市产品,最主要是面向投资商人和旅游者。美国营销专家菲利普·科特勒说:"品牌是城市营销之魂"。不少学者开始关注城市品牌在人们头脑中的构建过程,这个过程总结起来可以分为三个阶段。第一个阶段是城市规划干预品牌结果,如城市规划和设计等构成人们对城市品牌的直观感受;第二个阶段是使城市中人的行为方式成为城市品牌的代言;第三个阶段是通过各种文化表现方式,如电影、小说、绘画、新闻等来加深人们对城市品牌的印象。与城市营销不同的是,城市品牌更加关注城市品质和城市价值的提升,更加关注城市居民的生活质量。城市品牌是城市生态形象、文化形象、经济形象、政府形象的综合客观展示,是影响城市发展、经济水平提升、居民幸福指数提高的重要因素,是促进城市经济、社会、文化加快发展的内生动力。

"卓越的全球城市"是上海着力推进的城市品牌战略目标,实践中上海市将城市文化、城市经济、空间要素进行横向联动,协同多部门纵向推进。在品牌意识引领下,上海黄浦江两岸的城市更新不仅完成了空间的设计重建,更融合了上海独特的文化风貌,精准打造了文化活动——"上海空间文化季",合力彰显上海的国际品质。纵观21世纪以来黄浦江两岸的建设历程,我们发现城市品牌与城市更新始终相伴,并为城市更新的成果输出搭建了良好的传播平台[1]。2014年,上海市规划与国土资源局联

1 刘彦平.中国城市营销发展报告(2017)[M].北京:中国社会科学出版社,2018.

1 王林,侯斌超."文化兴市、艺术建城"——上海城市空间艺术季前瞻[J].上海城市规划,2014(6):75.
2 张磊."新常态"下城市更新治理模式比较与转型路径[J].城市发展研究,2015(12):57-62.

合上海市文化广播影视管理局共同提出举办"上海城市空间艺术季"的设想,旨在通过城市空间艺术活动,将艺术与城市建设相结合,打造城市品牌[1]。直到黄浦江两岸实现45km岸线贯通,两岸的空间更新一以贯之地突出文化艺术特质,"上海城市空间艺术季"、西安双年展等一批政府主导的文化艺术品牌活动频频亮相,并在文化活动中讲述城市更新创新之举的多彩故事。上海居民与外界人士对上海城市更新的理念、做法与效果表示了极大的认同与赞许。

4. 创新治理:建筑、居民、文化和谐共存

无论是城市更新的实施还是城市品牌的建设,其中都蕴含着对城市发展与人类宜居之间和谐关系的关注,都致力于实现建筑、居民、文化之间的和谐共存。要想使城市更新与城市品牌建设成果更好地服务于城市居民生活水平和满意度的提高,需要在城市治理层面不断推进全民参与、共同治理。2020年12月,《深圳经济特区城市更新条例》公布;2021年7月,《广州市城市更新条例(征求意见稿)》发布;2021年8月,《北京市城市更新行动计划(2021—2025年)》印发;2021年9月,《上海市城市更新条例》正式实施,四大一线城市都将多元参与、共治共享、改善民生等理念放在突出位置。"新常态"发展模式下,城市更新将成为城市发展的主要模式,而有序城市更新的"治理",其难点在于建立协作机制,协调多方利益,实现有效的集体行动[2]。多元主体的合作在我国新冠肺炎疫情的应对中体现出尤为关键的作用,这表明未来我国的城市治理将继续加强政府对社会的正确引导和充分沟通,在多元主体之间建立积极的互动关系。

"重现京味儿生活"就是北京前门历史街区的更新的主题。2001年,为了迎接北京奥运会,前门大街更新改造正式启动。项目采取统一开发运营的模式:在半年内集中完成拆迁,统一规划,统一风貌,统一招商。始料未及的是,2008年开街后,前门大街商气持续滑坡,老字号因难以承受高昂租金纷纷退出,而国际大牌也因为水土不服而陆续退出。前门大街改造中遇到的挫折促使决策者和规划者反思大拆大建的改造模式。他们意识到,前门是一个"活着"的历史街区,在它看似凌乱的空间肌理之下,

每条胡同、每个杂院都藏着自己的故事，这些故事串联在一起，编织出灵动且鲜活的城市脉络。国务院在对《北京城市总体规划（2016—2035年）》的批复中提出：老城不能再拆，通过腾退、恢复性修建，做到应保尽保。《北京市城市更新行动计划（2021—2025年）》更是明确提出，通过打造建筑、居民、文化三者和谐共存的"共生院"，来推动老城的保护性修缮和恢复性修建。要实施点状更新，就必须避免单一主体"主导"的局面出现，因此，前门后续的改造项目普遍采取开源工作坊的形式。以前门大街为界，西有"大栅栏跨界工作室"，东有"城南计划"，虽然名字不同，但它们的目标一致，那就是汇聚有志于前门改造的各方力量，包括建筑师、艺术家、NGO团体等，共同复兴前门"京味儿"。由于大家的目的、路径、手法都不相同，节点式更新成了可行的模式，各团队都选择一条胡同或一个杂院作为改造对象，仔细踏勘现状、详细研究历史、协调居民需求，进而制定和实施针对性的更新方案[1]。

1 许航，丈量城市.前门更新，"老北京"的先锋试验场.

⊣ 五 ⊢

结语

城市是人类聚居的产物，是更高文明层级的社会空间。彼得·霍尔曾在对中国城市进行研究后提出，中国城市的发展问题与西方城市曾经走过的道路没有太大差别，而中国城市要发展，必然要将自己纳入全球化的洪流之中，通过创新管理、自我更新和保护文化多样性，来解决城镇化进程中出现的社会问题。正是如此，中国在城市更新的进程中，一直在寻求使用创新工具，探索一切可在"存量更新"的城市更新行动中高效发挥资源配置能力的发展模式与路径。城市品牌是城市更新行动中可以信赖的低成本、高产出的有效工具，相信在未来的研究中，会有更多的实证研究用以证明两者之间的效能关系，也会在更多的实践中看到两者融合发展的建设景象。

Integrated Development of Urban Renewal and City Branding

LIU Xinxin, LIU Wanqiu

Abstract: The implementation of urban renewal action is an important decision and deployment made by the Fifth Plenary Session of the 19th Central Committee of the Communist Party of China, and is a major project with a clear outline of the 14th Five-Year Plan and the long-term goals for 2035. Around the world, many cities are working hard to achieve deep urban transformation, by changing the old image of the city, and integrating traditional culture and modern aesthetic elements into the scenes of livability, innovation, wisdom, green, humanity and resilience. At the same time, city branding is rapidly becoming a public policy, and cities use brand tools to disseminate urban images to achieve urban development strategies, which has become an important part of public decision-making. By combing through the relevant concepts and cases of urban renewal and urban branding, this paper discusses the relevance of urban renewal and urban branding, and further proposes: to achieve cultural leadership at the planning level, to put the urban brand into the urban renewal planning concept in advance; to achieve unity of direction at the implementation level, to shape the characteristics of urban brand, and to determine the unified style of urban renewal; to enhance soft power at the promotion level, to promote urban branding, and to show the results of urban renewal.

Keywords: urban renewal; city brand; city image

殷
伊
玲

殷伊玲，弈文创品牌创始人，德基集团文创研发中心执行长，兼任 CCIP 江苏文化科技产业应用研发中心策略长，江苏大学智慧城市与特色小镇研究院副院长，南京市文化产业协会副会长，南京市台青会副主委，曾担任南京博物院文创顾问等。

殷伊玲产业经验很独特，其具有理工科学 java 编程的逻辑思维，从事的工作却是历史人文美学。2013 年参与执行台北故宫博物院首届互动多媒体"乾隆潮"策展，2017 年与多个江苏"文化文物单位文化创意产品开发试点"单位合作，如南京博物院、镇江博物馆、茅山军四军纪念馆等。2019 年参与南昌汉代海昏侯国遗址博物馆文创开发设计制作。2021 年主持江苏常州溧阳文旅、天目湖景区全域旅游文创 IP 品牌开发设计运营、江苏百年老字号"镇江香醋博物馆"新零售品牌系统建置，2022 德基美术馆金陵图文创 IP 建置运营。

【人生格言】
　　预测未来最好的方式就是去创造它！

东方美学经济中的城市文旅 IP 建构与运营案例实践

殷伊玲

摘要：

近年来，随着国内美学经济的关注度持续升温，相关政策热度逐年递增，城市文旅项目在美学价值技术与创意融合层面正在逐渐引起大众的关注。本文从"美学经济"的角度切入，以江苏文旅项目实践为例，深入浅出地分析了研究城市更新路径的现实意义。以美学深入设计为出发点，尝试通过美学方法传达城市内在文化精神，并与消费者进行多层次的沟通。本文通过分析美学经济及其与消费者和使用者之间的情感化沟通设计，以文旅项目研究为城市文化载体，以期探索城市更新的新思路及其现实意义。

关键词：

美学经济；城市更新；文旅项目

美学经济是社会经济发展到一定阶段美学化的产物。2001年德国学者格尔诺特·伯梅（Gernot Böhme）在《美学经济批判》中提出"美学经济"（Aesthetic Economy）一词，是引入了马克思的使用价值与交换价值之外的第三种价值，即"审美价值"的一种新经济[1]。美国学者弗吉尼亚·波斯特莱尔（Virginia Postrel）在《美学的经济：美国社会变迁的 32 个微型观察》中进一步明确，现代社会正逐渐走向以生产与传达美感为核心的美学经济社会过渡。美学正在成为日常消费行为关系中选择分配时重要的考量。

20 世纪末以来，受"美学经济"思潮的影响，国内相关学者开展了一系列研究工作。以台湾省为例，2005 年李仁芳在《创意产业需从美学链接到经济》一文中对"美学经济"的内核进行了界定，他认为创意整合和生活美感是其核心，并在 2008 年出版的《创意心灵：美学与创意经济的起手式》中指出："创意事业的发展，无论是知识经济也好，还是美学经济也好，说到最根本处，发展的根基，就是丰富的生活土壤……创意经济的前提是发展风格社会，而孕育创意经济与风格社会的终极激进，正是展现创意生活的'创意心灵'[2]。"2007 年，刘维公更是在《风格竞争力》一文中对美学经济进行了进一步剖析，并直接提出了"风格竞争力"的概念。相较而言，大陆学者的研究则侧重于"美学经济"的内涵阐释及其与当下社会经济的关系研究。张宇和张坤在 2005 年《光明日报》发表的《大审美经济正悄然崛起》一文中提出，美学经济是一种推动实用与审美、产品与体验、企业与消费者之间关系互动的经济形式。综上对美学经济理论的溯源，相关研究为系统化建构美学经济及社会经济发展提供了重要启发和支持。

除了理论研究外，美学经济在企业实践中也获得了一定程度

1 邱晔.美学经济初探[J].北京社会科学，2020（10）：15.

2 苏丽丽.美学经济：台湾传统艺术产业活化之鉴——以明华园歌仔戏为例[J].赤峰学院学报（汉文哲学社会科学版），2014，35（2）：237-238.

的发展。国外企业从产品外观设计、产品消费氛围、售后体验服务等角度出发，进行了一系列相关实践与探索。现代意义上的文化创意产业应运而生。例如，世界最具价值品牌的苹果（Apple）公司和超时代的瑞士原装手表斯沃琪（Swatch）公司分别从美学体验和产品设计的角度对产品开发作出了卓越探索。一方面，赋予产品以美学吸引力，颠覆式创新了产品独特的品牌识别度；另一方面，以系统化美学经济思维为产品经济全系统赋能，并创造了极致生动的美学体验。

与此同时，随着美学经济理念的引入，消费者的需求也在转型：从最初为满足基本生产、生活资料需求，向日益增长的文化体验乃至美学审美的需求转型；从最初集体化的制约，到如今对个体需求差异化的满足，美学维度在走向大众生活的过程中，美学经济发挥了不可替代的作用。国内人们对美好生活需求的渐长意味着世界上最大的美学消费市场正在崛起，也意味着中国经济正进入一个美学供给和美学消费的新时代[1]。

党的十八大报告明确提出"美丽中国"战略。习近平总书记精辟指出，中华优秀传统文化是中华民族的精神命脉，是涵养社会主义核心价值观的重要源泉，也是我们在世界文化激荡中站稳脚跟的坚实根基。要结合新的时代条件，传承和弘扬中华优秀传统文化，传承和弘扬中华美学精神。并在党的十九大报告中作出了"加快生态文明体制改革，建设美丽中国"的重要指示。《中华人民共和国国民经济和社会发展第十四个五年规划和二〇三五年远景目标纲要》中明确中国将乘势而上开启建设社会主义现代化国家的新征程[2]。这些重要论述无不蕴含着丰富的美学经济思想，意味着中国正进入一个美学经济新时代。

在上述大背景下，美学创新已成为国家新时代发展进程中不可替代的新动能。创造中华文化专属的美学经济，让每座城市述说在地的故事，尤其是将中华优秀文化融入美学生活语境，将文化更鲜活、立体地呈现给大众，大力发展美学经济是一个具有重要现实意义的课题，也具有显著的战略规划意义与改革示范作用。

1 杨震.审美经济现象的哲学意蕴[J].云南社会科学，2021（4）：11.
2 邱晔.美学经济：一场范式革命与实践创新[J].云南社会科学，2021（4）：10.

城市全域文旅是美学经济里的一部分。变化是永恒的，但变化不等于进步。我们要始终理性判断变化和进步之间的关系与差异。全球各国城市的文化名片都有自己国家历史及民族的标签，但随着时代变迁也在发生新旧时代的文化变革。我们也是，没有城市能够置身事外。笔者长期以来执行城市文旅产业平台运营，始终坚信，无论一座城市的生活方式和人口结构如何改变，作为一个城市文旅的践行者，我们应该始终传递的是关于代表这座城市的产品及内容——负责任的、正向的、优质的、严谨的、有质量的、美学的。城市文旅纪念商品不是奢侈品牌的堆砌跟炫耀。文创存在的意义，也不是为品牌和资本作扩音器和传声筒，而是肩负着关于城市文化及旅行记忆的价值观引领。文旅平台的运营者不仅要懂得尊重地方人文、挖掘城市故事，更要敢于捍卫及尊重这座城市原本的历史。

中华文明源远流长，五千年前与中华文明齐名的埃及文明已经消失，四千多年前的古巴比伦文明与其楔形文字一起消失，而中国文字依然有着强大的生命力；三千多年前的希腊文明淹没了，而轴心时代的中华哲学却传承到现在；两千多年前与东方秦汉帝国相应的罗马帝国，在西方分裂成多个小国家，在东方被奥斯曼帝国蹂躏；一千多年前的阿拉伯与中华帝国一样富甲天下，而今已不复存在。21世纪的中国人，深受以西方文化为主轴的现代文明影响，却又依然置身于西方文化之外。中国文化的精神不是孤独的、抽象的概念，它存在于华夏历史的肌肤之中，浸润于亿万百姓的日常生活。

中华文明或中华文化就是龙的文化。笔者认为中华黄龙的基础是九曲黄河，是中华文化的摇篮。在与自然的斗争中，远古时代先民的一些部落就聚集在黄河流域开始农耕生活。后来的部落由于战争、移民等先后到来。各部落有各自的图腾文化，先民们智慧地将这些图腾安排在以黄河为基础的龙的各部位，随着时间的推移就形成了现在中华龙的形象。

笔者引用许倬云先生在《中国文化的精神》一书中阐述的观点，中国文化是包容而不排它的文化，通过接触、吸收、消化最后融合到中国文化基因之中。中国文化是从朴素的宇宙观中发展起来的，文化的各部分无不遵守这一观点，如哲学、宗教、医学、饮食、文学、音乐等。当然中国文化也受到外来的影响，如南北朝、南宋、元、清时期受外族统治，也曾影响文化的进步，但中国文化强大的融合力将外来文化镶嵌到中华文化的基因之中。特别是近代受到西方文明的冲击，中国文化何去何从曾经引起了轩然大波，但中国文化走出了困境，西方文化中好的我们"拿来"，中国文化中的糟粕我们抛弃。中国文化的融合包容与时俱进，是中华民族伟大复兴的强大助力！

现在中国的年轻人越来越西化。经过2020年全球新冠肺炎疫情后，我们发现西方化并没有给人类带来美好的结果。人类在整个历史的选择过程中，有没有另外一条道路可以选择？有没有一种可能，中国人的思维方式、中国人的想法、中国人过日子的方式，可以给世界一个不同的参考？我们并不是在一味地怀古，也不是在说，古代是那个样子，我们很怀念它，而有没有可能它会成为我们未来生活的一种方式的参考？这就是以古人之心而为心的意义。它让我们重新定义中国人，让我们知道中国人到底是怎么回事。因为现在包括笔者在内的很多人都不知道什么是中国人的生活方式。当你真正去了解中国文化后，特别深切地感受后，你会发现我们现在人的生活方式真的很粗糙，完全没有活出我们祖先所定制出来的那些美好的生活方式。那些做起来有可能会太繁琐，但是生活不就是要一些仪式感吗，什么才是一个中国人过年的方式？什么才是一个中国人的生活方式？中国人怎么在四季当中优雅地度过时光？中国人的日常生活、精神生活、宇宙观、哲学思想、如何看待生命的意义、社会联系以及中国人的审美等是怎样的。每座城市、每个地域、每个民族、每片风景都不一样，笔者将东方人文总结为三个特征。

第一个特征是时空中的生活美学。中国人特别善于把自然的感受融入自己的生活、文学、艺术当中。例如，二十四节气里包含了季节变化、气温变化、降水量变化、物候现象四个原则；司空图的二十四诗品利用对自然景象的描写和表现感情；看西方画作时讲究透视立体感，而中国画则需要将自身融入画作中才能体会到这种美。中国人在天地自然这个大时空中的生活节律，及其与我们的文化、文学等各方面的关系，构成了理解中国人精神生活的宏观背景。中国诞生的道家思想即源于此，认为人是自然的一部分。

第二个特征是天地人神的世界。从无到有的自然演生观是中国文化的特色：天、地、人三等分的宇宙观以及阴阳调和；女娲代表母性和大地的力量；伏羲和女娲讲究阴阳调和；五行与阴阳指出人类生活当中的各种因素，必须在平衡之中找到调和之道。中国人的宇宙观和人生观是密切相连的。人在宇宙之间，不在从属地位，而具有天、地、人三才之中三分之一的主动权。

第三个特征是神鬼故事传说和文学作品。关于天的故事、关于爱情的故事，批评父权和君权。关于地的故事，如各类治水神话，百姓感激那些治水之功，将人力不易做到的事情委之于神力的帮助。同样衍生出龙、蛇的故事，蛇被视为神物，狐仙的故事借物喻事。鬼魂的故事其实是将死后的灵魂当作生前生命的延续。一系列的民间故事崇尚的要素主要是公道、正义、爱情、感恩、公平。

这些人文历史特征，笔者在执行策划地方文旅 IP 品牌时也会借鉴。

十三 |
何为强势 IP 及城市 IP 市场能见度与经济转化率

何为强势 IP？

电影《星球大战》（Star Wars）1977 年在美国上映，是一部外星科幻大片，影片票房收入 13.3 亿美元，影片周边 IP 授权市场每年也是上亿美元。迪士尼系列动画萌化了全球小朋友的心。2019年福布斯全球数字经济100强，迪士尼排第9位；2020年全球品牌100强，迪士尼排第7位。强势IP的唯一特征，就是有主动式消费市场，无需说明。未来城市文旅IP，游戏化是最重要的解决方案。韩国的乐天世界、中国香港的海洋公园、美国的环球影城，都在建构与消费者互动的IP品牌，让故事性、剧情化、沉浸感更深化。成功IP的范例中最典型的就是哈利·波特。从小说七部曲发行，到电影、主题乐园、游戏，再到魔法学院，以及衍生周边产品，10年有成。每一步都必不可少，才成就今天的品牌价值。文旅产业，非一朝一夕可速成，中国台湾文旅一路走来四十多载，其美学经济的关键是此环境一直在培育文旅产业的人才，才造就潜移默化地使每个产业都看到文化与创新的应用。

如今城市IP化对社会、经济、文化的贡献力与作用、价值，正通过许多人传达到世界每座城市的角落。但如何管理、活用设计IP，让企业和社会的利益得以达到最大值？我们可以根据进化中的设计角色和范围将所进行的设计管理领域汇整出四大主题，即"思考、沟通、实施、积累"。创新背后应该有一个团队、系统、支援各专业结合设计管理和品牌故事，建筑、视觉、产业、室内设计、纯美术、市场营销、人文学等多个领域的专家的参与在城市IP设计产业和商业的核心力量中，占有不可取代的地位。

┤四├
旅游纪念品与
文博文创产品

目前全国旅游景区景点所贩售的旅游纪念品，大部分同质化太严重，商品质量优劣参半，商品售价也缺乏管理。那文创产品与旅游纪念品有何不同？

"文创"从文化创意产业进化到文化的创造与再创造，并形成产业、商业联结。文创要"活"需要靠商业，商业要"活"得更好需要文创用内容去填补商业的空洞。但是文创不是商品，而是一种运营,需要持续地引入"文创生活"形式,才有可能被认可是一种文创形式。而近年,有些商业打着文创的旗号来进行"文创诈欺",其破坏则是多方面的。一是群众对文创的好感度降低;二是商业做了假文创,而最后导致消费者流失或倦怠;三是文创从业者被商业欺骗,没有保护和做好经营的模式,最后导致其无法生存。很多文创工作者并没有很好的经济基础,他们更多拥有的只是热情与孤注一掷!

对于这个"三输"的局面,笔者已经在这波商业文创计划中看到端倪,而且可能很快第一波牺牲者将要出现。中国式的商业经济,求快、求利润,无可厚非!但文创无法用传统商业去进行运营。如果商业没有考量好要不要做文创,那便要仔细地思考之后再进行,不要伤害了文创从业者,也不要祸害了这些对文创生活充满热情的"傻瓜们"!

在真正进行文创生活的地方,文创是无所不在的……

我们最怕某部分人以文创之名做逐利之实!每座城市最不缺的就是高楼豪庭。我们希望在街角遇见爬满绿叶的老房子,我们希望在旧城墙数不同朝代的砌砖。我们更想了解,那个年代的你与我在不同时空里,都为忙碌的青春做了什么印记!文创物语,以爱为名!千万别让原本美好的事变成植入式广告!

以下笔者分享在南京博物院文创开发运营的几个案例(图1~图4)。

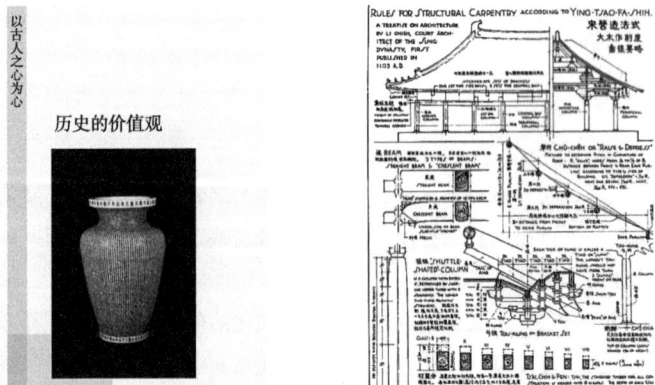

图1　南京博物院文创产品(1)

图 2　南京博物院文创产品（2）

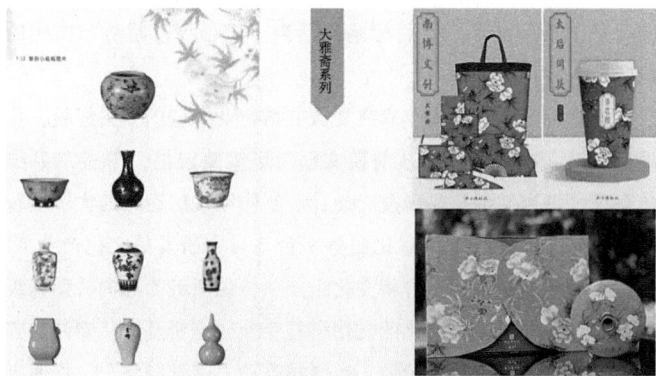

图 3　南京博物院文创产品（3）

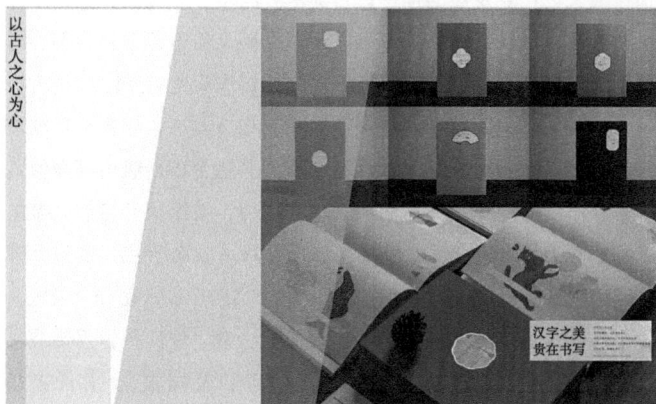

图 4　南京博物院文创产品（4）

城市 IP 的 DNA，
东方人鱼崛起

　　笔者及团队一直深耕对江苏的文化发展及智慧城市与特色小镇更新策略的研究，并致力于开展相关城市文化创意产业实践。从美学经济的角度出发，笔者时刻将实践经济环境、社会文化、技术进步与文创企业发展规划相联系。21 世纪的"美学经济"新思路是行业发展的新契机，开拓了相关领域的业务，对团队有着极为重要的意义。秉持着对美学工作的用心经营与专业态度，笔者及团队以细腻的观点和高质感的设计美学，给予企业文化新的诠释与态度，目标是打造当下市场流行趋势与文化的风向标。

　　笔者及团队根据多年来在文旅文博行业领域的相关经验，扎根于江苏，辐射全国，从前期文创市场策略定位，IP 品牌系统化管理，城市文创礼品研发、设计、制作和推广运营四大版块着手，打造了文旅专业信息化服务平台与自主研发的文化产业 AI 智能管理平台。两大平台将文化企业从传统服务为导向转型升级为以数据导向最大价值化的文化科技企业。笔者及团队专注为客户打造全方位文化品牌价值，用科技驱动"美学经济"，打通市场产业链上、中、下游，为客户品牌永续经营提供智库，作城市和村镇文化产业发展的推手。目前笔者与多个省级文化文物单位文创产品开发试点单位合作。以下以溧阳文旅示范项目为例，对美学经济视角下城市更新与文旅融合计划作简要概述。

　　为推动溧阳天目湖旅游度假区文旅融合发展，丰富天目湖旅游度假区多元化业态，通过全域旅游产品融合不断吸引高净值人群，从而更好地扩大天目湖的品牌影响力，持续提升度假区整体形象，溧阳拟通过"城市旅游＋头部品牌＋文创产品"的设计开发获得良好的社会效益和品牌效应。一个文创产品带动一个景区，一个好的旅游文化产品带动一座城。衣、食、住、行，用传统文化链接现代生活。以文化产品为点，多个产品组成线，多个产品系列组成面，以文化产品为原点形成体验空间，触及城市人文生活方式。天目湖鱼文化是以文化旅游融合为依托，以文化基因和文化元素提炼为核心，以创意和再生设计为手段，对属地特色自然资源、人文资源、产业资源等关联性资源进行一体化深度整合，以系统化的特色文化标识为指向而构建的文化、生活、产业有机融合文旅体系。天目湖旅游应当聚焦头部文化IP，将一条有态度、有故事、有文化的鱼IP文化产品设计、打造、开发好，让来到这里的游客将它带回去！

笔者与项目相关负责人沟通确定成立天目湖文旅文创项目小组，小组成员有国际品牌专家、国家级工业设计小组、知名潮玩制作匠人、文旅产业企划资深专家，以及执行多年文旅的运营团队。

笔者首先比较了天目湖景点特色，包括山水园、白茶小镇、平桥石坝、涵田聆湖湾、南山竹海、御水温泉及水世界七处代表景色；然后分析了天目湖历史文化，包括状元文化、在游子吟中体现的孝慈文化、代表人士陆羽的茶文化和剪纸民俗文化四大重要历史文化；接着调研了天目湖人文美食，包括中国溧阳茶叶节、天目湖旅游节、"三白"（砂锅鱼头、白芹、白茶）、"三黑"（乌米饭、燕来彰、扎肝）；最后提取了从美好风景走向富含食、舍、茶的诗意生活的客群愿景。

基于对景点定位的特色与判断，笔者从以下几方面对目标市场及产品定位进行了深入分析：其一，来天目湖做什么，即进行思维拓展与头脑风暴；其二，找出差异点，确定以"天目湖鱼头"为主基调，即辨识不同客户需求，找寻项目亮点；其三，区别传统市场，定位以年轻人为新战场，即确定投放市场和定位目标群体；其四，推出新的天目湖IP形象，命名为"美人鱼"，即探寻和追求当下流行品味，追求符合顾客需求的流行的新产品，外观设计直奔主题，富有独特鲜明的艺术气质；其五，引入传统生肖元素，提取性格特征，确定以"人鱼十二生肖"为辅助基调，即明晰并覆盖不同类型消费者的隐性需求，对产品内在价值和自身属性进行自下而上的创新开发。

接着赋予IP一个有灵魂的传说故事。天目湖的历史渊源可以追溯至上古神州，四海八荒之前。彼时的天目湖还是东海之滨的一个美丽小渔村，渔村的人们过着祥和平静的生活。某日天庭王母娘娘寿宴，龙王不慎把送给王母娘娘的东海龙珠遗落此地，此珠幻化成一名女子，与渔村里的一位年轻人相爱并生了12个女儿。多年后天庭发现，命龙王将龙珠幻化成的母亲收回龙宫，从此她的女儿们为了寻母上演了一系列故事。

前文对传说中艺术形象的描绘是图鉴式的，譬如王母娘娘、神龙、山神等。在现代摄影技术还未成熟之前，传说故事是人类文明延续的重要组成部分。随着现代摄影科技的不断发展、人类对周遭世界了解的不断加深，客观上图像生产的便利也强化了这一过程。区别于古时人们对传说故事中鲜有文字描述，现代工业生产将古代文化传统中的传说故事以更加完整及更加富有戏剧性、美学性的艺术方式加以呈现，营造了更为宏大的、系统的、连续的世界观。

笔者及团队以《山海经》所营造的世界观为故事基底，引用了关于人鱼的四个东方志怪传说（赤鱬、陵鱼、氐人、鱼妇）与传统生肖元素，兼容并收西方美人鱼的概念，提取各自性格特征，确定了以"十二生肖东方人鱼"为基底的人物图像。在人物IP塑造方面，探求与追寻符合当下顾客需求的流行的新产品，象征着人类追求爱和美的愿望。设计形象直奔主题，艺术气质独特鲜明，中西方精神内涵结合，追求善良、美好。

"十二生肖东方人鱼"中所包含的生肖文化是民俗文化中的重要组成部分。在人们的日常生活中，如衣、食、住、行及更高层次的精神追求，处处都可见到生肖文化的踪迹。它们既是人们口中津津乐道的神奇传说，也象征着人们对美好的向往。笔者团队对十二生肖动物进行了剖析，发掘并提取各生肖的性格属性与色彩特征，如"玄色"子鼠代表个性节俭、敏锐，"墨灰"丑牛代表个性务实，"雌黄"寅虎代表个性独立，"藕荷色"卯兔代表个性文静，"明黄"辰龙代表个性喜冒险、浪漫，"青莲"巳蛇代表个性外冷内热，"钴蓝"午马代表个性活泼，"青色"未羊代表个性温柔，"朱青色"申猴代表个性高雅，"曙红"酉鸡代表个性喜创造，"靛青"戌狗代表个性保守，"柘黄"玄猪代表个性聪明。

笔者以十二生肖文化寓意为前提，结合美人鱼的形象设计创新，进行拟人化的造型设计，拟合出具象形态。具体而言，设计插画对"十二生肖东方人鱼"进行转译和复现，在中国传统服饰、发髻等传统吉祥元素的基础上，增加了衍生表情设计，更具标识性与传播性。生动有趣的形象设计有利于吸引大众，拉近 IP 与现实生活的距离。后期借由不同实物的展示，提升溧阳及天目湖的文化传承价值与实际应用价值。

以东方生肖龙、马、虎的人鱼为例（图5、图6），设计在人鱼形象特点上分别提取了龙、马、虎的形与势；在造型与服饰元素上，以寅虎雌黄、辰龙明黄、午马钴蓝为生肖主题色，结合古代传统服饰花样，进行深度融合，着重体现了龙的恢宏大气、马的灵敏矫健、虎的贵气威严。在具体设计细节方面，通过一系列拟人化动作，赋予其设计趣味，使其形态高度符合人们日常生活中的动作形态，以期展现背后的文化理念与美好寓意。

图 5　天目湖人鱼系列部分生肖原型 IP 设计示例图

图 6　天目湖人鱼系列 IP 部分生肖设计示例图

经执行小组前期多方市场调研、收集、筛选游客对天目湖旅游的客观印象及意见后，项目组与天目湖旅游度假区达成共识，以"东方人鱼"为主线IP带动天目湖周边白茶、美食、民宿等。同时打破传统模式，不以单一形象IP作为城市代言，此次不仅将地方人文特色融入进去，还与中国传统文化结合，将文旅与社交跨界，以十二生肖人鱼寻母拉开故事帷幕，紧接着是她们与"天"字一号最大帮的七只搞笑大头鱼的奇遇历险记，及大头鱼与喵仆人的每日相爱相杀！城市文旅的灵魂，是除了风景、美食，还有旅行的意义。结伴远行，身着唐装，穿越古城，留下的记忆地图，就是当下年轻人对沉浸式旅行的喜爱，对实景剧本杀揪团的忠诚，他们用自己的方式去了解华夏文化。项目第一阶段于2022年第一季度首推虎、龙、马，以及一条三角鱼IP形象，还结合一台订制鱼形车（可以在景区移动），为游客提供服务及打卡点；第二阶段运营商店，继续执行十二生肖人鱼产品系列，并开始推出人鱼故事短片，建构人鱼游戏剧本，以民宿为个体展开任务地图，与学校进行联动研学户外课题；第三阶段打造文旅文创体验观光工厂，做到真正的文旅产业产观学研一体化（图7）。

在此基础上，笔者及团队构思并创造出国潮风IP原型鱼头设计。该系列共七幅，分别对应煮、烤、蒸、熏、炸、卤、煎七种经典烹饪手法（图8）。设计用令人舒适的行为代替了烹饪场景去表现，继承了国潮风插画粗线条、强对比、艳色彩的风格，融合了京剧中靠旗、护背旗的元素，将天目湖鱼头的形象打造成一

图7　天目湖人鱼系列IP幼态版设计示例图

系列不失传统却更受年轻人喜爱的形象。黑白与彩色设计图分别可以应用在不同维度、不同类型的产品上。在 IP 原型基础设计上，团队进一步延伸出以突破传统猫鱼关系为主题的情景设计。设计通过"爱吃鱼的高冷猫咪"为"天目湖大鱼"服务反转的方式，在突出大鱼形象独特的同时，达到了使人会心一笑的效果（图 9）。最终将这些 IP 设计应用于多个文旅衍生场景，如明信片、杯子、伞等（图 10）。

图 8　鱼头 IP 原型设计示例图

图 9　鱼头 IP 情景设计示例图

图 10　鱼头 IP 场景应用示例图

　　文旅项目是城市更新路径重要的一环。近年来，随着"美学经济"思想的深入，如何提升和发挥文旅项目在全产业链运营过程中的触媒作用，正逐渐成为当下城市文化和经济发展的重要课题之一。笔者根据对溧阳天目湖项目的经验判断，结合国内外先进发展经验，从文旅载体形式的完善、文创产品精准的定位、产品营销方式的革新等方面，基于"美学经济"发挥文化创意产业的资源整合力和产业带动力，挖掘城市文化、城市旅游价值，实现美学思想、文化引领、旅游带动、产业支撑的城市更新路径研究，以此带来城市区域价值的更新、城市生活内容的更新以及产业发展模式的更新。具体更新路径如下。

　　1. 打造文创产业生态圈，激发城市竞争活力

　　文创产业生态圈是城市更新过程中重要的一环，其所包含的文创产品则是"美学经济"融入文创产业的重要途径之一。文创产品带来的生活美学产品，以单个文创产品的诞生过程来看，至少需要八个步骤才能精准定位。第一步脑力激荡，发想需求；第二步整并需求，找出区隔；第三步评估市场和公司能力；第四步选定市场，找到滩头堡；第五步画出顾客肖像；第六步分析竞争对手；第七步确认顾客两大需求；第八步选择定位需求。如此形成的产品才会热销，才会受到当下客户的喜爱。在"美学经济"视角下，产品实际上是文化故事，是创意体验，更是思想价值，为人们的生活带来美好。

　　在"美学经济"视角下，文创产业生态圈可以划分为三层：最中间的核心层包含精致艺术的创作与发表，如音乐、戏剧、舞蹈、视觉艺术、传统民俗艺术、广播、电视、电影、博物馆、文物等；周边层是以核心艺术为基础的应用艺术类型，如流行音乐、服装设计、广告平面设计、影像与广播制作、游戏软件设计、拍卖等；最外面的一层是延伸层，是支持上述产业的相关部门，如展览设施经营、策展机构、展演经济、活动规划、出版营销、广告企划、

流行文化包装、工艺品生产销售等。这些集中了各类大、中、小文化创意企业，具有极强的创新力。文创产业根植于城市文化之上，进而提升城市的文化认同感，提升城市文化质感，激发城市竞争活力。

2. 完善文旅载体，助推城市文化产业发展

目前，国内相关的文旅载体大多基于地方人文特色、自然风貌来划分，如地方主题、地方应用等。而在当下网络时代，随着信息技术的不断完善，对文旅载体的传统分类也有了新的标准，如以消费客户群体来划分的产品内容，以传播工具来划分的文创书店、旅游商店、旅游文创车，以服务"人"为核心划分的体验式、交互式、沉浸式文旅软实力等。通过新建或完善旅游载体，将城市的文化元素、符号渗透到文旅载体中，能够使城市更具有独特性，增强城市文旅的生命力和竞争力。

文旅载体的物理空间多以文创商店、品牌书屋、文娱剧场、体验型主题乐园等多业态复合型的文旅消费聚落式呈现。这些空间使城市富有浓郁的文化氛围，能够有效地满足城市居民和旅游者的消费需求，是引导消费的重要场所（图11）。

图11 "遇见溧阳"文创品店

笔者基于对文旅载体的研究，创新性地将传统的物理空间与可移动交通工具相结合，形成一个多功能、高效率的旅游文创载体。以团队研发的旅游文创车为例（图12、图13），设计通过形象标识、内部装饰、车灯照明等丰富的要素，创建一个集观光打卡、旅游消费、文化传递于一体的新型文旅载体。该车能实现完整工作，配套运营系统齐全，各功能之间联系紧密，更可以位于城市交通发达、人群相对集中的区域，打破固定的地理位置。其合理性在于集约土地开发、便捷交通、降低经营成本、最大化经济效益等。

图12　溧阳文旅项目——天目湖文创车外部效果图

图13　溧阳文旅项目——天目湖文创车内部布局效果图

　　结合前文对"美学经济"之于文旅项目的助推意义，笔者进一步将线下文旅载体中的产品——文创商品分成八大类，分别是地方主题类、文创应用文具类、文化生活服饰类、3C电子礼品类、地方非遗类、旅行应用类、休闲食品类以及跨品牌合作类。线上文创平台的商品不受限制。文创产品是联系城市文化与文旅项目的纽带和桥梁，为城市更新发展提供了消费客群，为城市文化的表达提供了个性化主题。

　　由不可移动的文创书店、旅游商店到可移动的旅游文创车，文旅项目的载体经历了从最初的单一实体向功能复合、共融共生的文化创意生态圈的演变，实现了辐射效应最大化，通过文旅载体设施不断升级，营造城市文化新生态，助推城市文化产业发展，让城市更美好。

　　3. 创新文旅运营和营销方式，推进城市更新与文旅融合发展

　　"美学经济"思想与现代科技的进步为文旅产业提供了技术支撑；虚拟现实、社交网络、云计算等技术产物的崛起，也为文旅产业的快速发展提供了内聚力。这些与文旅发展产业相关的技术环节囊括了设计服务、技术标的、品牌商品和媒合育成平台等新的产业商业模式组成。具体而言，笔者结合对文旅产业运营和营销方式、商业模式的研究，从知识化、品牌化和系统化等角度作了深入思考。

在流程思路的创新方面，区别于过去把技术功能与艺术美学相割裂，将美学价值、技术与创意融合交织在一起。流程思路创新的重点是发挥产品功能、统筹生产、营销服务中美学的价值。颠覆传统以"产品"为导向的开发流程，秉持"设计思考"理念，独创以"需求"为导向的创新"G流程"。在G0概念阶段，通过广泛的对生活形态、商业市场与技术情报信息的搜罗、观察与分析，提出创新的商品概念，而后通过六大指标评价的筛选机制，选定最适宜的商品概念，并明确定义其商业策略（G1），接着辅以使用者经验设计手法（G2），详细描绘出消费者体验路线、使用情境与操作流程、界面。此过程是品牌化过程最重要的阶段。

在多元整合能力方面，文旅项目的运营与营销模式不应局限于自我发展，而是需要整合跨领域的创新服务，包括商模策略、品牌顾问、品牌营销、服务设计、使用者经验设计、产品设计、材料应用、技术商品化、工程整合乃至企业训练等。只有这样，才能全面满足文旅产业多元成长的需求。

在商业模式进化方面，设计服务相当于制造业的代工OEM。由于其价值与影响力相对有限，为充分发挥设计能量，笔者及团队致力于推动设计服务产业进化，通过知识化、品牌化与系统化过程，已成功将商模推进至ODM技术标的、OBM品牌商品、EDM（Eco-System）GAIA创意媒合与商品化平台，为设计服务产业发展开拓更多的可能性与商机。

在创新多元商模方面，除了源源不绝的创意，我们更重视将创意导向生意。文旅项目需要时时观测与搜罗各种情报信息，从消费市场、技术进程、生活形态与消费者行为等多元方向激荡出源源不绝的创意，并转化为新商品；后经筛选机制选定最具商业化潜力的标的，进入商业策略阶段，明确定义其商业模式，估算市场规模，拟定专利策略，为文旅运营和营销的可持续发展作好充分准备。

综上对"美学经济"大环境下城市文旅项目的实际经验总结与阐释分析,以及对城市更新新思路的探索,笔者认为,"美学经济"是一种"为人"的经济,倡导围绕人的发展,对城市文化进行创造性改造。它的发生为文旅产业的发展创造了独特的成长环境,使得城市焕发出新的生命力。每个富有美学价值的产品都将成为文化"有机的绵延"。诚然,在"美学经济"下的文化生产并不是一帆风顺的。当下,我们也面临着一些问题,如部分企业美学生产不足,品牌意识薄弱,盲目依靠模仿和成本竞争,劣币驱逐良币,为整个产业带来不良影响。与此同时,产品间的功能差异正不断缩小,如何在产品整个环节设计中为消费者带来更多的情感共鸣,是当下产业经营者需要认真思考的问题。随着消费者审美体验的不断提高,产品本身功能性的特征正在逐渐被弱化,而消费者对自身个性化的情感体验和差异化的审美趋向却逐渐被强化。所以,笔者认为企业竞争的核心是文化牵引力,有设计的经营才能更好地提出未来的方向,这也是笔者在实践过程中所总结出来的经验。

蒋勋说:"美,是看不见的竞争力。"以笔者主持参与的溧阳天目湖项目为例,为了打造江苏地区文化旅游衍生品牌,项目从大众耳熟能详的文化元素出发,结合大众对文旅衍生品的纪念需求,在满足大众的行为习惯和实用需求的基础上,增加了设计深度。在其中,美学无时无刻不被嵌入在产品经济活动的各环节,进而产生相应的经济效益。于笔者而言,城市文旅项目的设计远不止于此,本文的研究亟待进一步实践深化。文旅产业是一个复杂而系统的过程,"美学经济"为其带来的城市更新创造了一个独特的思路。因此,学习和借鉴文旅项目的美学实践与美学案例分析,探索文旅产业之于城市更新路径,进而促进城市经济效益发展,显得尤为重要。

Case Practice of Urban Cultural Tourism IP Operation in Oriental Aesthetic Economy

YIN Sandy

Abstract: In recent years, as the attention of the domestic aesthetic economy has continued to increase, the popularity of related policies has increased year by year. Urban cultural tourism projects are gradually attracting public attention to integrate aesthetic value, technology, and creativity. This article cuts in from the perspective of "aesthetic economy" taking the practice of the Jiangsu cultural tourism project as an example and analyzing the practical significance of studying the urban renewal path simply and profoundly and taking aesthetics in-depth design as the starting point, trying to convey the city's inner cultural spirit through aesthetic methods, and conducting multi-level communication with consumers. The article analyzes the aesthetic economy and its emotional communication design with consumers and users. It uses cultural tourism project research as the carrier of urban culture to explore new urban renewal ideas and practical significance.

Keywords: aesthetic economy; urban renewal; cultural and tourism projects

居艺生活:

守成与创新

刘
士
林

　　刘士林，上海交通大学城市科学研究院院长、教授，上海数字化城市与交通研究所所长。历任多个部委、省、市的专家委员、咨询委员。兼任人民日报社人民周刊人民城市发展研究中心专家委员会主任、光明日报城乡调查研究中心副主任、中国商业史学会副会长暨中国大运河专业委员会主任委员、浙江省城市治理研究中心首席专家、江西文化强省建设研究中心首席研究员、景德镇国家陶瓷文化传承创新试验区发展智库负责人、苏州石湖智库咨询委员会主任、南通大学张謇城市治理研究院院长等。主要从事城市科学、战略规划、文旅消费等研究。主持多项国家社科基金重大项目及国家发展改革委、文化和旅游部、住房和城乡建设部、教育部等重大项目。专著《城市中国之道》译有法文、俄文、英文版。

【人生格言】
　　思想是自由的诗篇，文化是城市的灵魂。

诗性文化和城市文化双重语境下的江南文化创新研究

刘士林

摘要：

　　从地理上看，传统江南地区与长三角城市群的核心空间基本吻合。从人文上看，其包含吴越文化、皖南村镇文化和海派文化的江南文化构成了长三角传统文脉的主体形态。本文在充分吸收当代江南学术研究成果的基础上，以诗性文化和城市文化学为理论方法，以江南区域文化、江南城市史、江南文化精神的现代阐释为研究对象，探索一种以文艺学、美学、城市社会学为基础，融基本理论建构、历史经验阐释及文科社会服务为一体的综合交叉型研究。以马克思哲学为指导思想、以中国人文学科的"城市研究与阐释"为经验基础，以西方现代"城市社会学"为理论资源，以更为丰富多元的江南城市历史文献和现实经验为研究领域，进一步实现它们的有机融合与辩证统一，构建具有中国特色的人文城市研究方法，为江南文化的综合研究与现代价值阐释提供了学术示范。

关键词：

　　江南文化；城市文化；创新

江南地区以经济、教育和文化的发达著称于世，在古代中国创造了高度发达的生产、生活方式与独具个性的区域文化传统。区域内传统的吴文化、越文化和近代崛起的海派文化联系密切、相关性很强，一直是推动这一地区经济社会和文化发展的核心力量与主导机制。2018年4月26日，习近平总书记就推动长三角地区更高质量一体化作出重要指示。2018年4月29日，上海确立了建设红色文化品牌、海派文化品牌、江南文化品牌三大重点任务。从地理上看，传统江南地区与长三角城市群的核心空间基本吻合。从人文上看，其包含吴越文化、皖南村镇文化和海派文化的江南文化则构成了长三角传统文脉的主体形态。目前，不仅上海已将江南文化提升到战略资源的高度，浙江、江苏和安徽也在积极响应，为形成区域价值共识和提升区域文化自信创造了前所未有的良好社会条件和重大战略契机。2021年是"十四五"开局之年，江南文化同样进入新的发展阶段。在此承前启后、继往开来之际，回顾江南诗性文化走过的道路，总结其在概念、内涵、功能、原理等方面的基础理论创新成果以及在哪些可以转换、哪些需要创新等方面的实践探索经验，站在新的历史起点上，回答、回应江南文化引领长三角"实现什么样的发展、怎样实现发展"等重大问题，把江南文化最基本和最重要的精神标识及具有当代价值、世界意义的文化精髓更好地提炼、展示出来，为更好地推动江南文化的现代性转换和创新性发展，引领长三角城市和区域一体化高质量发展提供重要的参考借鉴。

├一├
江南文化研究的
现状与问题分析

江南地区以其优美的自然景观特色和深厚的历史人文积淀，一直是国内外学者青睐和关注的充满魅力的研究对象，并主要形成了三种学术流派，既取得了众多有影响的成果，也有各自的局限和问题。

一是文献整理与汇编。它们或是卷帙浩繁的集大成著述（如《江苏地方文献丛书》，江苏古籍出版社，1999年），或是某一专学的资料汇编（如《明清苏州农村经济资料》，江苏古籍出版社，1988年），这些学者的努力和艰苦劳动，为江南文化研究提供了真实可靠的文献资源，对江南文化研究这门新学科的诞生有"筚路蓝缕，以启山林"之功。但由于其在研究范式上主要倚重的是"小学"理论与方法，因而在这些研究中也存在着一些问题，主要是缺乏对江南文化系统的理论研究和具有现代意义的人文价值阐释，无法为实现江南传统文化的现代转换提供理论指导和战略框架。

二是以经济史与社会史为主题的历史学研究。经济史方面如李伯重的《多视角看江南经济史》（三联书店，2003年）及《江南早期的工业化》（社会科学文献出版社，2000年）、陈学文的《明清时期太湖流域的商品经济与市场网络》（浙江人民出版社，2000年）、黄今言的《秦汉江南经济述略》（江西人民出版社，1999年）、张佩国的《近代江南乡村地权的历史人类学研究》（上海人民出版社，2002年）、段本洛等的《苏州手工业史》（江苏古籍出版社，1999年），社会史方面如熊月之主编的《上海通史》（上海人民出版社，1999年）、吴仁安的《明清江南望族与社会经济文化》（上海人民出版社，2001年）、许林安的《江西史稿》（江西高校出版社，1998年）、严耀中的《江南佛教史》（上海人民出版社，2000年）等。它们有力地拓展了江南文化研究的视角与空间，在各自的领域也取得了不同程度的突破性贡献，为对江南文化进行整体性与深层结构的研究提供了可能。但同样由于受学科属性与学术范式的影响，在这些研究中也不同程度地存在着"偏经济而轻文化""偏历史而轻审美""偏科学研究而轻文化阐释"等倾向，对于江南文化研究作为一门新学科的理论基础和框架体系涉猎较少，这在某种意义上也在不同程度上影响了人们对江南文化本质属性的深入认识以及对其人文价值的科学评估。

三是西方江南城市（文化）研究及其影响下的相关学术研究。近年来，以西方学者的相关著作为代表，以江南区域与城市为对象的西方城市学、经济学、科技史、文化学研究迅速传播，并以其独特的理论框架、异域视角和比较方法影响了国内的江南研究。

同时，由于这种研究非常契合长三角城镇化建设和一体化发展需要，又容易和国际江南学术研究进行对话和交流，因此也被视为江南文化创新研究的主要代表之一。问题在于，不仅这些研究的理论工具和价值谱系主要来自西方，国内学者在"拿来"或借鉴时，对其解释江南文化经验的合法性也缺乏必要的论证和修正，因此这种西方化的江南研究的不少结论和判断，不可避免地存在着诸多需要商榷之处。以开放包容的学术胸襟，推进"西方江南研究"与"中国江南研究"的融合与协调发展，是当下推进江南文化研究需要重点关注和探索解决的。

与长三角一体化国家战略提出的文化需求和期待相比，当下的江南文化研究还存在着一些亟待解决的结构性问题和深层次矛盾。

从结构上看，是"历史研究"强势而"理论研究"薄弱。这与江南自古重视整理编纂"乡邦文献"、当代学术界高度重视区域经济史和社会史研究密切相关。问题在于，江南历史本身并不只是一大堆"史料"，还包含了理解历史进程的观念、整理历史文献的工具、解读历史规律的方法和建构历史体系的原则。而这些都要通过基础理论研究才能梳理清楚和建构起来。"理论研究"的薄弱会直接影响到"历史研究"的"结论是否可靠"，以及是否可以为现实实践提供内在支撑。以积淀丰厚的"历史研究"为基础，对江南文化的基本理论问题、学科框架体系、现实责任担当等进行研究与阐释，能够促进江南文化研究完成从"史"到"论"的飞跃。这不仅是一种急需解决的历史遗留问题，同时也决定着今天开展江南文化研究的意义和价值。

从学科上看，是"单体研究"热闹而"整体研究"冷落。当下的江南文化研究主要依托文学、艺术学、经济学、历史学、建筑学、地理学等相关社会科学和人文学科，在思维方式和研究范式上壁垒和门户众多，由此导致了"以'单体研究'取代'整体研究'"的总体格局。即使有一些综合或整体研究的探索，如一些越文化概论、吴文化概论、海派文化概论等，也基本上是把这些学科的知识和成果汇编在一起，并以此等同于"江南文化研究"。由系统论"系统大于部分之和"这一基本原理可知，江南文化"整体研究"绝不等于各部分研究的机械叠加或简单组合。以"单体研究"的丰富理论成果为基础,通过江南文化学科体系和交叉学科建设,促进不同学科、不同门类的视界融合与综合创新,是把江南文化研究提升到系统和整体高度,并为长三角提供完整和全面的知识服务及智力支持的关键所在。

从内容上看,是"实用研究"过剩而"精神研究"短缺。当下各种应用型研究报告、政策建议类成果备受青睐,但由于其大多是"应急式""抢滩式"的"速成品",如一些江南城市挑起的"文化资源争夺"中,普遍存在着浅尝辄止、囫囵吞枣乃至以讹传讹、混淆视听、浑水摸鱼等问题,不仅严重损害了江南文化的总体和长远利益,也直接影响到对江南文化真精神和真价值的研究。江南文化代表了我国区域文化在审美和艺术上的较高水准,符合马克思"人的全面发展"和"按照美的规律来建造"的思想谱系,也是促进长三角社会治理、文化建设和精神生态保护的战略资源。党的十九大报告提出"满足人民过上美好生活的新期待,必须提供丰富的精神食粮"。超越"实用研究",进入"精神研究",以品质优雅的江南文化为文化资源,建立高品质的长三角城市文化,不仅可以为人民群众提供高质量的文化消费产品和服务,也有助于促进和引导长三角地区发展成为一个真正的"命运共同体"。

十二├

诗性文化和城市文化框架下的
江南文化研究

在充分吸收当代江南学术研究成果的基础上,我们以诗性文化和城市文化学为理论方法,以江南区域文化、江南城市史、江南文化精神的现代阐释为研究对象,探索一种以文艺学、美学、城市社会学为基础,融基本理论建构、历史经验阐释及文科社会服务为一体的综合交叉型研究。近年来完成和出版的一系列著作包括:《江南的两张面孔》(2003年)、《江南人文关键词》(2003

年）、《西洲在何处——江南文化的诗性叙事》（2005年）、《江南文化读本》（2008年）、《江南文化精神》（2009年）、《振衣千仞——江南文化名人》（2010年）、《风泉清听——江南文化理论》（2010年）、"中国风·江南文化丛书"[1]、《江南城市群文化研究》（2015年）、《二分尘土——江南人文空间的城镇与村落》（2019年）、《江南吻文化资源》（2020年）、《江南诗性文化》（2020年）、《江南的春山与秋水》（2021年）、《江南城市文化与长三角高质量一体化发展》（2021年）。其中，我们主要在以下若干方面进行了具体的研究和探讨，并尝试构建一种具有全球视野、区域特色、传统价值、时代意义的江南文化的基本理论框架和话语谱系，同时也希望在"求实学，务实业"上有所建树，为江南文化的复兴与实际运用提供有益的理论和方法。

1. 江南文化的基础理论、历史源流与现代转换研究

从江南文化基本内涵阐释、历史源头梳理与现代转换研究等方面进行深入剖析的具体内容如下。

一是界定与阐释江南范畴的基本内涵。以马克思"人体解剖对于猴体解剖是一把钥匙"为方法论，从成熟形态的角度对江南范围进行界定。尽管魏晋以后，由于北方与中原的人口、文化大量南移，使江南地区在经济与文化上后来居上，但江南成为成熟形态无疑是在明、清两代。据此我们以李伯重先生的"八府一州"说为基础，吸收了"江南十府说"中的宁波和绍兴，同时，还将不直接属于太湖经济区，但在自然环境、生产方式、生活方式与文化等方面联系十分密切以及由于大运河和扬子江而密切联系起来的扬州、徽州等纳入江南的范围。关于它们之间的关系，我们借鉴区域经济学理论，将"八府一州"看作江南的"核心区"，而将其他地区视为"外延"。"八府一州"是江南区域在历史上自然演化与长期竞争的结果，圈定了江南地区的核心空间与主要范围，其在经济社会与文化上的主体地位是很难被其他地理单元"喧宾夺主"的[2]。

二是梳理与明确江南区域文化的历史源头。在关于江南区域文化的看法上，学术界常见的观点是"一分为三"，即"吴文化""越文化"和"海派文化"。随着安徽全境被纳入长三角，

1 包括刘士林、万宇的《江南的两张面孔》、刘士林编著的《人文江南关键词》《江南文化的诗性阐释》、洪亮的《杭州的一泓碧影》、冯保善的《青峰遮不住的寂寞与徘徊》、刘士林的《吴山越水海风里》、洪亮的《世间何物是江南》、姜晓云的《诗性江南的道与怀》、万宇的《春花秋月何时了》、朱逸宁的《桃花三月望江南》10种，2013年。
2 刘士林.江南与江南文化的界定及当代形态[J].江苏社会科学，2009（5）：6.

江南文化也自然延展为"一分为四"的新形态,即"吴文化""越文化""海派文化"和"徽州文化"。这一划分尽管便于应用和描述,但由系统论"整体大于部分之和"这一基本原理可知,作为有机整体的江南文化必然大于吴、越、海派、徽派四者之和,因而对它们的单体研究绝不等同于江南文化研究。要找到江南文化作为一个独立谱系的存在根据,就需要从原始发生的角度去追寻。综合20世纪考古学、历史学的研究,早在新石器时代,长江文明已发育得相当成熟。以上古时代自成一体的长江文明为背景,可以找到江南文化发生的历史摇篮。正如李学勤先生所说,"黄河中心论"最根本的问题是"忽视了中国最大的河流——长江"。江南文化的历史渊源是长江文明,而不是黄河文化的传播产物。在解决了这样一个原则性的问题之后,可以为重新理解江南文化提供一个全新的解释框架。在习近平总书记提出,把长江文化保护好、传承好、弘扬好,江南文化的历史根脉也将变得更加名正言顺 [1]。

三是提出并论证江南诗性文化的理论观点。在学术层面上,要论证江南区域文化的独立性,关键是要弄清江南文化的独特创造与深层结构。从历史上看,文人荟萃、文化发达是江南的主要特征,但实际上这并不是江南区域文化在中国最独特的本质,因为孕育了儒家哲学的齐鲁地区在很大意义上更有资格代表中国文化。江南文化中包含伦理的、实用的内容,并与北方—中原文化圈一脉相通,而其在审美自由精神这一点上也体现出古代江南民族对中国文化的独特创造。由此可知,江南文化本质上是一种以"审美—艺术"为精神本质的诗性文化形态。或者说,江南诗性文化是江南文化的核心内涵与最高本质。江南诗性文化在江南文化研究中的"理念"地位,也决定了江南诗性文化本身还是江南文化建设的"诗眼"和"龙珠" [2]。

四是提出并进行江南文化基础理论的研究。具有独立品格与话语形态的江南文化理论研究一直是一个较大的空白,系统研究、原创理论更少。我们以马克思文化理论与方法为指导,借鉴西方文化研究与中国审美文化研究的理论成果,以诗性文化理论为基础性的学术框架,以诗性人文学术方法为总体性的方法

1 刘士林.在江南发现诗性文化[N].解放日报,2004-10-17.
2 刘士林.在江南发现诗性文化[N].解放日报,2004-10-17.

论，对江南文化理论的基本问题、研究对象与范围、框架体系、价值形态等进行系统与深入的探讨。主要内容包括：以区别长江文化与黄河文化为空间背景，追溯江南文化的文化背景与渊源；以区别江南文化与齐鲁文化为区域背景，揭示江南文化的诗性与审美本质；以江南轴心期为理论基础，还原江南区域文化精神的历史生成过程；以江南之江南、中国之江南、世界之江南为基本时间框架，揭示江南文化发展的主要历史阶段及其内在关联；以吴文化、越文化与海派文化为基本空间框架，研究江南文化发展的主要小传统及其结构关系；在区域文化比较的语境中，探讨江南文化与荆楚文化、巴蜀文化、岭南文化等的异同；在江南城乡文化比较的框架下，研究江南城乡不同的文化结构与价值形态；以城镇化进程为背景，探讨江南文化资源的保护、开发和可持续发展理论[1]。

五是提出并论证古代江南地区与当代长三角城市群的关系。古代江南地区高度发达的经济与文化，特别是在明清时期形成的高度发达的以苏州、杭州、南京等为中心的江南城市共同体，是中国现代化与城镇化进程在江南地区开始最早并领先于中国其他地区的根源。长三角是改革开放以来的新概念，先后经历了1982~1984年的"上海经济区"、1984~1988年的上海经济区扩大版、1992~2008年以16座城市为主体的长三角城市群、2008年长三角2省1市25城市版、2016年长三角城市群3省1市26城市版、2019年长江三角洲区域一体化发展规划纲要一市三省全域6个版本。但无论是经济上还是文化上，新加入的城市主要是一种附属角色。总体上看，尽管当今长三角与往昔江南已有不小的变化，但由于两个基本面（地理上的长江中下游平原及包括古代吴越文化和现代海派文化在内的江南诗性文化）仍是长三角城市群的核心地理空间和主要文化资源，所以仍可把长三角城市群看作古代江南的当代形态。也就是说，长三角城市群并不是无本之木，如20世纪80年代的长三角经济区概念，其雏形可追溯到明清时期太湖流域经济区；而90年代以后的长三角城市群，其胚胎早在古代江南城市发展中就已开始培育。这是研究江南文化最需要关注的现实背景与发展趋势[2]。

1 刘士林.风泉清听：江南文化理论[M].上海：上海人民出版社，2010.
2 刘士林.明清江南城市群研究及其现实价值[J].复旦大学学报（社会科学版），2014（1）：9.

2. 江南城市的模式、形态、传统与功能研究

以下从江南城市群构建的建设模式、形成的江南都市文化形态以及所蕴含的时代价值等方面进行具体阐述。

一是建构了江南城市群独特的城市模式理论。中国古代社会有两个基本特点，"在物质生产上对自然条件与环境高度依赖"和"在社会生产上主要以'乡土中国'为中心"。依靠众多发达的城市及其开拓的区域经济社会空间，以古代的扬州、苏州、南京、杭州等为核心城市的江南城市群，在以农业为主的中国古代社会创造了独特的城市模式。非农业城市人口和新型城市社会关系是江南城市群形成和持续繁荣发展的重要基础。同时，由于江南涉及的地理、人口与文化空间巨大，在很大程度上改变了中国古代社会的历史进程。其中，又以江南运河沿线城市最具代表性，沿着京杭大运河的"主干大街"，江南城市的生产、生活方式和消费文化曾深刻影响了北方的山东、河北、天津、北京及西部的河南、陕西等。具体说来，在江南城市群中培育的是一种不同于政治中心和军事中心，而是以经济中心或商业中心为主要功能的城市模式。这些城市在不少方面具备了现代都市的内涵与特征，为中国古代文明在江南地区的发展与演化提供了新的"物质基础"与"社会条件"。

二是诠释了江南城市群创造的江南都市文化形态。借助于江南地区共同的文化源头和在古代城市化进程中密切的地理、交通、经济与文化联系，江南城市日益发展为一个水平更高、规模更大的城市共同体。同时，以此为基础又创造出远远高于其时代一般城市的文化发展水平，并在某种意义上具有现代都市文化功能与特征的江南城市诗性文化。其核心要素表现在两个方面：第一是不同于北方城市诗性文化，这主要表现为"政治"与"经济"的对立；第二是不同于江南乡镇诗性文化，其差异在于"伦理"与"审美"的不同。作为一种本土性的都市文化模式，在中国古代城市文化中达到顶峰的江南都市文化，对重新考量中国传统文化的复杂形态、现代价值以及探索如何实现其创造性转化和创新性发展，可以说具有不可替代的标本价值与示范意义[1]。

三是还原了江南都市文化的典范形态与深层结构。第一是以

1 刘士林.江南城市与诗性文化[J].江西社会科学，2007(10)：11.

南宋临安为代表的江南都市文化形态。尽管江南地区很早就有邦国都城存在，但其附属地位很难影响中国文化的大格局。临安是江南都市文化走向成熟的第一个表现形态。与唐代长安、洛阳、北宋汴梁等不同，其在文化创造上的理念与动力已不再是现实政治利益，而是发自城市文化自身生产与消费的内在需要。第二是以明清时期的南京为中心的江南都市文化繁盛形态。富裕的江南城市群不仅在经济上支持着整个国家机器的现实运转，在意识形态、精神文化、审美趣味、生活时尚等方面也拥有了"文化领导权"。同时，江南都市文化在这一时期呈现的许多新特点，与现代都市文化在内涵上十分接近。第三是从近代向现代演变过程中的上海新型都市文化。在从传统到现代的演进中，上海都市文化的延续性、前卫性、典范性与代表性，是中国其他早期通商口岸无法比拟的 [1]。20世纪以来，海派文化已成为中国都市文化的一个基本象征。这三种城市群和都市文化形态，是长三角城市群最直接的历史基础。

四是探讨了江南中心城市的历史源流及其文化形态。对一个城市群而言，中心城市有两大基本职能，即支配和服务。明清时期的江南城市群，以苏州为中心，形成了分工合理、功能互补的城市层级关系，实现了中心城市"支配"功能与"服务"职责的统一，这是历史上的江南城市群能够实现功能互补和共存共荣的根源。与之相比，在长三角城市群过去长达30年的探索中，人们之所以多次感慨"长三角的圈始终画不圆"，主要是中心城市只想"支配"而不情愿"服务"，以及各种大城市"什么都想要、什么都不愿意放弃"造成的，从过去的化工、汽车、纳米技术到当下的人工智能、大数据产业等，都是如此。众所周知，今天长三角一体化建设取得了诸多重要突破，但面对世界百年未有之大变局，未来的发展并非一帆风顺，如在资源、产业等方面的冲突与无序竞争仍不时出现。就此而言，有关中心城市的历史与文化研究十分重要。我们重点选择了扬州、苏州、南京、杭州和上海这五座城市，对其城市的历史源流与都市文化进行了较为全面的研究，以期为这些城市本身以及整个长三角文化建设提供历史参照与传统经验。

1 刘士林.江南都市文化的历史源流及现代阐释论纲[J].学术月刊,2005(8): 5.

五是从城市文化角度揭示了影响长三角城市群发展的原因及路径。与西方相比，长三角城市群主要落后在文化软实力上，这与一个多世纪以来江南都市文化的衰落与边缘化直接相关。首先是战争中断了江南地区自明清以来一直领先的城市化进程。其次是改革开放以前中国选择的"政治型城市化"模式，使已获得充分发展的长三角出现了相当严重的倒退与萎缩。再次是改革开放以来偏重经济发展的"经济型城市"发展模式，进一步加剧了经济社会快速发展与文化事业每况愈下的矛盾。在全球人口爆炸、能源危机、生态环境急剧恶化的当下，无论是文化产业直接带来的富可敌国的巨大经济效益，还是文化事业对精神文明、社会建设与心理生态健康的深层作用，都表明文化占有越来越重要的地位。以上海"文化大都市"和"长三角世界级文化城市群"为战略定位，江南文化研究承担着为长三角提供文化认同与价值归属的国家战略使命。

六是阐述了江南城市群与文化研究的时代价值。以"国际化大都市"与"世界级城市群"为中心的城市化进程，正在成为推动与影响当今世界发展的核心机制与主要力量。城市化不仅直接影响着当今社会发展，也深刻改变了我们对历史和传统的理解。江南城市群正是由此而生的一个新的研究对象。早在1976年，戈特曼（Jean Gottmann）就将"以上海为中心的城市密集区"称作世界第六大城市带。2008年，国务院提出建成具有较强国际竞争力的世界级城市群，长三角城市群被纳入国家战略层面。城市群建设不只是经济的一体化进程，也包括政治、文化、社会在内的丰富内容。中国古代经济社会最发达、文化教育最富于创造活力的江南地区构成了长三角城市群的核心区，其特有的人文地理、城市传统、社会结构及文化传统等，直接影响着长三角今天的存在与发展，是必须关注的文化经验和精神资源。这不仅有助于长三角城市群文化研究的系统和深入发展，同时还可为中国当代城市文化发展提供一种具有"地方性知识"意义的参照框架[1]。

3. 江南文化产业、建筑文化、艺术文化、民俗文化研究

研究对江南城市文化资源、文化产业、建筑文化、审美文化、民俗文化等方面构建了成熟的研究体系。

1 刘士林、朱逸宁、张兴龙．江南城市群文化研究[M]．北京：高等教育出版社，2015．

一是提出并进行江南城市文化资源与产业的研究。文化资源是文化发展直接的现实对象，是潜在的自然文化遗产和文化生产力要素，不仅决定了文化产业的方式、规模与性质，也是一个地区文化事业发展的客观环境与条件。江南城市文化资源丰富，为我们实现从江南文化的历史研究到现代开发提供了丰富的资源储备。一方面，根据文化资源理论的基本规律与特点，建立江南文化资源的分类框架，按照物质资源、社会资源和审美资源三大原则，对复杂、纷乱的江南文化资源进行系统梳理与编码，为江南文化资源的开发、创意和产业化提供基础。另一方面，根据当代文化产业发展的规律与特点，研究江南文化的要素集聚、文化品牌创建、文化事业发展等问题，同时，在长三角城市群文化发展的框架下，在政策、机制、形式等方面展开江南文化的研究，为催生更大规模、更具竞争力的江南文化产业群描绘途径[1]。

二是从诗性文化角度展开江南城市建筑文化的研究。江南建筑有着独特的风格和悠久的传统，集中体现了诗性文化的理念与需要。由于古代江南民族与自然环境及资源的亲和关系，江南古代建筑的主要特征不是表达人对自然的征服，而是在很大程度上依赖大自然的地理与环境条件，这样的格局直到现代以来才遭到毁灭性破坏。在现代化进程中，和其他地区一样，江南城市建筑的精神个性与传统形态迅速消亡，在空间与功能上日益趋同、千篇一律，不再具有诗意和适合人们居住、生活。在当今长三角城市空间的规划、设计与建设中，由于西方理性建筑文化以现代化的名义迅速取得了霸权地位，以及当代规划与建筑师自觉不自觉地以西方为标准与模仿对象，遂造成了理性文化诸要素在其建筑空间中沧海横流，结果是建筑的单质化与同质化正成为江南城市空间生产普遍的宿命与噩梦。究其原因，当代江南建筑基本上是理性建筑观念与文化的产物，是理性文化战胜、驱逐了中国诗性文化的结果[2]。以传统江南建筑的材料、技术、审美观念、设计风格、建造过程等为研究对象，建构与还原江南建筑中的诗性文化因素与谱系，为当代江南建筑借助诗性文化的精神资源，开拓出感性与理性、人类与自然和谐共生的新风格提供了思想资源与基础。

1 刘士林，刘新静.江南文化资源的类型及其阐释[J].江苏行政学院学报，2011（5）：8.
2 刘士林.中国诗性文化与都市空间生产[N].光明日报，2006-08-21.

三是从诗性文化角度展开江南城市审美文化的研究。以文学艺术为主体的江南城市审美文化自古以来十分发达，相关的研究也很多，但由于一直缺乏相对统一的审美文化理论基础，所以大多数研究局限于"专而深"的层面，而很难看到不同文学艺术类型之间的深层文化与美学联系。我们以"诗性文化"作为江南审美文化研究的理论基础与价值根源，以江南艺术环境、江南艺术精神、江南诗文、江南绘画、江南工艺、江南园林、江南戏曲、江南服饰等为具体的研究对象与范围，对江南审美文化从发生、源流、典范形态、审美精神、现代性价值等角度进行一次综合性的研究。在具体的研究中，以江南区域和江南诗性文化为背景和主线，深入并集中研究最能体现江南审美文化精神的文学艺术类型，超越以时间顺序写文学艺术史的传统模式，强调环境—精神—艺术创作的内在逻辑关系，实现对客体与主体、形式与内容、艺术精神与文化创造之间关联性的深度认识与把握，对江南文学艺术共有的诗性文化本质和审美文化精神加以提炼和阐释，为江南文学艺术继承传统、推陈出新提供重要的参照系。

四是从诗性文化角度展开江南城市民俗文化的研究。民俗是大众沟通情感的纽带和彼此认同的标志，是规范行为的准绳和维系群体团结的粘合剂，也是世世代代锤炼和传承的文化传统。与中国其他区域不同，江南民俗最大的特点在于它的诗性文化功能与特征。我们从"诗性文化理论"切入江南民众世俗生活的历史流变与渊源，借江南地区民俗文化展示江南诗性文化在民间特殊的存在方式与生命力，在研究内容上涉及衣食住行、人生礼仪、岁时节令、民间工艺、娱乐游艺、民间艺术和信仰等习俗生活，厘清江南民俗文化中诗性精神的发展脉络，从诗性生活方式角度建构江南城市民俗文化理论的主体框架，同时从审美现代性的角度探讨江南城市民俗文化资源的当代价值，为当代江南传统民俗文化的保护与文化产业发展提供路径。

4. 江南文化的现代性转化与创新性发展研究

聚焦长三角一体化、长三角乡村振兴、长三角治理现代化等区域战略角度，研究江南文化在现代性转化与创新性发展方面的突出价值。

一是关于江南文化引领长三角一体化研究。从地理上看，传统江南地区与长三角城市群的核心空间基本吻合。从人文上看，包含吴越文化、皖南村镇文化和海派文化的江南文化构成了长三角传统文脉的主体形态。我们认为江南文化善于处理和协调"生产关系和生产力""社会和个人"的矛盾关系，可以最大限度地实现物质与精神、功利主义与审美主义的融合发展。没有对长三角城市群高度的文化认同，在现实中就很难走出"单打独斗"的怪圈。在当代中国的现代化进程中，江南诗性文化可以为实现政治、经济、社会、文化、生态协调发展贡献重要的思想文化资源。江南文化在本质上是一种诗性文化，代表了我国区域文化在审美和艺术上的较高水准，是符合马克思"人的全面发展"和"按照美的规律来建造"的思想文化谱系，对应对现代人普遍的精神和心理危机、促进长三角社会、文化和精神生态的保护建设具有重大战略资源价值。

二是关于江南文化引领长三角乡村振兴的研究。在我国全面建成小康社会、打赢脱贫攻坚战之后，乡村振兴将成为"十四五"时期中国农村发展的主旋律。费孝通先生的《江村经济》和20世纪后期的"苏南模式"一直影响着改革开放以来苏南地区的城镇化进程，为其他地区的农村发展、城乡融合发展提供了重要的示范。其最重要的特点是环境优美、生活富裕、商业兴旺、教育发达、秩序井然……其最大的成功是与一些地区的人们竞相逃离农村，导致农村空心化、土地撂荒不同，苏南乡村日益成为人们向往的美好生活家园。关于未来江南乡村的高质量发展，一个重要思路是"回到费孝通"提出的"高层次的超过一般的物质的生活"。长三角乡村既有丰富和深厚的江南区域文化传统，自改革开放以来也积累了雄厚的经济基础。现在的关键是转变发展观念并作好顶层设计，把"高层次的超过一般的物质的生活"作为更高层次的发展方向，把近年来不够自觉、不够系统、不够长远的文化建设集聚起来，充分发挥自身在自然环境、历史文脉和区域文化资源上的优势，探索并走出一条"人文乡村振兴模式"。

三是关于江南文化引领长三角治理现代化的研究。老子曰："天下大事，必作于细"。第一，很多"大事"和"大患"都是由于不注重小事、细节而酿成的。第二，在问题和矛盾处在萌芽状态时，也是最容易解决或解决成本较低的。城市是人类的杰作，任何一件很不起眼的小事，也都可能成为引发重大公共危机的"黑天鹅"。在每一个环节、每一个阶段都加以管理和呵护才能保持城市的生命力。这种高度复杂和敏感的现实环境，是倒逼城市治理日益精细的主要原因。长三角地区尽管人口众多、空间巨大、社会结构超常复杂，但并不是"无序的复杂"，而是由一座座城市、一个个个体、一个个社会组织、一个个空间单元、一个个生产生活行为等要素，按照政治的、经济的、社会的、文化的规律规则有机组合而成。其中任何一个局部的风险和危机，最早就潜伏、酝酿于其中。以江南文化的精细化本质和功能为引领，以"绣花的细功夫"从"一针一线"处入手，在城市运行的细微处和城市管理服务的琐碎处下功夫，深入把握和及时掌控每个要素的变化和趋势，与其承载的海量异质社会需求形成匹配和对应关系，建立长三角精细化治理机制，既有助于把矛盾解决在"萌芽"阶段，也可把人文关怀落实到长三角城市群的每个角落。

5. 江南文化的比较与战略规划研究

将江南文化与海派文化、长江文化等文化进行比较研究，并开展规划建设江南文化传承创新示范区研究，为长三角世界级城市群提供更加深厚和强大的文化与软实力支撑。

一是关于江南文化与海派文化的研究。上海在江南地区的地位，是一个不断变化和兴替的过程。直到 10 世纪上半叶，上海主要是一个"小跟班"的角色。当时的青龙镇尽管已有"小杭州"的美誉，但与唐宋的扬州、苏州和杭州等相比，明显只是江南地区的一个商贸节点。上海在江南地区真正找到感觉，是在 1843 年正式开埠以后。具有划时代意义的变化发生在 20 世纪 30 年代，此时的上海不仅成为中国最大的工业城市，也是名副其实的"中国现代文化中心"。后来中国的电影、音乐、舞蹈、戏剧、文学及西方礼仪、餐饮、节日文化等，有很多都是经上海传播和普及的。在这个时期，上海在融合西方实用主义、北方实践理性与江南诗性文化的基础上创造出属于自身的海派文化，成为中国现代都市文化的杰出代表。以家喻户晓的"月份牌"为例，以公司广告和赠阅形式为中心，再现了西方现代文明的商业实用主义；以内容方面的"二十四孝"为中心，延续着中原文化圈的伦理实践理性。因此可以说，不仅江南文化始终是上海文化的核心资源，后者也因前者的滋润而呈现出迷人的大都市魅力和气质。

二是关于江南文化与长江文化的研究。2020年11月14日，习近平总书记在全面推动长江经济带发展座谈会上发表重要讲话，提出要把长江文化保护好、传承好、弘扬好，延续历史文脉，坚定文化自信。长江和黄河同是中华民族的母亲河，同为中华民族的重要象征和中华文明的精神标识。从历史传承上看，以太湖为中心的古代江南地区是长江文明的重要发祥地之一，以诗性智慧为内核的江南文化是长江文化中久负盛名的人文景观。江南文化是长江文化最具魅力和影响力的"诗眼"，长三角城市群是长江经济带高质量发展和现代化建设的"龙头"，而近年来长三角城市群共建江南文化品牌的实践经验，则为推动长江文化与长江经济带协调和全面发展提供了重要参照。具体说来，以生态保护为优先的长江经济带建设，无疑更需要优秀传统文化和当代先进文化的基础支撑。一个很显然的事实是，它们不可能是建基于人与自然截然对立的西方理性文化及工具主义，而应是以人与自然、社会和谐共存为理想的中国诗性文化及实践理性。在过去的研究中，我们曾多次指出，江南文化是中国诗性文化的典范形态，从江南诗性文化中孕育成长起来的江南人民及江南生产、生活方式，代表了中华民族在历史上处理人与自然、人与社会、人与自身矛盾的较高水准，因此必然要成为引领沿江区域文化转化创新的榜样，并在当代长江文化传承、保护、弘扬方面发挥出"龙头"作用。当然，如同长江经济带是长三角城市群的广阔腹地一样，长江文化也是江南文化发挥更大作用的广阔天地。从丰富多样的长江文化中汲取营养，进一步拓展江南文化的视野和胸襟，更好地服务长三角及长江经济带建设，也是未来江南文化创新需要深入探索和努力实践的。

三是关于规划建设江南文化传承创新示范区的研究。面向"十四五"时期和2035年愿景发展目标，由三省一市联合研究和探索共建国家级江南文化传承发展示范区的可行性，不仅可以将长三角已开始的江南文化提升到新的高度，也可以为现实中火热建设的长三角世界级城市群提供更加深厚和强大的文化与软实力支撑。长三角共建江南文化传承发展示范区的有利条件众多。首先，与经济欠发达地区相比，长三角雄厚的经济实力为区域文化建设提供了坚实的物质基础，可持续支持区域文化实现更高水平的重建和复兴。其次，与其他经济和文化协调发展水平较低的区域相比，集聚着世界一流文化人才和团队的长三角地区，在文化发展理念特别是在开放发展和国际化上，同样拥有其他区域不具备的视野和优势。再次，江南文化是长三角共同的传统文化资源，也是一个在中国乃至世界文化体系中均拥有良好口碑和无穷魅力的小传统。共建江南文化传承发展示范区，不仅有利于解决长三角城市群内部的文化冲突和矛盾，也有利于在中国和世界建设一个传统文化复兴示范区。最后，共建江南文化传承发展示范区，契合党的十九大报告提出的"满足人民过上美好生活的新期待，必须提供丰富的精神食粮"，以品质优雅的江南文化为文化资源，建立高品质的长三角城市文化，不仅可以为人民群众提供高质量的文化消费产品和服务，也有助于切实促进和引导长三角真正发展成为一个"命运共同体"。

┤ 三 ├
江南文化研究在
理论方法上的探索

区域文化研究一般涉及的内容、领域与层面众多，是多学科合作、交叉性很强的综合性研究的重要领域。在研究方法上则涉及中国文学、历史学、艺术学、社会学、规划学等学科，但就总方法论和具有创新意义的理论方法而言，我们主要在以下几方面进行了探索。

一是马克思文化理论方法。马克思、恩格斯等并不直接从事文化学或文化研究，但在他们关于哲学、政治经济学、历史学、社会学和文学艺术的研究中，随处可发现对人类文化与文化发展的真知灼见。它们经过马克思主义哲学体系的整体规约与深层整合，已潜在地发展成为具有独特形态的文化理论与话语谱系，为研究江南区域文化提供了哲学基础和总方法论。

二是江南诗性文化的研究方法。在以往的研究中，我们初步完成了中国诗性文化理论的建设，指出与西方理性文化相比，中国文化在深层结构上是诗性文化。同时，我们进一步论证和阐释中国诗性文化存在着两种形态，"以政治—伦理为深层结构的'北国诗性文化'"和"以经济—审美为基本理念的'江南诗性文化'"。运用江南诗性文化的基本理论方法，有助于把握江南文化的深层结构与精神特质。

三是文化产业学的研究方法。文化产业学的学科宗旨在于对文化产业中的观念、规律和深层机制作出科学的研究与总结，以有效指导文化产业的实践与可持续发展。江南文化是中国文化中重要的文化资源，是长三角城市群可持续发展的重要支撑体系，采用文化产业学的观念和方法，有助于客观分析与评估江南文化产业的现状，确立江南文化产业发展的战略定位和目标体系，以及提出符合其在城镇化背景下发展的政策建议，切实地推动长三角文化产业的加快发展。

四是人文城市的研究方法。以马克思哲学为指导思想、以中国人文学科的"城市研究与阐释"为经验基础，以西方现代"城市社会学"为理论资源，以更为丰富多元的江南城市历史文献和现实经验为研究领域，进一步实现它们的有机融合与辩证统一，构建具有中国特色的人文城市研究方法，为江南文化的综合研究与现代价值阐释提供了学术示范。

Research on Jiangnan Cultural Innovation in the Dual Context of Poetic Culture and Urban Culture

LIU Shilin

Abstract: From the perspective of geography, the traditional Jiangnan area basically coincides with the core space of the Yangtze River Delta urban agglomeration. From a humanistic point of view, Jiangnan culture, including Wuyue culture, Southern Anhui village culture and Shanghai culture, constitutes the main form of the traditional context of the Yangtze River Delta. On the basis of fully absorbing the contemporary academic research achievements of Jiangnan, using poetic culture and urban culture as the theoretical method, taking the modern interpretation of Jiangnan regional culture, Jiangnan urban history, and Jiangnan cultural spirit as the research objects, explore a comprehensive cross type study based on literature and art, aesthetics, and urban sociology, integrating basic theoretical construction, historical experience interpretation, and liberal arts social services. With Marxist philosophy as the guiding ideology, with the "urban research and interpretation" of Chinese humanities as the empirical foundation, with the modern western "urban sociology" as the theoretical resources, with a more diverse Jiangnan city historical documents and practical experience as the research field, further realize their organic integration and dialectical unity, build a humanistic city research method with Chinese characteristics, and provide an academic demonstration for the comprehensive research and modern value interpretation of Jiangnan culture.

Keywords: Jiangnan culture; urban culture; innovation

刘
馨
秋

刘馨秋，辽宁沈阳人，南京农业大学茶学博士、科技史博士后，美国普渡大学访问学者，现为南京农业大学人文与社会发展学院副教授，硕士生导师，江苏省社科优青，江苏省农史研究会理事。从事茶叶历史文化、农业文化遗产保护研究。发表论文 30 余篇。已出版专著《江苏茶文化遗产调查研究》《中国传统村落记忆·江苏卷》《中国农业的四大发明·茶叶》《茉莉窨香：福建福州茉莉花种植与茶文化系统》（中英文），编著《中国传统村落：记忆、传承与发展研究》《中国近现代经济与社会转型研究》。

【人生格言】
　　每个人都有属于自己的一杯茶。

茶候、制茶、茶艺、茶人：明代文人的茶艺术生活美学 [1]

刘馨秋

摘要：

茶是传承中国传统文化的重要载体，品茶则是一种连接物质与精神的审美体验。品茶活动所涉及的茶候、制茶、茶艺、茶人，即品茶空间、产制技术、烹茶技艺与品鉴艺术以及茶人品格，都是生活美学的直接表现。本文通过对明代文人茶事的考察，呈现品茶这一日常生活中的审美趣味，同时发掘其中蕴含的审美功能与人生理解。

关键词：

明代茶文化；茶空间；茶艺；生活美学

1 本文是江苏省社会科学基金文脉专项"江苏茶文化史"（19WMB048）阶段性成果。

明代饮茶方式随着制茶技术由饼茶到散茶的变革而发生相应改变，直接以开水冲泡茶芽的瀹饮法取代唐宋时期的煎茶法和点茶法成为主流。饮茶文化的发展也随之去繁就简，转为崇尚阳春白雪式的清雅意境。明代茶人对于"清境、清饮、清心"的追求，从制茶技术、品泉煮水、茶器选配、烹茶技巧，延伸至饮茶环境、文会雅集和茶人品格等各方面，创造了传统茶文化的又一高峰。明代文学家徐渭作"煎茶七类"[1]，内容包括人品、品泉、烹点、尝茶、茶候、茶侣、茶勋。江南名士华淑在此七类的基础上增设"茶器"一则，视为"品茶八要"。茶候指品茶环境；品泉、烹点、茶器、尝茶、茶勋涉及技术和鉴赏等相关内容；人品与茶侣是对品茶之人的要求。本文将此"八要"归纳为茶候、制茶、茶艺与茶人，并从这四个方面出发，探讨明代品茶活动中呈现的生活美学。

┼ 一 ┝

茶候之美：
山水之乐与茶寮雅趣

茶之为物，虽为草木，却钟山川之灵裹，独得天地之英华。其性精清，其味浩洁，其用涤烦，其功致和。自古以来，品茶就与焚香、插花、挂画一起，被视为清幽雅事。品茶活动中的一器一物、一花一画，以致一人一境，都要经过精心选择，力图构建完美的品茶环境，提升人们的审美体验。从唐代茶圣陆羽著《茶经》开始，品茶环境就一直是茶人追寻的茶事要素。或于"野寺山园""松间石上""瞰泉临涧"，与友人品茶论道，寄情于山水之中、天地之间；抑或设茶于室内，"以绢素或四幅或六幅，分布写之，陈诸座隅，则茶之源、之具、之造、之器、之煮、之饮、之事、之出、之略目击而存"，人为渲染空间意境[2]。徐渭在《煎茶七类》中将"茶候"解释为："凉台静室，明窗曲几，僧寮道院，松风竹月，宴坐行吟，清谈把卷"。无论是自然之中的山水之乐，还是茶寮之内的清谈慢品，都是明代茶人所追求的意境优美、空灵静寂的理想品茶环境。

1 徐渭.徐渭集[M].北京：中华书局，1983.
2 陆羽.茶经[M].北京：中华书局，2010.

1. 山水之乐

明代文人热衷于在远离尘世的山林溪间雅集、文会，期间谈古论今、赋诗作画、赏泉鉴水、烹茶品茗。故称茶有四宜：宜其地，则竹林松涧，莲沼梅岭；宜其景，则朗月飞雪，晴昼疏雨；宜其事，则开卷手谈，操琴草圣；宜其人，则名僧骚客，文士淑姬[1]。这种场景频繁出现在沈周、唐寅、文徵明等吴门画派代表人物的绘画作品中。例如，文徵明的《惠山茶会图》就是作者与友人在惠山泉边饮茶赋诗的真实写照。正德十三年（1518年）清明时节，文徵明与蔡羽、汤珍、王守、王宠等一众好友同游惠山，他们环亭而坐，汲泉煮水，一边评价惠山泉品之高，一边感慨古人赏泉鉴水之乐，陶陶然沉浸其中（图1）。

图1　文徵明《惠山茶会图》（北京故宫博物院藏）

钱谷的《惠山煮泉图》也是一幅主题相似的茶画作品。此画绘于隆庆四年庚午（1570年），画中钱谷与四友人赏景谈天，汲泉煮茗，所呈现的场景正如乾隆皇帝诗中所述："腊月景和畅，同人试煮泉。有僧亦有道，汲方逊汲圆。此地诚远俗，无尘便是仙……"另有唐寅的《事茗图》（图2），描绘的是文人雅士于夏日相邀在林中树下读书、品茶的情景。画卷上有唐寅用行书自题的一首五言诗："日长何所事，茗碗自赍持，料得南窗下，清风满鬓丝。"表达了作者作画时的心绪。仇英的《松亭试泉图》也描绘了远山近水处，隐士与童子在松亭中煮泉品茶的幽闲场景。吴门画派这一文人集团，将茶的元素融入山水画的创作之中，通过煮泉、烹茶、品茗、雅集、文会等场景，表达寄情于山水园林的隐逸情怀和避世的复杂心态[2-3]，同时也反映出文人雅士对返璞归真的追求和对自然的崇尚。

1 郑培凯，朱自振.中古历代茶书汇编校注本[M].香港：商务印书馆，2007.
2 刘军丽.明代吴中文人茶画创作与艺术境界探析[J].农业考古，2012（5）：170-174.
3 何鑫，杨杰.明代茶画艺术研究[J].福建茶叶，2017（3）：292-293.

图 2　唐寅《事茗图》局部（北京故宫博物院藏）

当然，即使是在林间野地品茶，所携带的茶器也必不能将就，炉、壶、杯、盏、炭、扇、茶叶罐等一应俱全（图 3），甚至烹茶之水都要自备携带，笔砚、香炉、书卷、画册、琴棋更是极为常见。例如，茶人许次纾在《茶疏》中记述了山水间品茶时的茶器清单："士人登山临水，必命壶觞。乃茗碗熏炉，置而不问，是徒游于豪举，未托素交也。余欲特制游装，备诸器具，精茗名香，同行异室。茶罂一，注二，铫一，小瓯四，洗一，瓷合一，铜炉一，小面洗一，巾副之，附以香奁、小炉、香囊、匕筯，此为半肩。薄瓮贮水三十斤，为半肩足矣。[1]"甚至还考虑到诸多不便情况的应对策略："出游远地，茶不可少，恐地产不佳，而人鲜好事，不得不随身自将。瓦器重难，又不得不寄贮竹䇺。茶甫出瓮，焙之。竹器晒干，以箬厚贴，实茶其中。所到之处，即先焙新好瓦瓶，出茶焙燥，贮之瓶中。虽风味不无少减，而气力味尚存。若舟航出入，及非车马修途，仍用瓦缶，毋得但利轻赍，致损灵质。"即使远距离、长时间出游，也要保持茶叶品质，满足感官上的审美体验。

1 许次纾.茶疏[M]// 郑培凯，朱自振.中古历代茶书汇编校注本.香港：商务印书馆，2007.

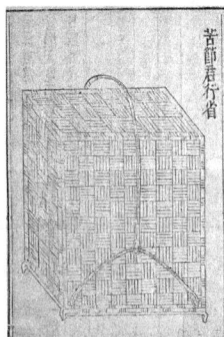

图 3　苦节君行省（喻政《茶书》，万历四十一年喻政自序刊本）
（注：也称"都篮"，存放茶具的竹编容器。）

1 许次纾.茶疏[M]//郑培
凯，朱自振.中古历代茶书
汇编校注本.香港：商务印
书馆，2007.
2 许次纾.茶疏[M]//郑培凯,
朱自振.中古历代茶书汇编
校注本.香港：商务印书馆，
2007.
3 廖宝秀.也可以清心 茶器
茶事茶画[M].台北：台北故
宫博物院，2002.
4 刘双.明代茶艺中的饮茶
环境[J].信阳师范学院学报
（哲学社会科学版），2011
（2）：130-134.
5 屠隆.秦跃宇点校.考槃
馀事[M].南京：凤凰出版社，
2017.

同时，茶画中描绘的品茶环境与场景也频繁出现在明代茶书的描述之中。例如，明太祖朱元璋第十七子朱权在《茶谱》中提到："或会于泉石之间，或处于松竹之下，或对皓月清风，或坐明窗静牖，乃与客清谈欸话，探虚玄而参造化，清心神而出尘表……话久情长，礼陈再三，遂出琴棋，陈笔研。或庚歌，或鼓琴，或奕棋，寄形物外，与世相忘，斯则知茶之为物，可谓神矣。[1]"明代文学家陈继儒在《茶话》中的描述则为："箕踞斑竹林中，徙倚青石几上，所有道笈、梵书，或校雠四五字，或参讽一两章。茶不甚精，壶亦不燥，香不甚良，灰亦不死。短琴无曲而有弦，长歌无腔而有音。激气发于林樾，好风送之水涯，若非羲皇以上，定亦嵇、阮兄弟之间。[2]"可以说，明代文人绘画中频繁出现优雅清净的品茶场景，正是明代茶书中提倡注重品茶环境的具体表现[3]。

所谓琴棋书画诗酒茶，抑或是焚香、点茶、挂画、插花，这些风雅之事不仅丰富了人们的嗅觉、味觉、视觉和触觉等真实感官体验，而且将这些原本属于日常生活中的事项，提升至艺术和审美的范畴与境界。它们共同充实了明代文人的修养，也构成了明代文人品茶的精致意境。

2. 茶寮雅趣

"出"则翛然林涧之间，在自然山水中追寻避世与隐逸；"入"则自筑斗室茶寮，在繁华世间营造一处清幽雅致的品茶之所。茶寮原指僧寺品茗处[4]，后逐渐衍生至茶室、茶屋等饮茶场所。

茶寮通常独设一室，专供品茶，即"构一斗室，相傍书斋"，或"小斋之外，别置茶寮"。为了营造"出世"的氛围，茶寮的陈设布置极为重要。茶寮内首先要设置茶具，而最重要的则是环境清幽，即明代文学家屠隆在《考槃馀事》中所述："内设茶具，教一童子专主茶役，以供长日清谈，寒宵兀坐。幽人首务，不可少废者。[5]"许次纾在《茶疏》（图4）中的记载更为详尽："高燥明爽，勿令闭塞。壁边列置两炉，炉以小雪洞覆之，止开一面，用省灰尘腾散。寮前置一几，以顿茶注、茶盂，为临时供具，别置一几，以顿他器。傍列一架，巾帨悬之，见用之时，即置房中。斟酌之后，旋加以盖，毋受尘污，使损水力。炭宜远置，勿令近炉，尤宜多办宿干易炽。炉少去壁，灰宜频扫。总之，以慎火防蒸，此为最急。"其中不仅细数茶寮中的茶炉、茶注、茶盂等茶具，而且涉及设置多个茶几放置不同茶器，甚至还提到了防火问题，毕竟烹茶宜用炭火，茶寮中会经常存放炭以备用，因此"慎火防燕"尤为重要。

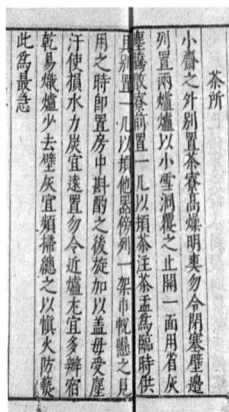

图4　许次纾《茶疏·茶所》（万历四十一年喻政自序《茶书》刊本）

当然，茶寮也可设于书斋之中、厅堂之内，或是林间亭榭、草庵之中。例如，万历甲戌（1574年）冬季，金陵名士周晖与盛时泰就在周氏的书斋"尚白斋"中取雪煮佳茗[1]。又如，文徵明的《品茶图》描绘的则是作者与一友人在苍松环绕的茶舍中品茶的场景，二人在林中草堂内对坐清谈，茶童则在旁边茶寮准备茶事。而隐于山中的僧房道院、竹林深处的山房、树石环抱的小庵敞轩，也都是理想的茶寮之选。

┼二┼
制茶之美：
炒青芽茶与产制技术

在中国茶业和茶文化的发展史上，明代是一个开创性时期，其主要特征是在饮茶和茶类生产改制的基础上，以炒青绿茶为主体的芽茶、叶茶的风靡，同时促使茶业各领域都出现了"散茶化"

1 吴智和.明代茶人的茶寮意匠[J].史学集刊，1993（3）：15-23.

变革。明代以芽叶为主的发展形式，不但从技术和文化上将中国古代茶业和茶文化的传统最终确立和固定了下来，而且把传统茶业和茶文化提高到了中国古代社会条件下可能达到的巅峰。

1. 炒青技术

早在宋末元初以前，中国茶类生产和供应内地民间所用的茶叶，就基本上完成了由饼茶到以芽茶为主的转变。但宋元生产的叶茶在工艺上还保留有饼茶加工的一些旧制，如杀青一般不用锅炒而依然用甑蒸。至明代，锅炒杀青成为主流，除个别地区一度坚持用蒸，大部分地区都以专制炒青绿茶为主。

明代炒青绿茶的风行与明太祖朱元璋的倡导有一定关系。明代初年，百废待兴，朱元璋倡导节俭并身体力行，于是上行下效，形成了明代前期淳朴的社会风气。当时，建宁入贡的武夷御茶仍然沿袭宋制，是经过碾揉压制的大小龙团。如《明史》所载："其上供茶，天下贡额四千有奇，福建建宁所贡最为上品，有探春、先春、次春、紫笋及荐新等号。旧皆采而碾之，压以银板，为大小龙团。"至洪武二十四年（1391年）九月，明太祖朱元璋"以其劳民"为由，"罢造，惟令采茶芽以进"，而且下令各地均照此行事，"复上供户五百家。凡贡茶，第按额以供"[1]。如果说南宋和元代紧压茶向散茶转换的滞缓与贡茶一直沿用唐宋旧制有关，那么朱元璋罢造龙团，改进芽茶的诏令下达后，团茶、饼茶在人们心目中便失去了残存的最后一束光彩。饼茶的加工本就费时费力、成本高昂，而且制作中水浸和榨汁等工序损失茶香，夺走茶叶真味。散茶特别是炒青茶的加工，则是尽量将茶叶天然的色香味发挥到极致。因此，蒸青饼茶在这样的社会环境和人为因素影响下日趋式微，除边茶和特色茶以外，炒青叶茶后来居上，逐渐占据茶叶市场的主导地位，并更加快速地发展起来。至明代中期，饼茶、末茶都已经不再是中国茶文化依存的主要形式，芽茶、叶茶等散茶取而代之，并影响到茶具、品饮艺术等的转化。

明代炒青的突出发展，首先反映在炒青名茶的创制上。宋元时期，散茶的名品主要有日铸、双井和顾渚等不多几种。但至明后期，如明代扬州文人黄一正的《事物绀珠》所载，当时的名茶就有近百种，包括四川蒙山茶、雅州雷鸣茶、荆州仙人掌茶、苏

1 张廷玉，等.明史[M].北京:中华书局，1974.

州虎丘茶、苏州天池茶、罗岕茶、宜兴阳羡茶、六安茶、会稽日铸茶、澄湖含膏茶、苏州西山茶、渠江茶、绍兴茶、福州栢岩茶、凤亭茶、乌程温山茶、袁州界桥茶、洪州白露茶、徽州牛棕岭茶、婺州举岩茶、武林龙井茶、洪州鹤岭茶、睦州鸠坑茶、潭州铁色茶、衡山茶、丹陵茶、昌合茶、青阳茶、广德茶、莱阳茶、海州茶、罗山茶、西乡茶、城固茶、石泉茶、长兴茶、顾渚茶、龙坡山子茶、龙游方山茶、严州茶、台州茶、南昌紫清茶、南昌香城茶、饶州茶、南康茶、九江茶、吉安茶、崇阳茶、嘉鱼茶、蒲圻茶、沙溪茶、蕲茶、荆州茶、施州茶、宣州横纹茶、嫩绿茶、纳溪茶、新添茶、北苑茶、平越茶、朝鲜茶、巴条茶、南川茶、黔江茶、彭水茶、武隆茶、酆都茶、感通茶、峨嵋茶、泸州茶、乌蒙茶、芒部茶、播州茶、永宁茶、天全茶、建始茶、开茶、武夷茶、南平茶、泰宁茶、阳宗茶、广西茶、金齿茶、湾甸茶、涪州宾化茶、涪州白马茶、涪陵茶、毛茶、卬州火井思安茶、巴东真香、黔阳都濡高株、夔州香山茶、江陵南木茶、太和骞林茶，建宁探春、先春、次春三贡茶[1]。《事物绀珠》撰于万历初年，其所列名茶，南自云南的金齿（今云南保山）、湾甸（今镇康县北），北至山东的莱阳，包括今云南、四川、贵州、广西、广东、湖南、湖北、陕西、河南、安徽、江西、福建、浙江、江苏和山东15个省级行政区。成书于万历四十五年（1617年）的《客座赘语》中也列举了诸多名茶，如"吴门之虎丘、天池，岕之庙后、明月峡，宜兴之青叶、雀舌、蜂翅，越之龙井、顾渚、日铸、天台，六安之先春，松萝之上方、秋露白，闽之武夷，宝庆之贡茶"[2]等，都是茶中精品。

这里尤需特别指出的是，在众多茶名中，除少数是元以前就见及者外（其中有相当一部分虽然名字依旧，但制法已经不同），大多数均为第一次出现，表明这些新见的茶叶都是在明代前期和中期的一两百年间创制产生的。这既反映了茶叶市场的需求，也标志着当时饮茶水平的提高。

明代芽茶、叶茶的突出发展，还表现在炒青绿茶采制技术的精细和完善上。例如，《茶解》归纳的炒青各工序技术要点为：采茶"须晴昼采，当时焙"，否则就"色味香俱减"。采后萎凋，要放在筐中，不能置于漆器和瓷器内，也"不宜见风日"。炒制时，

1 黄一正.事物绀珠[M].明万历刻本.
2 顾起元.客座赘语[M].北京：中华书局，1987.

1 郑培凯, 朱自振.中古历代茶书汇编校注本[M].香港:商务印书馆, 2007.
2 郑培凯, 朱自振.中古历代茶书汇编校注本[M].香港:商务印书馆, 2007.
3 冯梦祯.快雪堂漫录.乾隆奇晋斋丛书本.
4 夏涛.制茶学[M].北京:中国农业出版社, 2014.
5 夏涛.制茶学[M].北京:中国农业出版社, 2014.

"炒茶, 铛宜热; 焙, 铛宜温"。具体操作时, "凡炒, 止可一握, 候铛微炙手, 置茶铛中, 札札有声, 急手炒匀; 出之箕上, 薄摊用扇搧冷, 略加揉授。再略炒, 入文火铛焙干。[1]"张源在《茶录》"造茶"一节中记述:"锅广二尺四寸, 将茶一斤半焙之, 候锅极热始下茶。急炒, 火不可缓。待熟方退火, 彻入筛中, 轻团那数遍, 复下锅中, 渐渐减火, 焙干为度。中有玄微, 难以言显。火候均停, 色香全美, 玄微未究, 神味俱疲。[2]"冯梦祯在《快雪堂漫录》中也详细说明了炒青绿茶的制作方法:"锅令极净, 茶要少, 火要猛, 以手拌炒令软净, 取出摊區中, 略用手揉之, 揉去焦梗, 冷定复炒, 极燥而止。不得便入瓶, 置净处, 不可近湿。一二日再入锅, 炒令极燥, 摊冷。[3]"

上述文字记载涉及炒青绿茶制作中鲜叶采摘、杀青、摊凉、揉捻和焙干等整个过程的全套工艺。作者对有些工序要注意些什么, 为什么要注意, 还作了进一步解释。例如, 强调杀青后, 要薄摊, 用扇搧冷, 这样色泽就如翡翠, 不然就会变色。再则是原料要新鲜, 叶鲜, 膏液就充足; 杀青讲究"茶要少, 火要猛", 要"用武火急炒, 以发其香, 然火亦不宜太烈"; 杀青后, "必须揉授, 揉授则脂膏溶液, 少数入汤, 味无不全"。另外还提及, 有些高档茶, 如安徽休宁的松萝, 在鲜叶选拣以后, 还增加有一道将叶片"摘去叶脉"的工序。所有这些工艺和叙述都达到了传统绿茶制造技术的最高水平, 其中有些工艺和采制原则与现代炒青绿茶的制法已经极为相似。例如, 鲜叶采摘后, 叶内化学成分会受水分、温度、氧气、损伤情况等因素影响而发生不同程度的变化, 从而对鲜叶质量造成一定影响[4]。因此, 在鲜叶采摘、运输和存放过程中, 应注意保水、保鲜、通风、散热, 并尽量做到及时炒制, 以保持鲜叶新鲜度和质量。对比明代茶书中提到的采茶要点, 既要求用竹编的"筥"盛装鲜叶, 以满足通风、易散热等条件; 又强调"当时焙", 也就是及时炒制, 从而避免"色味香俱减", 影响成茶品质。又如现代杀青技术主要关注的是杀青温度、杀青时间、投叶量以及鲜叶质量; 揉捻是为了适当破坏叶组织, 使茶汁容易泡出; 干燥则是在去除茶叶中水分的同时, 使外形也发生显著改变[5], 这些技术要点在上述史料中均有提及。正因为传统绿茶制造技术已达到极高水平，所以至今在一些名特茶叶生产中仍然广被沿用。正如现代茶学家陈椽所说，"这仍然是现时炒青制法的理论依据。[1]"

除了在制茶工艺上要求精益求精，明代文献中对茶叶如何保存也有细致说明。例如，屠隆在《茶笺》中专门记述了三种藏茶方法。第一种："茶宜箬叶而畏香药，喜温燥而忌冷湿，故收藏之家，先于清明时收买箬叶，拣其最青者，预焙极燥。以竹丝编之，每四片编为一块听用。又买宜兴新坚大罂，可容茶十斤以上者，洗净焙干听用。山中焙茶回，复焙一番，去其茶子、老叶、枯焦者及梗屑，以大盆埋伏生炭，覆以灶中敲细赤火，既不生烟，又不易过。置茶焙下焙之，约以二斤作一焙，别用炭火入大炉内，将罂悬架其上，至燥极而止。以编箬衬于罂底，茶燥者，扇冷，方可入罂。茶之燥，以捻起即成末为验，随焙随入。既满，又以箬叶覆于罂上，每茶一斤，约用箬二两。口用尺八纸焙燥封固，约六七层，握以方厚白木板一块，亦取焙燥者，然后于向明净室高阁之。用时，以新燥宜兴小瓶取出，约可受四五两，随即包整。夏至后三日，再焙一次；秋分后三日，又焙一次；一阳后三日，又焙之。连山中共五焙，直至交新，色味如一。罂中用浅，更以燥箬叶贮满之，则久而不浥。"第二种："以中坛盛茶，十斤一瓶，每瓶烧稻草灰入于大桶，将茶瓶座桶中，以灰四面填桶，瓶上覆灰筑实。每用，拨开瓶，取茶些少，仍复覆灰，再无蒸坏，次年换灰。"第三种："空楼中悬架，将茶瓶口朝下放。不蒸，缘蒸气自天而下也。[2]"

茶叶易吸湿、吸味，即"畏香药""忌冷湿"，如果保存不善，极易发生变质，降低品质。因此，在储存过程中，需要防潮、防热、防光、防异味。传统的茶叶储存保鲜方法在《茶笺》以及历代茶叶文献中多有提及，大致为设置一个密闭的容器空间，并用箬叶、稻草灰等填充。即"贮于陶器，以防暑湿"[3]，或"藏茶宜大瓮，底置箬，封固倒放，则过夏不黄，以其气不外泄也；不宜热处，不宜见日，不宜近诸香气。[4]"其原理是利用稻草灰和箬叶的吸湿功能，将储存茶叶的小环境中的水分吸收，形成干燥的储藏环境。稻草灰需要经常更换，以确保干燥度恒定。而温度的恒定则可以

1 章传政，丁以寿，赵驰等.徽州明代茶叶加工技术及其影响[J].中国茶叶加工，2009（3）：45-46.
2 屠隆.考槃馀事[M].南京：凤凰出版社，2017.
3 王瑛.唐语林校证[M].北京：中华书局，1987.
4 白胤昌.容安斋苏谈[M].太原：三晋出版社，2010.

1 曾枣庄, 刘琳, 全宋文. 上海: 上海辞书出版社, 2006.

通过定期加热来保持, 即"以箬叶封裹入焙中, 两三日一次用火, 常如人体温, 以御湿润[1]"。

总的来说, 炒青绿茶制作技术在明代发展至极高水平, 从鲜叶采摘到整个炒制工艺流程再到茶叶储藏, 每个环节都与现代工艺极为接近。而且在炒青绿茶一枝独秀的同时, 明代的制茶工艺也获得了全面发展, 以现代制茶工艺划分的基本茶类, 包括黄茶、白茶、青茶、红茶、黑茶等均陆续创制, 进一步促进了茶叶消费以及散茶文化与品位的繁荣和提升。

2. 生产水平

与制茶技术同步, 中国传统茶学也在明代后期达到了一个发展巅峰。这一论断可以从当时茶叶著作的数量上得到直接反映。朱自振先生在《明清茶书综述》中收录茶书和茶书书目共 187 种。其中, 唐和五代有 16 种, 宋元有 47 种, 明有 83 种 (有 4 种疑似清初, 未作定论), 清有 41 种。明代茶书占中国古代茶书总数的 44.4%, 且大多成书于嘉靖晚期至明朝覆亡 (1552~1644 年) 的 90 余年中。也就是说, 明后期撰刊的茶书, 占到由陆羽《茶经》至清末所撰茶书总数的近 40%。从而可以清楚地看出, 明代后期中国古代茶叶著作或者说传统茶学经历了一个突出的发展高潮。

明代学者许次纾 (1549~1604 年) 所著的《茶疏》即是这一时期的代表茶书。《茶疏》又名《徐然明茶疏》或《然明茶疏》, 成书于万历二十五年 (1597 年), 前有姚绍宪、许世奇二序, 后有作者自跋。正文约 4700 字, 分为产茶、今古制法、采摘、炒茶、岕中制法、收藏、置顿、取用、包裹、日用置顿、择水、贮水、舀水、煮水器、火候、烹点、秤量、汤候、瓯注、荡涤、饮啜、论客、茶所、洗茶、童子、饮时、宜辍、不宜用、不宜近、良友、出游、权宜、虎林水、宜节、辩讹、考本共计三十六则, 对茶树生长环境、茶叶炒制和储藏方法、烹茶用具和技巧、品茶方法及相关事项等作了详尽论述。明代后期, 辑集类茶书盛行, 而《茶疏》则以总结整理茶事经验为宗旨, 集明代茶学之大成, 此外还吸收了当时江浙一带特别是姚绍宪等一批精于茶事者的宝贵经验, 具有珍贵的史料价值和文化价值, 是一部杰出的综合性茶史著作, 被青木正儿氏称赞为"明代茶书中最为完备的著作", 并译为日文出版。

《茶解》也是一部综合性茶史著作。作者罗廪，字高君，明嘉、万时慈溪（今浙江慈溪）人。《茶解》是罗廪在山居十年之中，亲自实践并潜心验证、总结丰富经验之后，约于万历三十七年（1609年）前后撰写而成。全书共3000余字，前为总论，下分原、品、艺、采、制、藏、烹、水、禁、器10目，较为全面地阐述了茶的产地、色香味、茶树栽培、茶叶采摘、制茶方法、储藏、烹饮方法、煎茶用水、禁忌事项以及采制和品饮器具等多方面内容。《茶解》是研究明代及以前茶史的重要著作，《中国历代茶书汇编校注本》评价其为明代后期乃至整个明清时期，中国古代茶书或传统茶学有关茶叶生产和烹饮技艺最为"论审而确""词简而核"，且较为全面地反映和代表当时实际水平的一部茶书。

这些茶书的成书时间集中在明代后期，地点集中在江南浙北，与这一地区市镇经济繁荣、文化发达等条件密切相关。江南本就是商品经济发达之地，明代以后商品市场进一步打破了"墟""集""场"的时空限制，形成各市镇平均距离10多里路的水乡市场网络体系[1]。市镇、墟市与苏州、杭州、上海等周边中心城市紧密相连，进而连接全国各地以及国际市场[2]。有学者统计，明清江南地区已经形成以400多个市镇初级市场为基础、数十个城镇专业市场为支柱、苏杭两大城市中心市场为枢纽的立体商品流通网络[3]。空间结构上，江南市镇大多"夹河为市"，即居于河流两岸，占据在河流交汇点上，成为商贾云集的水陆码头。同时，江南市镇通常分布在农业、手工业比较发达和经济作物广泛种植的地区，有些市镇带有行业性特点。例如，在江南市场网络中，丝业、绸业、棉业和布业市镇数量最多、规模最大，其他专业市场还包括粮食、运输、盐业、水产等类。各类专业市场把个体生产者、手工业作坊、行庄与各地客商、各地市场等相对分散的经济实体联系起来，一方面作为将初级市场中各类农产品原料输入高级市场的中转站，另一方面将高级市场中各类工业品及信息反馈到初级市场，对乡村资源进行重新配置[4]。以繁荣的商品经济、发达的市场网络和极高的专业性为基础，江南的茶叶生产技术也获得了较大发展。

在茶树选种技术方面，唐代陆羽只是初步提出了一些良种标

1 张海英. 明清时期江南地区商品市场功能与社会效果分析[J]. 学术界, 1990（3）: 44-50, 31.

2 郭松义. 清代地区经济发展的综合分类考察[J]. 中国社会科学院研究生院学报, 1994（2）: 30-37.

3 陈忠平. 明清时期江南地区市场考察[J]. 中国经济史研究, 1990（2）: 24-40.

4 单强. 近代江南乡镇市场研究[J]. 近代史研究, 1998（6）: 118-132.

准，如"笋者上，芽者次；叶卷上，叶舒次"。明代已经开始注重茶树品种与产地的关系，而且在选择茶树种子和保存种实方面，已经摸索出一套科学实用的处理方法。例如，种子水选法，用水洗除去种子上附带的虫卵和病菌，淘汰发育不全而漂浮水面的瘪种，保留饱满充实的优质种子，再用晒种的方式控制种子的水分含量，使其更利于保存，同时提高发芽率。随着选育技术的进步，茶树优良品种逐渐增多，仅武夷茶名丛奇种就有先春、次春、探春、紫笋、雨前、松萝、白露、白鸡冠等众多品目。

在茶树栽培方面，唐宋时期主要依靠种子直播方式繁殖茶树，即古书中记载的"二月中于树下或北阴之地开坎，圆三尺，深一尺，熟斸，著粪和土。每坑种六七十颗子，盖土厚一寸强。[1]"明代以后，中国茶树栽培技术从"茶不可移，移必不活"的丛直播方式，发展到"种以多子，稍长即移"的育苗移栽阶段。这一记载，今天仍可从清初方以智的《物理小识》中找到。其载，"种以多子，稍长即移，大即难移"，表明最迟到明末清初，茶树栽培便已进入运用无性繁殖技术的阶段。例如，《建瓯县志》中记载，该县一农民在樵柴山中时发现一株茶苗，于是移回家中栽植，因墙壁倒塌，茶树枝条被压入土中，后来发根成活，由此发现了茶树压条无性繁殖的方法。茶树苗圃育苗不仅易于选择和培育壮苗，有利于优良品种的繁殖，而且便于集中管理，节省种子和劳动力，确保新茶园的迅速建成。

茶园管理技术也进入了精细化发展阶段。宋代即使是在茶树生长茂盛的私园，中耕除草也只是夏半秋初各一次，而明代认识到茶园土壤板结，草木杂生则茶树生长不可能茂盛，因此除了春天除草外，夏天和秋天还要除草、松土三四次。虽然加大了劳动投入，但可使茶园土壤始终保持良好的通透性，第二年春季茶芽萌发数量增多，产量提高。关于茶园中耕施肥，则有"觉地力薄，当培以焦土"的记载。焦土是将土覆在乱草上焚烧，培焦土时在每棵茶树根旁挖一小坑，每坑放一升左右焦土，并记住方位，以便第二年培壅时错开。晴天锄过以后，可以用米泔水浇地，表明水肥管理常态化，符合茶树对所需营养物质供应的连续性。程用宾对此更概括为"肥园沃土，锄溉以时，萌蘖丰腴"三句，将茶园耕作、除草、施肥、灌溉等一套生产环节高度概括，将一般的实践经验上升到了一定的理论高度。

对于茶树的种植区域，不仅要求"崖必阳，圃必阴"，而且注重茶场生态，将茶树与梅、桂、玉兰、松、竹、菊等清芳植物间作，形成先进的复合生态系统。茶树与林果一同栽培，彼此根脉相通，既能使茶吸林果的芬芳，又有利于改善茶园小气候环境以及茶树的遮阴避阳，从而有效提高茶叶产量和品质。据研究表明，荫蔽度达到30%~40%时，茶树体内蛋白质、氨基酸、咖啡碱等含氮化合物的含量显著增加，并可有效提高鲜叶中茶氨酸、谷氨酸、天门冬氨酸等氨基酸的含量，从而使成茶滋味更为鲜醇。茶园土壤则用干草覆盖，起到有效防止水土流失、抑制杂草生长、减少土壤水分蒸发和调节地温、增加土壤有机质和根际微生物含量的作用。茶园的生态条件得到改善，土壤肥力得以增加，促进了茶树生长，从而提高茶叶产量、改善茶叶品质，所以这种方法至今仍被茶园广泛采用。

在茶叶采摘方面，现代茶学以采摘季节为标准，将茶叶分为春茶、夏茶、秋茶和冬茶四类。其中，春茶是大宗茶，其采摘时限也最为精确和重要。春茶贵早的观念早在唐代以前就已经被人们认识到，陆羽在《茶经》中提出，"凡采茶，在二月、三月、四月之间"，相当于公历的三月至五月，也就是现在长江流域一带的春茶生产季节。而且唐代就已经形成崇尚"明前茶"的风气，当时阳羡贡茶之所以被称为"急程茶"，就是因为必须赶上朝廷每年举行的"清明宴"。而当历史气候由温暖期转为寒冷期，产于江浙的紫笋贡茶发芽开采日期随着物候的推迟而延后，无法赶在清明前送至洛阳和开封以供皇帝大祭"清明宴"之用时，贡焙就由江浙南移到了福建。甚至有记载称，福建在立春后十日就开始采造茶叶。明代以后，人们对茶叶生物学特性的认识加强，在春茶采摘的时间上不再刻意求早，而是区别对待各地不同的环境条件与茶叶品质的不同要求，提出"采茶之候，贵及其时"的理论总结。虽然明代茶人仍然看好明前茶，但是也认可了谷雨前后为春茶采摘适宜期，认为"太早则味不全，迟则神散"，并以"谷雨前五日为上，后五日次之，再五日又次之"为春茶品质进行排序，同时强调"立夏太迟，谷雨前后，其时适中。若肯再迟一二日期，待其气力完足，香洌尤倍"，说明已经将采摘季节与茶叶的色香味联系起来，认识到只有采之以时，鲜叶内含物质充分积累，才能获得优质春茶。

除春茶以外，明代已经推行夏、秋茶的采摘。例如，"世竞珍之"的罗岕茶就因"雨前则精神未足，夏后则梗叶太粗"而在立夏前后才进行采收。秋茶的采收在明代中期以后已经较为普遍。正如程用宾在《茶录》中所记，"白露之采，鉴其新香；长夏之采，适足供厨；麦熟之采，无所用之"，认为秋天也是适宜的采茶季节，而且秋茶质量比夏茶更好。采茶标准与鲜叶采后处理等方面也达到了与今天基本一致的水平。例如，以一芽一叶、一芽二叶为采摘嫩度标准；采茶用具要求能够有效保持鲜叶的品质；鲜叶采下后必须经过拣择、清洗、摊放，剔除不符合标准的芽叶，同时散发部分水分和青草气，从而更有利于后续的茶叶加工。这些要求如今已经成为现代茶叶生产的基本工序。

从茶树栽培、茶园管理的完善，到茶叶加工技术、理论的发展和茶叶产品的多样化，这些传统茶学内容都完整记录在数量丰富的茶叶著作中，代表了传统茶学的空前繁荣，也为中国近代茶学的建立奠定了坚实基础。

┤三├
茶艺之美：
瀹饮之艺与品味赏鉴

瀹饮，即"撮泡"，是指直接以开水冲泡茶叶。与唐宋时期的煎茶法和点茶法相比，芽茶的瀹饮法更加简单、快捷，极易推广和接受。因此，在炒青芽茶替代蒸青饼茶，占据我国茶类生产的主要位置时，用开水直接冲泡茶叶的方法也随之成为明代以后最为流行的烹茶形式。瀹饮法虽然程序简单，但与之相关的品泉择水、茶器选配、烹茶技法以及对饮茶功效的推崇，都无不体现着在简约中寻求"茶之真味"的审美理念。

1. 品泉

烹茶，水之功居大。用高品质的水烹茶，可以弥补茶叶本身的不足，而低品质的水则会对茶品造成影响，因此有"茶性必发于水，八分之茶遇十分之水，茶亦十分矣；八分之水试十分之茶，茶只八分耳"[1]的说法。所谓"精茗蕴香，借水而发""茶之气味，以水为因"，水的好坏在激发茶叶色、香、味等方面具有很大影响。宜茶之水需具备"清、轻、甘、洁、冽"等品质，而符合这些条件的水又多隐匿于山川之中，颇为难得。因此，自古以来，觅水、试茶、评水，都是爱茶之人重视并追求的。例如，唐代刘伯刍评出的宜茶之水有七等，他认为扬子江南零水第一，无锡惠山寺石水第二，苏州虎丘寺石水第三，丹阳县观音寺水第四，扬州大明寺水第五，吴松江水第六，淮水第七。而茶圣陆羽则将天下之水分为二十等，且排名与刘伯刍颇为矛盾。北宋名臣欧阳修又对此二人所评之水进行比对、评说，并强调扬州大明寺井才是他心目中的"水之美者"。及至明代，鉴泉品水更为文人雅士所崇尚，时人徐献忠专著《水品》二卷，详述各地名泉名水；文学家高濂则推崇雪水烹茶，认为"茶以雪烹，味更清冽，所谓半天河水是也，不受尘垢。[2]"这些对水的寻觅与对水质的判断，透射出明代茶人所追求的审美情趣。

以扬子江南零水为例。南零水，又名"中冷泉""龙井"，位于镇江市金山以西，中冷泉公园北。此泉原在江水之中，故有"扬子江心水"之称。据《游宦记闻》记载，"扬子江心水，号中冷泉，在金山寺傍，郭璞墓下。最当波流险处，汲取甚艰。士大夫慕名求以瀹茗，操舟者多沦溺。寺僧苦之，于水陆堂中，穴井以给游者。[3]"冷泉号称"为天下点茶第一"。明代徐献忠在《水品》中写道，"泉品以甘为上，幽谷绀寒清越者，类出甘泉，又必山林深厚盛丽，外流虽近而内源远者。泉甘者，试称之必重厚。其所由来者，远大使然也。江中南零水，自岷江发流，数千里始澄于两石间，其性亦重厚，故甘也。"指出中冷泉是由地下水沿石灰岩裂缝上涌而成，水性厚重。也有人称："汲此泉满一瓯，可投五十钱不溢，惠山泉则可投三十钱，他水投二十钱未有不溢者。[4]"冷泉水质甘甜清冽，瀹茗尤佳，因此被唐代品泉家刘伯刍奉为"第

1 陆廷灿.续茶经.四库全书本.
2 高濂.遵生八笺校注[M].北京：人民卫生出版社，1993.
3 张世南.游宦纪闻[M].北京：中华书局，1981.
4 谢永芳校点.粟香随笔[M].南京：凤凰出版社，2017.

一泉"。历代文人名士慕名品评者众多，为中泠泉留下众多赞叹之作。例如，宋代杨万里的《过扬子江》中有"携瓶自汲江心水，要试煎茶第一功。[1]"清代施润章的《送张康侯之京口》中有"中泠泉冠三吴水，北固山当万岁楼。"康熙皇帝也作"静饮中泠水，清寒味日新。顿令超象外，爽豁有天真"之句赞之（图5）。

图5 金山中泠泉
（资料来源：谷为今 摄）

被誉为"天下第二泉"的惠山寺石泉位于惠山寺东，惠山头茅峰下白石坞间，今惠山山麓的锡惠公园内，为唐大历元年至十二年（766~777年）无锡令敬澄所开凿。据唐代独孤及《惠山寺新泉记》记载："寺居西山之麓，山小多泉，山下有灵池。其泉伏涌潜泄，无沚无窦，始发裒丈之沼，疏为悬流，及于禅床，周于僧房，灌注于德池，潆洄于法堂。[2]"另据陆廷灿的《续茶经》记载："惠山寺，东为观泉亭，堂曰漪澜。泉在亭中，二井石甃相去咫尺，方圆异形。汲者多由圆井，盖方动圆静，静清而动浊也。"惠山泉分上、中、下三池，上池呈八角形，池栏由八根方柱嵌八块条石构成，池深约三尺，水色透明、甘冽可口；中池紧挨上池，呈四方形，水体清淡；下池凿于宋代，呈长方形，实为鱼池，池壁有明弘治十四年（1501年）杨理雕刻的螭首，即石龙头，中池泉水即由石龙头注入大池之中。上、中池上有亭，始建于唐会昌

1 （宋）杨万里.杨万里集笺校[M].北京：中华书局，2007.
2 （清）查慎行.苏诗补注[M].南京：凤凰出版社，2013.

年间（841~846年），历经废兴，现存为清同治初年重建。亭三面用铁栏护围，山体壁间嵌有元代书法家赵孟頫所书"天下第二泉"石刻（图6）。

惠山寺石泉水"源出石穴"，即是经岩层裂隙滤过的地下水，因而杂质较少，泉水"味淡而清，允为上品"[1]。其另一特点是不易变质，据记载，"政和甲午岁，赵霆始贡水于上方，月进百樽。先是以十二樽为水式泥印，置泉亭，每贡发以之为则。靖康丙午

图6 无锡惠山寺石泉
（资料来源：谷为今 摄）

（1126年）罢贡。至是开之，水味不变，与他水异也。寺僧法皥言之。[2]"用惠山寺石泉水泡茶，则"茶得此水，皆尽芳味"，唐代品泉家刘伯刍和茶圣陆羽均将其评定为"第二"，因此惠山寺石泉又有"陆子泉"之称。历代文人名士对陆子泉推崇有加。晚唐名相李德裕极其喜欢用惠山泉烹煮茗茶，于是不远数千里设置驿骑，从常州传送泉水至都城长安，并称之为"水递"。后来有位僧人说，"长安吴天观井水，与惠山泉通"，用此井水烹茶与惠泉无异。李德裕听闻，便命人"杂以他水十余缶试之"，不料此僧人"独指其一曰：此惠山泉也"。李德裕大为惊叹，自此以后便"罢水驿"[3]。欧阳修曾在《归田录》中记录了一则以惠山泉为润笔的雅事："蔡君谟既为余书《集古录目序》刻石，其字尤精劲，为世所珍，余以鼠须栗尾笔、铜绿笔格、大小龙茶、惠山泉等物为润笔，君谟大笑，以为太清而不俗。[4]"此四物皆珍品，其中"大小龙茶"更是被视为"然金可有而茶不可得"的极品贡茶，可见惠山泉在宋代之盛名。关于惠山泉的赞咏诗作颇多，如清代康熙、乾隆二帝南巡时也曾多次到二泉品茗，并留下多处御碑、匾额和赞美之句。历代文士对二泉的褒赞正如史料所记，"今泉侧留咏殆遍，不可胜载"[5]。

扬州大明寺水也是被历代茶人名士青睐的宜茶名水（图7）。大明寺始建于宋孝武纪年，即南朝宋孝武帝大明年间（457~464年），故名"大明"，又名"栖灵寺""西寺""法净寺"，是

1 （清）刘源长.茶史[M].兼葭堂藏本翻刻本.
2 （宋）张邦基撰.墨庄漫录[M].北京：中华书局，2004.
3 苏轼.苏轼文集[M].北京：中华书局，1986.
4 欧阳修.归田录[M].北京：中华书局，1981.
5 史能之.咸淳毗陵志（清嘉庆二十五年刊本）[M].台北：成文出版社，1983.

唐代高僧鉴真大师居住和讲学的地
方。大明寺水即位于大明寺西花园内
的水岛上，俗称"塔院井"。大明寺
水质清澈，滋味甘醇，颇受文人雅士
青睐，北宋欧阳修曾撰《大明水记》
盛赞，"然此井，为水之美者也。[1]"
张邦基在《墨庄漫录》中也记载，"东
坡时知扬州，与发运使晁端彦、吴倅
晁无咎大明寺汲塔院西廊井与下院蜀
井二水，校其高下，以塔院水为胜。[2]"
明代嘉靖年间（1522~1566 年），巡
盐御史徐九皋立石，书"第五泉"。

图 7　扬州大明寺井
（资料来源：谷为今 摄）

清乾隆二年（1737 年），郡人汪应庚于寺侧凿池种莲，池中得石井，
井水"清冽而甘，闻者争携铛茗瀹试焉，说者谓此正古第五泉也"，
应庚"环亭跨桥其间，遂成胜境"，并由吏部员外王澍（字虚舟）
书"天下第五泉"[3]。

2. 茶器

相较于唐宋时期饼茶或煎或点的繁复，芽茶的冲泡程序更为
简单，所用器具也更加简化。虽然也可列出"茶具十六器"和"贮
茶器七种"，但主要茶具仅需满足"置茶冲水"即可。因此，制
作工艺精湛并融合多种艺术形式的宜兴紫砂茶器应时而出，逐渐
发展成"能使土与黄金争价"的珍贵茶器。

宜兴紫砂陶艺始于北宋初年，最初以制作缸、坛、罐及煮水
用的大体量砂壶等生活器具为主，胎质较粗，制作工艺也不够精细。
从明嘉靖后期开始，随着紫砂陶器与传统茶文化的结盟，以及芽
茶的普及和瀹饮法的流行，生活用大体量紫砂陶器开始向备受文
人雅士推崇的小型紫砂茶器方向发展。紫砂茶器形式多样，茶瓯、
茶盏、茶杯、茶碗、茶罐、茶壶等品类俱全，其中又以茶壶最受青睐，
是紫砂茶器的代表之作。

关于紫砂壶制作技法的详细记载，见于明代周高起的《阳羡
茗壶系》[4]。其载，紫砂壶创始自"金沙寺僧，久而逸其名矣。闻
之陶家云，僧闲静有致，习与陶缸瓮者处，抟其细土，加以澄练；

1 欧阳修.欧阳修全集[M].
北京：中华书局，2001.
2 张邦基.墨庄漫录[M].北
京：中华书局，2004.
3 尹会一.扬州府志（清雍
正十一年刊本）[M].台北：
成文出版社，1975.
4 郑培凯，朱自振.中古历
代茶书汇编校注本[M].香
港：商务印书馆，2007.

捏筑为胎，规而圆之，刳使中空，踵傅口、柄、盖、的，附陶穴烧成，人遂传用。"金沙寺位于宜兴市湖㳇街村寺山南麓，在距离金沙寺遗址1km处有大型古代龙窑群遗址，并有少量紫砂残器碎片出土，表明这里曾拥有较为发达的制陶业。紫砂壶工艺的"开创者"，即是在金沙寺修行的僧人。金沙寺僧人的真实姓名已无从考证，但其制壶技艺却流芳后世。

继金沙寺僧人"创始"紫砂壶制作技法之后，供春作为"正始"之人，将此技艺传承、改进并发扬。供春原是宜兴进士吴颐山的家童，吴颐山在金沙寺读书时，供春随其入寺服役。闲暇之时，供春偷学金沙寺僧人独特的制壶技艺并加以改进。他创作的传世之壶"栗色暗暗，如古金铁，敦庞周正，允称神明垂则矣"，不仅蕴藏了佛家禅定、质朴的内涵与境界，而且融入了文人墨客的古雅气质，深受世人推崇（图8）。

图8　供春款六瓣圆囊壶（香港茶具文物馆藏）

继供春将紫砂壶技艺发扬之后，万历年间的制壶巨匠时大彬又将紫砂壶技艺推向了一个新的高度。他所制之壶样式古朴风雅，独具幽野之趣，因此声名远播。在时大彬的推动下，紫砂壶成为文人雅士无不珍视的案头珍玩。此后，中国传统绘画书法的装饰艺术和书款方式也被引入紫砂壶的制作工艺中，而且在装饰手法上还出现了珐琅、釉彩、镂空、堆花和描金等技术，使陶艺与书画艺术更为紧密地融合，最终使得紫砂壶技艺发展成为一种独特的艺术形式（图9）。

紫砂壶之所以能够具有"倾金注玉惊人眼"的极高价值，一是由于紫砂壶为日用必需品，以紫砂土制成，既不似金银般奢靡，又与明代饮茶方式相契合，能够"发真茶之色香味"；二是紫砂

图 9　时大彬款玉兰花六瓣壶（香港茶具文物馆藏）

壶制作工艺精良，器形多样，韵致怡人，除用于饮茶之外，还适宜玩味观赏，放置几案之上，令人意远；三是宜兴紫砂壶制作大师与历代文人墨客一起，将壶艺与书法、绘画、篆刻、造型等艺术形式完美结合，使紫砂壶不仅具有实用价值，而且达到极高的艺术审美层次。

3. 烹点

烹点是瀹饮法的核心程序，包括煮汤、洁器、投茶、冲水、品饮等一系列步骤。

煮汤，即烧水，其关键在于燃料的选择和火候的掌控。在选择燃料方面，苏轼有诗云："活水还须活火烹"。活火是指"炭火之焰者"[1]，也就是燃烧出火焰而无烟的炭火。活火温度较高，而且又可避免浓烟影响茶味，因此以炭火烧水最好[2]。正如屠隆在《考槃馀事》"择薪"（图 10）

一条中所述："凡木可以煮汤，不独炭也；惟调茶在汤之淑慝。而汤最恶烟，非炭不可。若暴炭膏薪，浓烟蔽室，实为茶魔。或柴中之麩火，焚余之虚炭，风干之竹筱树梢，燃鼎附瓶，颇甚快意，然体性浮薄，无中和之气，亦非汤友。"如果不具备以炭生火的条件，则可用干枯的松枝和松子代替，这在冬日里反而更有雅趣，即田艺蘅的《煮泉小品》所记："山中不常得炭，且死火耳，不若枯松枝为妙。若寒月，多拾松实，畜为煮茶之具，更雅。[3]"

图 10　屠隆《考槃馀事·择薪》（万历四十一年喻政自序《茶书》刊本）

1 曾慥.类说校注[M].福州：福建人民出版社，1996.
2 陈文华.浅谈唐代茶艺和茶道[J].农业考古，2012（5）：84-94.
3 陆廷灿.续茶经.四库全书本.

至于煮水的火候，则直接关系到茶汤的滋味，因此明代茶书中常有专节论述。例如，许次纾在《茶疏》中称："水一入铫，便须急煮。候有松声，即去盖，以消息其老嫩。蟹眼之后，水有微涛，是为当时。大涛鼎沸，旋至无声，是为过时。过则汤老而香散，决不堪用。"程用宾在《茶录》中也记载："候汤有三辨，辨形、辨声、辨气。辨形者，如蟹眼，如鱼目，如涌泉，如聚珠，此萌汤形也；至腾波鼓涛，是为形熟。辨声者，听噎声，听转声，听骤声，听乱声，此萌汤声也；至急流滩声，是为声熟。辨气者，若轻雾，若淡烟，若凝云，若布露，此萌汤气也；至氤氲贯盈，是为气熟。已上则老矣。"[1]张源在《茶录》中记载："烹茶旨要，火候为先。炉火通红，茶瓢始上。扇起要轻疾，待有声，稍稍重疾，斯文武之候也。过于文，则水性柔；柔则水为茶降；过于武，则火性烈，烈则茶为水制。皆不足于中和，非茶家要旨也。"又载："汤有三大辨、十五小辨：一曰形辨，二曰声辨，三曰气辨。形为内辨，声为外辨，气为捷辨。如虾眼、蟹眼、鱼眼连珠，皆为萌汤，直至涌沸如腾波鼓浪，水气全消，方是纯熟。如初声、转声、振声、骤声，皆为萌汤，直至无声，方是纯熟。如气浮一缕、二缕、三四缕及缕乱不分，氤氲乱绕，皆为萌汤，直至气直冲贯，方是纯熟。"这些记载都强调，可以通过听觉和视觉判断煮水的火候。如果壶中之水烧到响起松声，就要打开壶盖以肉眼观察，直到水面冒出蟹眼一般的水泡，并微微掀起波涛时，就是恰到好处，可以用之泡茶；如果继续烧水至没有声响，雾气弥漫，则说明水已过火，"汤老香散"，不能用来泡茶了（图11）[2]。

1 郑培凯，朱自振.中古历代茶书汇编校注本[M].香港：商务印书馆，2007.
2 陈文华.论中国历代的品茗艺术（续）[J].农业考古，2003（2）：83-113.

图11　王问《煮茶图》局部（台北故宫博物院藏）

1 郑培凯,朱自振.中古历代茶书汇编校注本[M].香港:商务印书馆,2007.
2 卢之颐.本草乘雅半偈.四库全书本.

洁器,是指在泡茶之前,需先用开水清洁茶器,称为"浴壶",既能起到清洁的作用,又可以温热茶壶,以更好地激发茶香。待品啜结束之后,也要及时弃去壶中的茶渣,并清洗、擦拭、收藏,以备下次再用。例如,程用宾在《茶录》中所载:"倾去交茶,用拭具布乘热拂拭,则壶垢易遁,而磁质渐蜕。饮讫,以清水微荡,覆净再拭藏之,令常洁冽,不染风尘。"

清洁并温热茶壶之后,即可投茶。投茶有上投、中投、下投三种方法,如张源在《茶录》中所载,"投茶有序,毋失其宜。先茶后汤,曰下投;汤半下茶,复以汤满,曰中投;先汤后茶,曰上投。春、秋中投,夏上投,冬下投。[1]"上投是指先冲水,后投茶;中投是指先冲适量水,置茶后再冲适量水;下投是指先投茶,再冲水。此三种方法的使用需要配合茶叶品种和季节,如芽叶细嫩之茶则选择上投,较粗老者选下投;春、秋二季用中投,夏季用上投,冬季则用下投。程用宾称投茶为"交茶",上投、中投、下投分别对应早交、中交、晚交,具体方法与投茶相同,"冬早夏晚,中交行于春秋"。

冲泡时,需根据投茶量的多寡来决定冲水量。如果水量过少,则茶汤滋味浓重苦涩;如果水量过多,则茶汤色泽滋味寡淡。即张源所云:"茶多寡宜酌,不可过中失正。茶重则味苦香沉,水胜则色清气寡。"待茶水冲和之后,即可分茶、品饮。

4. 品鉴

分茶、品饮,也称酾茶、啜茶。程用宾在《茶录》中记载:"协交中和,分酾布饮,酾不当早,啜不宜迟,酾早元神未逞,啜迟妙馥先消。"说明分茶和品饮,均讲求"适时",过早或过晚都会损茶味,分茶过早则茶之精髓未至,品饮过迟则茶之神韵已消。

啜茶时,品鉴的是茶的色、香、味,即屠本畯在《茗笈》所述:"色味香品,衡鉴三妙"[2]。张源在《茶录》中对如何品鉴有细致描述。在香气方面,他认为"茶有真香,有兰香,有清香,有纯香。"茶之"真香"最为难得,只有精心焙制的雨前茶才具此神韵;"兰香"次之,说明炒制时"火候均停";再次则为"清香""纯香";至于"含香、漏香、浮香、问香",则皆为"不正之气"。在汤色方面，推崇蓝白、青翠，认为"雪涛为上，翠涛为中"，其他如"黄黑红昏"等色，皆为下品。在滋味方面，则以甘润为上，苦涩为下。从这些品鉴标准中，已可见今天茶叶感官审评的雏形。

明代茶人注重茶的真味，认为即使茶叶本身"色重、味重、香重"，都会损伤"真味"，因此在啜茶时更要避免被其他杂味所伤。如张源在《茶录》中所载："毋杂味，毋嗅香。腮颐连握，舌齿嗒嚼，既吞且嗒，载玩载哦，方觉隽永。"《煎茶七类》也有记载：尝茶之前需"先涤漱，既乃徐啜，甘津潮舌，孤清自爽，设杂以他果，香味俱夺。"也就是说，啜茶时应先漱净口腔，然后徐徐品啜，且不杂以其他食物、香薰之味，这样才能更好地感受到茶汤的隽永。

5. 茶勋

茶勋，指茶的功效。传说，神农尝百草，最初发现茶具有解毒和治病的功效。虽然这样的传说缺乏确凿证据，但是茶的药用价值与保健功效被历代典籍广泛记录却是不争的事实。北魏张揖的《广雅》中记载："其饮醒酒，令人不眠"[1]；南朝梁任昉的《述异记》也记载饮茶"能诵无忘"[2]；南朝道教理论家陶弘景在《杂录》中则称："苦荼轻身换骨，昔丹丘子、黄山君服之"[3]。这些史料说的都是茶叶有提神醒脑、涤清尘凡的功效，因此才有"品茶八要"中的"茶勋"，释为"除烦雪滞，涤醒破睡，谭渴书倦，是时茗椀策勋，不减凌烟"。

除了在精神上使人"涤醒、雪滞"，茶还在身体上助人"消食、去腻"。例如，《考槃馀事》中记载："人饮真茶，能止渴消食，除痰少睡，利水道，明目益思，除烦去腻。[4]"关于茶的解腻功能，有记载称游牧民族"以其腥肉之食，非茶不消，青稞之热，非茶不解。[5]"《秋灯丛语》中还记录了一则趣闻：一个经常到南方做生意的北方商人特别喜欢吃猪头肉，一人能吃几个人的分量，且每顿如此，持续十数年。于是就有精通医术的人断言这位商人很快会生病，而且无药可治。医者为了验证自己的诊断结论，还特意跟着商人回到北方，结果等了很久，商人毫无生病迹象。于是医者找到商人的仆人细细询问，仆人回答说，主人每顿饭

1 陆羽.茶经[M].北京：中华书局，2010.
2 吴觉农.茶经述评[M].北京：中国农业出版社，1987.
3 陆羽.茶经[M].北京：中华书局，2010.
4 屠隆.考槃馀事[M].南京：凤凰出版社，2017.
5 王廷相.王廷相集[M].北京：中华书局，1989.

1 俞为洁.古人对饭后茶的认识——从苏轼的饭后茶经验谈起[J].农业考古, 1993（2）：23-24.
2 彭定求等.全唐诗[M].北京：中华书局, 1960.
3 韦应物.韦应物诗集系年校笺[M].北京：中华书局, 2002.

后都要喝好几杯松萝茶。医者恍然大悟，原来肉食油腻之毒可以用松萝茶解除[1]。《考槃馀事》中记载："人固不可一日无茶，然或有忌而不饮。每食已，辄以浓茶漱口，烦腻既去，而脾胃自清。凡肉之在齿间者，得茶涤之，乃尽消缩，不觉脱去，不烦刺挑也。而齿性便苦，缘此渐坚密，蠹毒自去矣。然率用中下茶。"是说苏东坡利用茶叶去除油腻的功能，饭后以茶水浸漱，使牙缝里的肉逐渐消缩并脱去，由此发明了饭后以浓茶漱口的口腔清洁方法。

历代医书中对于茶叶功效的记载可以概括为提神醒脑、清热降火、消食化积、开胃健脾，表明茶不仅在精神层面助人洗涤尘凡、破除孤闷，而且还在身体层面使人消解油腻、肌骨轻爽，使身心与自然融为一体，共同达到"两腋习习清风生"[2]的逍遥境界。

┤四├
茶人之美：
精行俭德与素心同调

品茶注重环境和烹茶技艺，更讲究时机与茶人品格。如张源的《茶录》所列举："一无事，二佳客，三幽坐，四吟咏，五挥翰，六倘佯，七睡起，八宿醒，九清供，十精舍，十一会心，十二赏鉴，十三文僮。"朱权的《茶谱》则称：饮茶"可以助诗兴，而云山顿色，可以伏睡魔，而天地忘形，可以倍清谈，而万象惊寒。"故而无事、幽坐时可饮，睡起、宿醒时可饮，吟咏、挥翰时也可饮，若有佳客来访，更要煮水烹茶，品鉴一番。当然，对于泡茶之人的德行以及佳客的人品与数量，自然也有细致要求（图12）。

茶是世间至清至美之物，饮茶则象征着平淡和朴素的生活，故有"素业"之称。陆羽在《茶经》中提到，"茶性俭""最宜精行俭德之人"；韦应物也称茶是"性洁不可污，为饮涤尘烦"[3]。且饮茶与禅宗的确有千丝万缕的联系，"茶性俭"与佛教中对于"熄灭贪嗔痴"，也就是抑制欲望的思路是相通的。佛法即在"吃

图 12　烹茶图

（资料来源：喻政《茶书》，万历四十一年喻政自序刊本）

茶去"之中，"酽茶三五碗"与佛祖拈花微笑一样，两者都可以作为清静平淡境界的追求，都蕴含了无可言说的智慧。因此，对于烹茶之人来说，"要须其人与茶品相得，故其法每传于高流大隐、云霞泉石之辈，鱼虾麋鹿之俦。[1]"

至于茶侣佳客，则如徐渭的《煎茶七类》中所描述的"翰卿墨客，缁流羽士，逸老散人，或轩冕之徒，超轶世味"；或朱权的《茶谱》中推崇的"凡鸾俦鹤侣，骚人羽客，皆能志绝尘境，栖神物外，不伍于世流，不污于时俗"；又或是黄龙德的《茶说》中认为的："茶灶疏烟，松涛盈耳，独烹独啜，故自有一种乐趣，又不若与高人论道、词客聊诗、黄冠谈玄、缁衣讲禅、知己论心、散人说鬼之为愈也。对此佳宾，躬为茗事，七碗下咽而两腋清风顿起矣。较之独啜，更觉神怡。[2]"只有素心同调、彼此畅适的文人骚客、高僧隐逸等超凡脱俗之人，才能与茶品相配。

陆树声在《茶寮记》中还提到："其禅客过从予者，每与余相对结跏趺坐，啜茗汁，举无生话。终南僧明亮者，近从天池来，饷余天池苦茶，授余烹点法甚细。余尝受其法于阳羡，士人大率先火候，其次候汤所谓蟹眼鱼目，飕沸沫沉浮以验生熟者，法皆同。而僧所烹点，绝味清，乳面不鮾，是具入清净味中三昧者。[3]"感

1 徐渭.徐渭集[M].北京：中华书局，1983.
2 郑培凯，朱自振.中古历代茶书汇编校注本[M].香港：商务印书馆，2007.
3 陆树声.茶寮记.万历四十一年喻政自序《茶书》刊本.

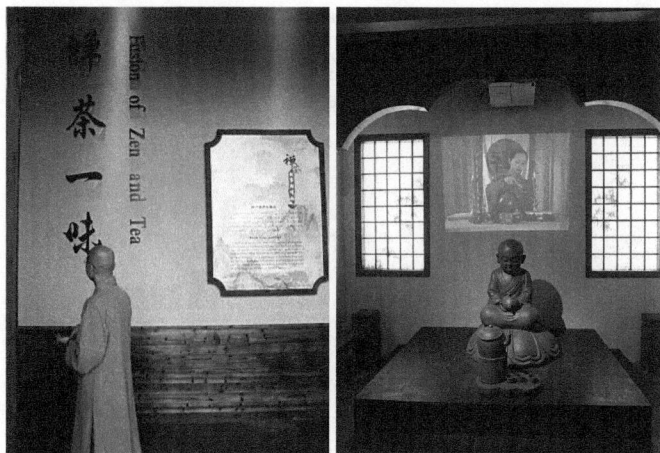

图 13　禅茶一味

叹自己与终南僧明亮以同样的方法烹茶，而茶味却不及僧明亮烹出的清静之味（图 13）。

总之，佳茗须配佳客，才能相得益彰，若非如此，则如屠隆的评价："使佳茗而饮非其人，犹汲泉以灌蒿莱，罪莫大焉。有其人而未识其趣，一吸而尽，不暇辨味，俗莫甚焉。[1]"

此外，对茶侣人数也有一定要求，所谓客少为贵，客众则喧闹，而过于喧闹就不免会失掉雅趣。张源的《茶录》记载："毋贵客多，溷伤雅趣。独啜曰神，对啜曰胜，三四曰趣，五六曰泛，七八曰施。"许次纾的《茶疏》也称："酌水点汤，量客多少为役之烦简。三人以下，止爇一炉；如五六人，便当两鼎炉用一童，汤方调适。若还兼作，恐有参差。客若众多，姑且罢火，不妨中茶投果，出自内局。"

虽然煎茶烧香，总是清事，不妨"躬自执劳"，但毕竟主人与宾客之间还需互动交流，做不到设香案、携茶炉、置茶具、汲泉水、炊泉瓶、奉果品、洗茶器等事躬亲。因此，许次纾在《茶疏》中专列"童子"一项："……宜教两童司之。器必晨涤，手令时鉴，爪可净剔，火宜常宿，量宜饮之时，为举火之候。又当先白主人，然后修事。酌过数行，亦宜少辍。果饵间供，别进浓沉，不妨中品充之。盖食饮相须，不可偏废。甘酿杂陈，又谁能鉴赏也。

1 屠隆.考盘馀事[M].南京: 凤凰出版社，2017.

举酒命觞，理宜停罢，或鼻中出火，耳后生风，亦宜以甘露浇之，各取大盂，撮点雨前细玉，正自不俗。"可见在明代文人茶席间，侍茶童子通常起到不可或缺的作用。

┤五├
结语

　　明代文人在追求"清幽雅致"的品茶环境、"精行俭德"的品茶之人，以及"除烦益思"的饮茶功效等方面可谓不遗余力。他们将茶事要素在空间中和谐、自然地呈现，营造天人合一的品茶环境。茶文化如此发展的原因，一方面是由于制茶工艺的变革和炒青芽茶的极致发展、瀹饮法的盛行以及对茶之真味的追求，促使饮茶从繁琐的煎茶和点茶，回归简约之道。正如明末清初时苏州文人顾苓的描述："夫去熟碾而剔取，去剔取而烘焙，其为工也，渐近自然；由细芽而旗枪，由旗枪而片叶，其取候也，渐壮渐老。既老而近自然，则茶之为事也几乎道矣。[1]"另一方面也反映了明代茶文化所崇尚的"清"，即"清境、清饮、清心"，合乎自然的审美境界[2-3]。

1 顾苓.塔影园集[M].上海：华东师范大学出版社，2014.
2 葛娟.论明代文人茶饮审美取向的转变[J].连云港师范高等专科学校学报，2007（3）：37-40.
3 韦志钢，韦灵子.中国明代茶文化空间特性研究——以中国江南地区为例[J].中国民族博览，2018(9)：85-87，101.

Space, Technology, Artistry, Character: the Tea Life Aesthetics of the Literati in Ming Dynasty

LIU Xinqiu

Abstract: Tea is an important carrier for inheriting Chinese traditional culture, while tasting tea is an aesthetic experience that connects material and spirit. The tea-tasting space, tea making technology, tea artistry, and the character of tea tasters involved in tea tasting activities are the direct expressions of life aesthetics. Through the investigation of the literati tea in the Ming Dynasty, the aesthetic of tea tasting in daily life is presented, and the aesthetic function and life understanding contained in it are explored at the same time.

Keywords: Ming Dynasty tea culture; tea space; tea artistry; life aesthetics

城市让生活更美好

——首届『城市更新和生活美学圆桌论坛』

题记： 2021年10月28日下午，由南京大学城市科学研究院院长、江苏省城市现代化研究基地首席专家张鸿雁教授召集，江苏锦上集团承办的"城市更新和生活美学圆桌论坛"在锦上雅集·山中的茶宴会议室隆重召开。本次论坛旨在从生活美学的角度，探讨城市更新的创新发展问题，并从中研究问题、发现问题、积累经验、创新未来。本文摘录与会专家的主要观点，以飨读者。

与会人员名单：

崔功豪　南京大学建筑与城市规划学院教授、博士生导师，原中国地理学会城市地理专业委员会副主任，中国城市规划终身成就奖获得者

张鸿雁　南京大学教授、博士生导师，南京大学城市科学研究院院长，江苏省城市现代化研究基地主任和首席专家、江苏省扬子江创新型城市研究院院长、江苏省城市经济学会会长

叶南客　教授、博士生导师，江苏社科名家，江苏省社会科学联合会原副主席、南京市社会科学联合会主席、南京市社会科学院院长

潘知常　南京大学教授、博士生导师，南京大学美学与文化传播研究中心主任

卢海鸣　南京出版传媒集团总经理、党委副书记，南京出版社社长，南京市社会科学联合会副主席、南京城市文化研究会会长

周　琦　东南大学建筑学院教授、博士生导师，国际建筑科学院（IAA）特聘教授，南京名城保护委员会专家

甄　峰　南京大学建筑与城市规划学院副院长、教授、博士生导师，中国地理学会城市地理专业委员会主任

王兴平　东南大学建筑学院城市规划系教授、博士生导师，江苏省城市规划研究会产业园区与创新空间规划专委会主任

张京祥　南京大学建筑与城市规划学院教授、博士生导师，南京大学空间规划研究中心主任，中国城市规划学会常务理事

邵颖萍　南京大学博士，副研究员，江苏匠工营国规划设计有限公司总经理，南京大学城市科学研究院院长助理，江苏省城市经济学会副秘书长，南京市社会科学院研究员

林建忠　江苏锦上集团公司董事长

崔功豪：城市更新是一个值得持续讨论的问题

崔功豪教授发言

崔功豪教授： 城市是跟生活联系在一起的。2010 年上海世博会主题是"城市，让生活更美好"，城市的发展就是为了生活更好，所以城市和生活是有必然联系的。要生活好，一定要有美学思想。没有美学的城市，没有灵魂。所以我认为城市更新和生活美学是联系在一起的，这是我第一个想法。

第二个想法，上面也提到了"城市更新，是跟城市的发展相伴而行"。城市发展中一定伴随着城市更新，但在不同的阶段，对城市更新的认识、城市更新发展目标、城市更新的内容理解也不一样。最早可能是建筑物改造，但都是在物质形态上的。到后来发展到现代西方的再生理念，即城市更新从物质建造过程进入到社会变革阶段。城市更新是社会变化的过程，所以今天城市更新的面更广，是一个全面的城市发展。这是我的第二个想法。现

在城市更新到了"2.0阶段"，要改变过去的外延扩张，到了内涵提升阶段，城市更新也有了更加现实的意义。

第三点，明年是我到南京满70年。新中国成立后，南京的很多方面我是很直观感受到的。我印象特别深的是，第一次我从上海来南京，我心中的民国首都应该是很繁华、建筑很漂亮的。我到了南京首先到了下关，下车没有看到很多建筑，都是农田水塘，到了鼓楼才开始有像样的房子。最热闹的中山路除了福昌饭店是6层楼，其他建筑基本都是3层楼。后来看了有关资料才知道，当时南京城市的发展定位主要是维护城市，在原来的基础上进行修补。我曾任南京市规划咨询委员会委员，印象很深的是当时南京市市长在过年后的第一个会议讲话时说，"我春节时到各个城市去跑，特别是长三角的城市，回来后发现南京问题很大，花了同样的钱，建不成苏州那样，也建不成杭州那样，更建不了上海那样，为什么？"说直白一点，就是没有美学的观念，没有把城市发展看成提高人民生活水平的途径，让城市更有活力。

城市更新是一个持续的过程，需要不断讨论这个问题。南京作为一座历史悠久的城市，现在的政策要求和未来的发展需求，都可以在城市更新上有所体现。

张鸿雁：城市更新必须强调四精准——精准规划、精准设计、精准保护、精准开发

张鸿雁教授发言

张鸿雁教授：在 20 世纪 80 年代我在写博士论文时，参考了我国台湾学者朱启勋编著的《都市更新——理论与范例》（1984年出版），从中受到很多启发，当时还专门研究了德国鲁尔工业区的城市更新问题。在我 1988 年出版的博士论文《春秋战国城市经济发展史论》和 2001 年出版《侵入与接替——城市社会结构变迁新论》中，有专门的章节探讨了城市更新问题。相关文章发表后，被《中国城市年鉴》选录。据有关资料记载，自 20 世纪70 年代以来，美国社会出现了城市更新的浪潮，一些城市中心出现了后工业社会的新景观体系，如文化休闲设施体系，包括博物馆、图书馆、公园、特色旅游步行街和各种文化类型的各种各样的人造景观等，特别是新型城市广场和城市商业景观步行街，成为城市中心更新再生的标志。芝加哥在 1989 年以来的"城市美化和造美活动"中，对城市社区进行如下改造。整修城市街区道路、街饰、城市照明系统。重新整修了一半以上的街区道路，共计新安装了 40 万个街区和小巷路杆灯，为 1500 个新街区安装了污水管网，为 7745 个老居民区重铺了路面，还建立或重修了 23个图书馆分馆。自 1989 年以来每年投入 1200 万美元用于城市绿化，1996 年又集资 10 亿美元对全市所有的社区进行整修。自 20世纪 80 年代以来，很多学者都讲"城市更新与更替"，其原因在于作为人类生活方式的表现空间——城市，其更新与更替的变迁从来没有停止过，但主动地、有意识地、创造性地提出城市更新的城市建设是现代开始的，城市更新也是城市现代化发展的一个重要过程，是现代人主动创新的过程。

从美学的角度研究城市更新，就是要把城市当作艺术品来打造，强调建筑艺术美学，而且是一种美学意义上的空间再生产。"当音乐和传说都已沉默时，建筑却还在唱歌"，建筑以其独有的方式承载着历史与文明，深深地渗透进人们的现实生活。我认为："美学是所有人类事物主体追求生活质量的一种表达。"高质量、高品位和现代性的生活品位是与美学联系在一起的，如西方的城市和建筑美学广泛应用，中世纪以来的贵族生活和时尚，古罗马建筑与雕塑以及附着物所表现的美学属性等。罗斯托采夫在《罗马史》中说，古希腊罗马的生活方式、生活水平和生活质量，甚至比现代西方的生活质量还高。芒福德曾说"城市是靠记忆而存在的"。古罗马时期，罗马城里贵族和平民的每一家庭院子里的前面都有水池，整座城市有1000多个喷泉，这在没有电的时代是难以想象的。古罗马城的城市在古代就注重城市的立体建设，地下水道也很通畅宽敞。应该说，古代希腊、罗马时代的城市艺术是人类历史上的一个高峰。在文艺复兴时期，很多人文主义者都在设想复兴的就是古希腊、罗马艺术的辉煌。

对于当代的城市更新来说，应该着重强调"后现代城市和后现代城市美学"的时代创造。多年来，城市发展要靠空间的扩张，如苏州城市面积在解放初期只有18km²，现在是1600km²左右，而当代的城镇化受到土地和空间匮乏的局限，必须推行内涵式的发展和内涵式的现代化。巴黎有个传说故事：如果在洗手的时候，不小心戒指掉在下水道里了，也是能够找到的。我们经常能看到一些清朝的城市老照片，心里比较难受，那时的街道都是很泥泞的，也没有公共厕所……直到近代，一些城市学习了西方的城市管理和建设经验，城市空间才有了改变。而上溯到宋代，是中国传统城市和生活美学发展的高峰时期，研究那个时代的画像时，感觉当时衣食住行都比较高雅，可到了清朝，吃的、穿的、用的都很一般，整个服装和形体没有多大关系，基本没有美感，大众生活的建筑空间、居住的美感就更很少见了，甚至可以说到了清朝后期的好多生活美学都显露了衰落迹象。

纵观东、西方历史，上个500年，西方城市文艺复兴推动了人类社会城市和城市美学的进化，未来的100年，应该是中国城市创造城市文艺复兴而走向世界，虽然现在已经有一些城市文化的美学创新，但显得力量和动力还是不足。

最后我提出一个观点，马克思在《资本论》中提到，对于以往停滞不变的社会来说，商人是革命的要素。商人、企业家也就是我们这个时代所说的"市场主体"，他们的群体理念是在追求公平中创造价值。在追求和创造财富时必然追求商品、产品的美学价值，因为没有美学价值就没有市场，而市场经济越深化，法治经济就越完善，企业管理就越深刻。以此类推，城市更新的美学创造，我希望有更多的主体参与，政府要主导，学者和专家要介入，企业家也要介入，城市市民也要参与，让更多主体的参与、互动在思想上形成碰撞，而最终形成提供最好的主意、最佳的方案。但是，在这个全过程要做到四精准：精准规划、精准设计、精准保护、精准开发。

叶南客：县域城市更新也应引起重视

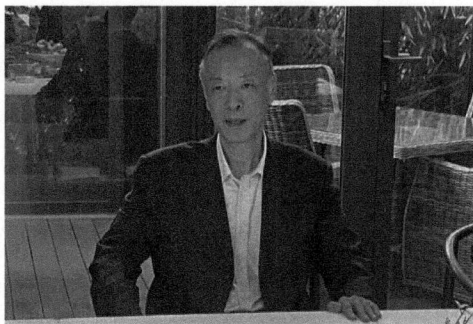

叶南客院长发言

叶南客教授：近20年来，在中国不管是大城市，还是中小城市和乡镇，城市更新行动一直在进行。如果说这是一次规模巨大的社区变革行动，那么乡村、乡镇的更新更是超过预期。

南京这座城市在20世纪80年代以前基本没有太大变化，从90年代开始慢慢改变。苏州的城市更新比南京早五六年，现在已经基本到位，而南京还处于加速城市更新中。目前的城市更新不仅仅是主城核心区的更新，也包括像溧水、高淳这样的郊区，以及苏北等县城的更新，甚至像产业更新、城市景观构建等都属于城市更新。

当前城市更新的动力主要有三个方面。第一，城市的产业转型。例如，近年来栖霞区把400个小化工厂换成了400多个软件、智能制造等高新技术企业。城区建设和发展迅速变化，城市在变，人在变，人的就业性质也在改变，产业高质量发展带来产值效益和社会风貌的大变化。这就是重工业区域城市更新产业性变革，如现在的幕府山和燕子矶。第二，城市景观和文化的更替。下关火车站现已成为南京市政协委员的活动中心，从原本的交通枢纽变成文化风情枢纽，从原来简单的居住消费变成现代旅游。像秦淮小西湖整体空间的更新改造，伴随着消费生活和旅游行为的转变。这些转变的更新机制是综合性的。第三，学习型更新。早期国内很多城市更新学习20世纪英国的城市更新运动，也学习了我国香港20世纪80年代的城市更新，现在也在学习上海、杭州、深圳等大城市的城市更新，不仅要提升老百姓的生活质量，同时也要在城市更新中融入现代社会治理的经验模式。

另外，城市更新还有两种类型，即倒逼型和主动型。一个是老百姓提出更新需求，如六合的扬子石化需要搬走。另一个是政府主动更新，分为片区更新和微更新。整个片区更新，比较有代表性的就是南京小西湖改造；微更新则是社区功能没有改变，只改变外观。

目前城市的更新大家都比较熟悉，但最需要引起重视的是县城、镇和乡村更新，县城更新将成为目前城市更新中面最广的问题。如果算单体更新面积，算更新所用的资金，可能大城市的数量是有限的，而县城和乡镇在中国有几千上万个。另外的重点是中国农村村镇更新。如中国乡村的集中度提升再造，像现在很多地方都在做全域旅游示范，整个乡镇改革行动也很壮观，而且对整个中国的新型城镇化、乡村振兴、"三农"问题的解决，都有重大的引导意义。将城市更新的生活美学和中国城镇更新运动相结合，这很有意义。城市更新的下一个目标就是让每个老百姓有现代生活，满足个性生活的需求，这与城市社会治理、区域现代化水平挂钩。

潘知常：城市更新需要走出低美感的城市

潘知常教授：我认为城市更新很重要的就是要走出低美感的城市。城市创造艺术，但是城市更重要的是成为艺术。成为艺术的城市，是今天追求的目标，也是时代趋势。

从美学的角度，城市是人用来居住的。西方有两句话一直让我印象深刻，第一句是"城市的空气使人自由"。到了城市，生

潘知常教授发言

活应该更像人，更尊重人，更有人的尊严。城市不只是房屋，它还是家，但不是所有房屋都是家。第二句是"城市是文化的容器"。城市不是物质的东西，一定是有文化的。现在不少城市建设都更多地关注漂亮，而不是美。所以，从这个角度，美学确实有必要进入城市。关于"城市是文化的容器"，西方还有一句话作为补充："这容器所承载的生活比这容器自身更重要"。无疑，这句话恰恰道破了因为城市而催生的美学的全部内涵。简而言之，作为文化的"容器"，城市之为城市，必须是人的绝对权利、绝对尊严的"容器"，必须是自由的"容器"。

首先，城市必须是"有生命的"。任何一座城市，如果它希望自身不仅仅是"房屋"，而且还是"家"，那么就一定要是尊重人的，而要尊重人，就必须从尊重自然开始。这就是我所谓的"有生命"。现在诸多城市的景观大道、城市广场等，"看上去很美"，为什么却偏偏不被接受，其原因就在于尊重人的权利与尊严必然要先尊重自然的权利与尊严。这不是所谓的泛泛而谈的"天人合一"，而是城市的生命和人的生命、自然的生命都是一致的。我们要尊重人的生命，就要从尊重自然的生命开始。卡尔松发现，"假如我们发现塑料的'树'在审美上不被接受，主要因为它们不表现生命价值"。其中蕴含的正是这个道理。再如，很多城市都在到处铺草坪，可是，到处去铺草坪的结果却是城市的土地没有办法自由呼吸。这当然不能说是对城市的尊重。须知，要尊重人的权利就必须从尊重我们脚下土地母亲的权利开始。而这也正是现在我们开始提倡"海绵城市"建设的原因。所谓"海绵城市"，其实也就是让城市的土地得以透气。

其次，城市必须是"有灵魂的"。一座尊重人的绝对权利、绝对尊严的城市，一定还是一座有灵魂的城市。如前所述，作为人的绝对权利、绝对尊严的"容器"，自由的"容器"，城市必然是一个象征的存在，必然是一个象征结构，甚至必然是一座象征的森林。这应该就是恩格斯在希腊雕塑面前很自由，而马克思在罗马天主教堂面前却很压抑的原因。无疑，这所谓的象征，其实就是城市的"灵魂"。只是，这"灵魂"并非是开发商的或者是领导者的，而是市民的灵魂，因此也是自由的灵魂。正是在这个意义上，当法国作家雨果大声疾呼"下水道是城市的良心"的时候，我们就看到了市民的灵魂、自由的灵魂。雨果所谓的"良心"，正是城市之为城市的灵魂。也因此，我们的城市才绝对不允许离开发商越来越近，却离市民越来越远；不允许离官员越来越近，却离百姓越来越远；不允许离欲望越来越近，却离精神越来越远；不允许离金钱越来越近，却离自由越来越远。

最后，城市必须是"有境界的"。这对一座"空气让人自由"的城市可能是最高荣誉，也是一座城市在其自身的生命历程中的最终关怀。须知，城市作为人类与现实发生关系的一种手段、一个中介，其根本目的必须也只能是无限地扩大人类自由生命的可能性。而当一座城市能够充盈着自由的空气之时，也一定就是这座城市最终成为一个充分尊重人的绝对权利、绝对尊严的想象空间、意义空间、价值空间之时。此时此刻，这座城市就不仅仅只是"房屋"，而已经是"家"；不仅仅只是"城市"，而已经是"家园"。这座城市终于有了"城味""城样"，也最终成了"城市"。总之，城市这个"容器"所承载的生活比这"容器"自身更重要。无疑，正是因为城市这"容器"承载了人类的全部自由、全部权利、全部尊严，它才有生命、有灵魂，也才最终得以成"市"。而这，当然就是一座城市的最高准则与最终关怀，也就是一座城市的无上美学"境界"。

卢海鸣：南京的城市更新史就是一部南京城市发展史

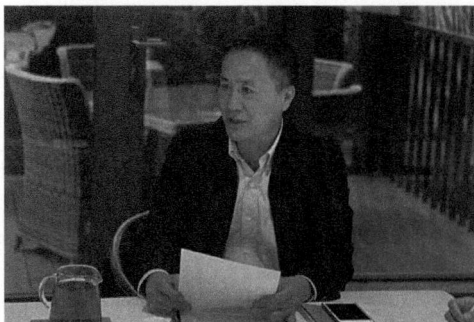

卢海鸣社长发言

卢海鸣社长： 首先，南京能够成为六朝古都、十朝都会，跟这座城市的天生丽质分不开。史书记载南京"钟山龙盘，石头虎踞，此乃帝王之宅也"。其中，城东"钟山龙盘"，指的是以钟山为核心的一系列山脉，从栖霞山到紫金山，再往南到青龙山、黄龙山等，像一条龙一样蟠伏在南京城的东面，也就是大家现在所说的南京城东、紫东地区、聚宝山等地，也是目前城市更新和城市建设的发展热土；城西"石头虎踞"，指清凉山、石头山、狮子山等，形状像一头虎，蹲踞在南京城的西面，所以南京是帝王定都的风水宝地。我认为南京的城市更新离不开孙权，南京建都始于孙权。相传三国时期诸葛亮出使江东联吴抗曹，劝说孙权迁都南京，感慨这里"真是帝王之宅"。孙权的谋士张纮也劝说他，最后孙权将政治中心从镇江搬迁至南京。孙权给出的理由是"秣陵有小江（秦淮河）百余里，可以安大船，吾方理水军，当移居之"。这个故事说明南京的山水资源吸引了一代枭雄孙权的到来。六朝山水诗人谢朓在描写南京时写道："江南佳丽地，金陵帝王州"，这句几乎就成了南京的代名词。南京本身就具备美学的基因，几千年来基因传承下来。在孙中山先生所著的《建国方略》之《实业计划》中，对南京作出了高度评价，并对未来南京城市的发展制定了详细的建设计划。孙中山先生认为"南京为中国古都，在北京之前，而其位置乃在一美善之地区。其地有高山，有深水，有平原，此三种天工，钟毓一处，在世界中之大都市，诚难觅如此佳境也。"这是从自然角度来说，南京本身就具备美学的基因。

其次，南京的城市更新史是一部由拥抱秦淮河走向拥抱长江的历史。在明朝之前，南京是一座依偎秦淮河、拥抱秦淮河而成长的城市，六朝如此，南唐也是如此。到了明朝，南京的行政区划第一次跨越长江，打破行政上划江而治的传统格局。高启的《登雨花台望大江》称："从今四海永为家，不用长江限南北"。明朝新设江浦县，并和六合县一起纳入应天府（相当于今天的南京市）直辖。应天府的管辖范围除了江北这两个县，还包括江南的上元、江宁、溧水、句容、高淳、溧阳六个县，首次跨越长江南北，成为长江流域乃至整个南方地区唯一的统一王朝的都城。南京城市更新的范围，一般认为是 35km 长的南京城墙的围合范围（主城区），但是我们需要意识到的是整个大南京的区划范围。历史上的南京确实是座江南城市，从明朝开始南京就是跨越长江、跨越江南江北的城市。所以我给南京提出新的标签——"南京是中国唯一跨江的古都"。今天的南京在城市更新上，要有大视野、大格局。

再次，南京的城市更新史就是一部南京城市发展史。很多人问南京的城市中心在哪里，以为就是在今天的市中心。然，非也。公元前 472 年被认为是南京建城史的开端，2028 年就是南京建城2500 年。越王勾践灭吴之后，出于控制长江险要之地的目的，命范蠡在今南京城南濒江临淮的长干里修建"越城"作为军事堡垒，当时的城市中心在今天中华门外雨花路西。秦朝设秣陵县，一直到汉代，城市中心一直在秣陵县。六朝时废弃秣陵，迁到南京主城区。孙权建都建业，南京市城墙围合范围成为主城区。

从城市规划建设的角度看，这是一次巨大的城市更新。第二次更新是在南唐时期。原来南京主城区在秦淮河的北边，从南唐开始主城区往南移，跨过秦淮河，大概在今天中华门的位置。我们今天所看到的秦淮河其实是护城河。南唐、宋、元时期，南京老城区是个规规矩矩的正方形。到明朝，在老城区之外建立了新城区，所以明城墙弯弯曲曲，城市形状不规则，城市更新幅度更大。同时，史书记载因为风水的原因，朱元璋没有把皇宫放在市中心，而是放在南京城东紫金山下，即今天的明故宫。第三次更新是在民国时期，这个时期已经提到要建设过江隧道、设置单行线、建立放射性网格状城市交通，观念想法较为超前。《首都计划》将金陵大学（今南京大学）、金陵女子大学（今南京师范大学）等划为文教区，将政治中心定在紫金山美龄宫南边，后来蒋介石将政治中心改定在明故宫一带。同时，民国开始充分利用长江，首都水厂、首都电厂、江南水泥厂、中国水泥厂、永利铔厂等厂区沿着长江岸线分布。长江成了南京由农业文明向工业文明发展的一个引擎，这也是城市更新的一个重要标志。但当时的规划给长江两岸的定位是工业区，这对生态环境的影响较大，阻碍了滨江的发展。

周琦：城市更新要发挥市场内驱动力

周琦教授发言

周琦教授：东南大学建筑学教授朱光亚认为，从城市建设和建筑史上看，南京绝对是中国的半壁江山，在过去2500年，它的思想文化艺术用建筑表达出来。但是现在外地人对南京的认识，大多都是比较负面的。我在全国各地调研工作时了解到，政治界、艺术界、学术界眼中的南京跟南京的历史地位很不相称，但很少有人能意识到这个问题。之前我担任南京浦口车站改造项目的总策划，项目开发工程就让我深刻感知到，如果不是市场驱动的、积极正面的、可持续循环发展的项目就很难有长久的生命力，光有情怀是不够的。

过去 40 年中国的发展规模超过中国以往历史发展的规模。中华民国时期盖的房子不如现在一年盖的房子多。南京的城市更新要发掘历史经验，为中华民族的复兴起到促进作用。南京有一大批资深专家、学者，可以组织一个讲坛计划，将学术研讨和市场盈利相结合。通过企业冠名，线下售卖门票，线上利用抖音、头条等新媒体平台进行宣传。在政治正确的前提条件下，弘扬历史文化，面向未来生活，提升中华文明软实力。在南京这片土地上有太多待开发的历史文化资源。南京要把这些文化资源变为软实力，目标不是定在南京本身，而是中华民族的复兴，南京要有所作为。

海德格尔讲"诗意的、真实的写照"，美学是很真实的东西。传统社会每个文人都是艺术大家、艺术的集大成者。如果能回归中国人传统的状态，又能融入西方现代文明思想，这是很了不起的。

我曾建议南京市委宣传部举办"南京论坛"，举办一系列学术活动，定期组织名家、企业家来讨论传统文化、美学等各方面，出版著作和影像资料。这个论坛以人文科学为基础，各方面都可以讨论，列出行动计划，争取得到有关部门支持，城市更新可以是话题之一，但也有更大的话题。未来要以什么样的文化精神、文明精神跟世界对话，各地都在探索，南京也要有自己的探索。所以可以考虑一个行动计划，一个可持续、可盈利、对中华民族未来文明有重大影响的规划。我相信，只要主题明确、政治正确、具有前瞻性，现代人都愿意为这种精神产品付费。南京的资源得天独厚，任何时候都可以行动起来。

甄峰：城市更新和生活美学可以通过智能科技相关联

甄峰教授：首先，城市更新和生活美学可以通过智能科技相关联。城市更新已经进入到新的时代，目前科技创新全方面渗透到我们经济、社会、生活各领域。2019 年国家提出多个领域新基建的建设，包括数字政府、智慧城市建设。进入新的时期，城市

甄峰教授发言

更新和美学空间营造开始强调人、技术和空间的统一。虽然强调以人为本，但是需要去关注智能科技工作，用移动互联网的技术来体现更美、更加智能化的城市空间。我认为在城市更新和生活美学关系里，要突出智能科技的作用。

其次，大数据分析可以作为城市更新中美学设计的重要参考。在城市规划中，可以通过城市色彩规划、城市景观风貌规划，利用各种各样的手段去采集南京的城市建筑色彩、纹理，分析提炼美学元素，对这些元素进行量化、可视化。在现在这个时代，我觉得可以用更多的智能设备来实现美学分析。例如紫峰大厦的景观设计，有的人说紫峰大厦很丑，像一把刀，有的人说很漂亮。如果我们可以通过大数据采集评价信息，将评价信息进行量化，就可以在城市更新改造时，强化美的方面，将这些美可视化。又如，做人居环境评价时，通过互联网把相关城市照片采集过来，进行图片分析，根据最后的结果把这座城市最美的人文景观进行量化、可视化。怎么样把人对美的追求通过新技术手段展现出来且可以定量化？幼儿、中年人、老年人、知识分子、技术工人等不同的人对美的追求一定是不一样的。所以我们怎么样去体现不同类型人群对美的追求？我想这个也是一个话题，在未来城市更新中，怎么样利用更多的手段把美的东西挖掘出来，提供给不同类型的人群，让他们都能够享受到，是值得探索的。

王兴平：产业园区是城市更新的重要板块

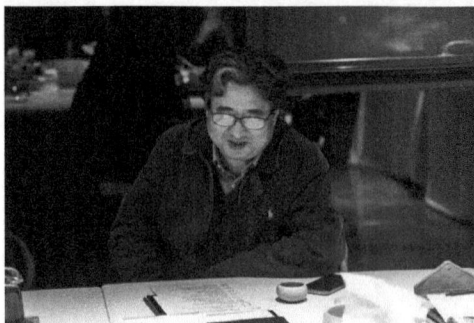

王兴平教授发言

王兴平教授：在当前新的时代背景和发展水平下，关注城市更新和生活美学非常有价值。目前我国已经进入存量发展时代，从国家治理体系、空间规划的控制和引导的角度来说，新的发展和建设将主要在国土空间规划划定的红线内做文章，存量更新就成为必须走的一条路子。其中，自然资源系统关注低效用地再开发、土地产权置换等，住房建设系统则更多关注建筑和设施的改造。但是无论产权置换还是建筑改造，背后的经济利益是核心，在利益平衡之上的更新才能真正做到可持续。

城市的老城生活空间矛盾盘根错节，还涉及历史保护、复杂的破碎化的产权地块，甚至土地的权属跟建筑的权属又有交叉错位等，更新面临的问题比较复杂。相对来说，改革开放以后大规模建起的工业园区在各方面的矛盾反倒相对少一些。虽然早期工业园区的一些企业因为规模比较小、层次比较低，企业地块比较破碎，后期入驻的大企业地块相对整合一些，但是总的来说比老城区要好一点。另外，20世纪80年代末期、90年代初期建设的那些园区，从生命周期来说，也到了更新的阶段。所以，园区低效产业用地的再开发是城市更新潜力最大的板块。园区的更新改造既改变经济方式和工作方式，也改变园区的空间环境和员工的生活方式，是生活美学展现的重要区域。

张京祥：城市更新旨在有限的空间上实现无限的发展

张京祥教授发言

张京祥教授：首先，城市更新是社会发展的内在要求。20世纪80年代末、90年代初，国内规划界就开始引进西方城市更新相关理论与实践，但是当时中国城市正在快速扩张，城市更新基本停留于学术探讨层面。近年来，受国家发展环境转变、城镇化阶段转型、耕地资源保护政策趋紧、扭转土地财政依赖等一系列因素的影响，城市更新作为一个重要的战略，变成了国家意志、国家行动。对于很多地方政府来说，如果有土地拓展空间，还是更愿意去做增量扩张，因为这样更简单，收益也更多、更直接。但是现在受整个大环境与政策转变的影响，越来越多的城市不得不把重点转向了城市更新。深圳是国内最早提出全面进入城市更新的城市，上海、北京等城市都提出了减量发展，南京也提出要在2030年实现城乡建设用地总量达峰。过去以土地扩张、土地出让、政府负债等方式来支撑城市发展的路径，现在要发生重大转变。中国的城镇化从"1.0时代"进入了"2.0时代"。"1.0时代"是政府通过扩大公共投资、高投入建设城市的时代。如今中国城镇化开始进入"2.0时代"，比拼一个城市未来的竞争力、可持续能力的关键就是城市的运营能力，即是否能够获得充足、持续的现金流。发展逻辑、发展路径的切换对很多城市来说非常困难，但是一座城市如果切换不了，将必然面临衰败的命运。

其次，城市更新就是回答"如何在有限的空间上实现无限的发展"。过去许多城市的发展是用同比例的空间扩张换来的，现在空间不可能再大面积增长，甚至无法扩张，但是经济还要增长，社会还要发展。这如何实现？城市更新对于中国众多城市来说，还是一个刚刚开始面对的新课题，还在初步的探索之中。不同城市之间，城市更新的路径与模式会有很多不同，如深圳与南京的城市更新就有很大差异。很多城市觉得深圳的城市更新很成功，都去学习，但是深圳的城市更新本质上还是资本驱动下的增量更新，只不过从"水平增量"变成了"垂直增量"，城市的建设强度越来越大。南京肯定不能这么去做，特别像老城南这些有文化、有历史的地方，显然不可能用这种方式来更新。一座城市内部也有不同的地段，面对不同的复杂性，怎么找到适宜的更新方式、发展模式？这确实是一个大问题。如果不能解决资金来源、运营模式的问题，城市更新是走不通的。我们今天开会所在的聚宝山地区，就是南京城市更新的一个典型案例。原来聚宝山北边都是小化工厂，后来化工厂搬迁，打造出聚宝山公园，环境质量提升吸引了市场资本的进入，新的业态与活动在这里出现，绿色生态产品的价值得到了实现。南京老城南的小西湖地区现在很火，是南京的网红打卡地。但是小西湖地区的城市更新几乎全是政府投入，政府负担很重。我们现在在老城南作更新模式与路径研究，就是想找到一条"政府投入＋市场资本进入＋居民跟进投入"的城市更新模式。

最后，关于城市更新的跨界交流是非常必要的。规划师从空间的角度来考虑问题，关注的是空间营造与功能提升；艺术家更多的是关注美，追求环境美、生活美、文化美，但是在美的背后，如果不解决财务平衡问题，也是难以实现的；政府希望城市更新不能只有投入，也不只是营造优美的环境，而是要尽可能产生新的税源经济、新的活力；从企业家的角度来说，必须追求一定的利润回报等。大家怎么样能够在城市更新中找到最大公约数、利益共同点？这就需要非常精细的谈判协商、精准的制度设计，找到各方都能够接受的平衡点，这样的城市更新才能真正实现生活美学，才能从图纸愿景变成现实。

邵颖萍：城市更新和生活美学要紧密相连

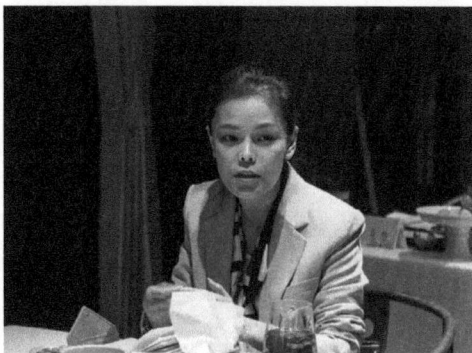

邵颖萍博士发言

邵颖萍博士：我认为城市更新和生活美学要紧密相连。城市给予其居民以最基本的文化胎教，而最基本的文化胎教是需要审美来嵌入的。我在苏州的城市街头看到过一幅宣传画，是苏州古城的素描，上面写着"书籍是这座城市的脊梁"。所以我们团队去年做苏州市"十四五"文旅融合规划时，非常注重城市的美学教育。我们现在对城市更新的探讨时，认为它不可持续，或者认为它相对来说难以操作，概括来说就是形式主义和内容主义的基本权衡。我们有的时候会形容一个人或者姑娘"美则美矣，但毫无灵魂"——回应潘老师刚刚说到的漂亮和美是两回事情，形式上的漂亮和内容以及机制上的可持续是两码事——围绕这点我有两个基本认知。

第一，城市更新不是一个新的议题。有城市就有更新，中国的城市已经有两千多年的历史。而之所以现在关注城市更新，是因为我们原来说的很多城市更新聚焦在核心片区的具体项目，但是现在更多地看到城市从整个生长模式和发展模式上的转变，它不能做规模的扩张，而要做内涵的提质，所以我们开始把城市更新作为城市生长模式来探讨，因此它从来就不是一个新的课题。而且在这个漫长的两千年发展中，中国的各城市、县城、都邑都提供了小微更新的智慧和方式，所以我们不仅要汲取西方的城市更新理念，也可以从中国古人的城市设计和制度设计当中寻找出路。特别是核心地块和小微板块的城市设计，尤其在社区参与和内容演替上面有许多值得关注的地方。我本科的毕业论文是关于2006年扬州的琼花观社区改造，凭借修缮为主、谨慎更新的态度，在城市更新中嵌入过程导向的社区行动规划。属于本地协调性力量的社区组织和外部输入性力量的非营利组织相互配合，琼花观文化里改造项目拿到了联合国人居环境奖。

第二，城市更新需要关注制度设计。我之前去西安参加国家文旅部的培训，当时有个关于袁家村的议题对我触动非常大。袁家村是西安乡村振兴非常典型的案例，而且它现在已经从一个村落发展到在西安的12个商场都做了旗舰店的品牌，并且逐步往全国做模式复制和输出。我们重新讨论袁家村为什么能够持续到现在。它在村集体股权上作了三层梯度化设置，采取了非常先进的共享经济的模式。袁家村的股权结构由基本股、交叉股、调节股三部分构成：首先将集体资产进行股份制改造，只有本村集体经济组织成员才能持有，保障全村村民的根本利益和长远利益，这是基本股；其次，对于集体旅游公司、村民合作社、商铺、农家乐等经营性主体，可以自主选择入股店铺，互相持有股份，这是交叉股，刺激袁家村内实际经营人员的积极性；最后，在合作社入股过程中，遵循全民参与、入股自愿、照顾小户、限制大户的原则，以产权同享为核心调节收入和再分配，这是调节股，避免两极分化，实现利益均衡和可持续。反观现在很多城市更新，不要说资本和市场的参与，原住民的参与都是非常弱小的。谈论内容更主要是什么？就是两点，一方面是人，另外一方面是产业。如果将对人的关注置于空间关注之后，那就是本末倒置；而产业更是决定了更新能不能可持续进行。这方面日本京都提供了非常好的经验。京都提出了与城市更新和生活美学非常相关的两个概念：第一个是"未来遗产运动"，把传统的文化遗产包括文物古建筑和各种各样的株式会社联系在一起；第二个是"京都表情"，把日常的生活美学嵌入具体的形式中。这两种从生产形式和内容表征方面给了我们一些启示。

我个人非常喜欢把南京和西安拿来作比较。我们都知道西安的文化遗产、遗址非常多，网上甚至有评价戏称西安地铁建设中最忙的是文物局，从文旅的角度来说，西安这两年发展得很好。从比较的角度，南京应该来重新审视自身。第一个是西安在营造未来 100 年城市更新美学，而且是大手笔的营造；西安一直被诟病曲江新区是新造出来的，但是 100 年之后它就是历史。而我们回过来看南京，从世界城市的格局魄力角度来说，城市顶层设计和整体关照的谋篇布局还是有些薄弱的，缺乏战略思考和世界眼光。第二个是对年轻人的关照。大家对南京的想象恐怕比对南京的现场印象要更好。从古至今南京一直有很多文学的加持，有很多美学的加持，有很多想象的加持，但是我希望南京能够对年轻人有更大的吸引力，让在外面的南京的年轻人能够回来。现在看到南京的年轻人可能更愿意去杭州、去苏州、去上海、去深圳甚至去成都。基于此，我希望在城市更新方面有更多未来的视角，而未来的视角不是对过去的否定，而是在保留对历史的尊重的基础上，有更多强烈的文化代际、产业功能、社会空间的碰撞和交流，为解决这些矛盾寻找共识的过程就是创造生命力的过程。

林建忠：塑造城市更新和生活美学融合典范

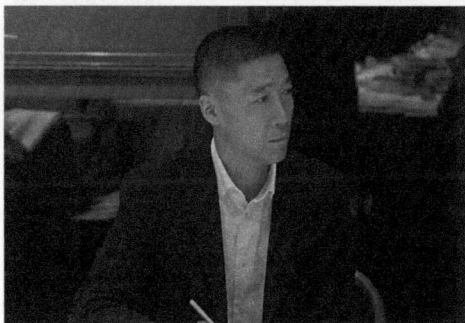

林建忠董事长发言

林建忠董事长：锦上集团成立于 2013 年，是一家以建筑装饰设计与施工为主业、融合饮食美学与生活美学多元化经营的集团性公司。在建筑装饰板块，十几年来，我们立足南京公共建筑市场，以工匠精神认真打磨每一份设计方案、每一个装饰工程，打造出了多个在南京具有影响力的地标性代表作，如河西青奥双塔楼、T1航站楼、禄口铂尔曼酒店、江北市民中心、扬子江国际会议酒店等，多个项目获得鲁班奖。我们不仅是传统文化的传承者，同时也是创新者。我们把对传统文化的理解、对美学的认知融入像锦上雅集这样的空间中，在城市更新的进程中创造更多的美好。

与会专家合影留念

后记

"嘉招欲覆杯中渌，丽唱仍添锦上花。"锦上，得名于王安石在钟山时期的吟咏。作为一家以创造城市美好生活为目的，以建筑装饰设计与施工为主业，融合城市更新与空间美学、生活美学的多元化的创新企业，目前锦上集团已经形成建筑美学、空间美学和饮食美学三大板块，在创造城市更新与生活美学方面走出了自己独特的发展道路。

在建筑美学上，集团的标杆项目有南京禄口国际机场 T1 航站楼改扩建项目、南京青奥中心双塔楼及裙房工程、江北市民中心、南京国际会议大酒店实施 2019 年经营环境改造出新工程、南京东郊国宾馆精装修工程等。其中锦上参与的中国移动苏州总部大厦项目荣获 2015 年度建筑工程鲁班奖，南京青奥中心双塔楼项目荣获 2016~2017 年度建筑工程鲁班奖。

在空间美学上，集团成立了具备自主品牌和完善设计能力的装饰设计研究院，并在 2021 年底成立了江苏城市更新研究院，邀请张鸿雁教授担任院长。研究院业务涵盖了地产设计、公共建筑设计、办公楼设计、酒店设计、商业设计等业务，多次荣获设计奖项。

在饮食美学上，锦上自主规划、设计、施工和运营的锦上雅集·山中的茶宴是对生活美学独特理解的集中展示窗口。雅集由淮扬菜大师、扬州大学旅游烹饪学院院长周晓燕教授作为首席顾问，由德国籍酒店管理专家 Katrin 负责餐饮美学服务品控，连续两年获得黑珍珠餐厅荣誉。2022 年 4 月，锦上还与南京市鼓楼区政府达成合作，在南京鼓楼公园北京西路 1 号打造集餐饮、娱乐、文化、考察、会务等功能于一体的南京 – 世界文学之都的地标性建筑，也是一个典型的城市更新与生活美学融合一体创新实践。

2020 年以来，新冠肺炎疫情的暴发加深了人们对健康城市的向往与追求以及对城市更新建设的思考。为探索中国城市更新建设视野下的城市美学生活方式创新，打造城市空间美学生活样板，构建建筑美学生活创新模式，2021年初我就与南京大学城市科学研究院院长、江苏省城市现代化研究基地主任和首席专家、江苏省扬子江创新型城市研究院院长、南京大学张鸿雁教授共同探讨城市更新与美学问题，我们一致认为：城市更新不能没有美学思想的指导。此后，我们邀请相关领域专家举办了"城市更新与生活美学论坛"，在此基础上我与张鸿雁教授共同主编了《城市更新与生活美学研究》一书，从多学科角度研究城市更新与生活美学的发展趋势，挖掘生活美学在城市更新探索中的实践与应用。

　　锦上集团把发现美、追求美和创造美作为价值创造的行动指南，以创享美好生活为使命，致力于成为卓越的生活美学集成服务商。我们也坚信，城市更新绝不仅仅是建筑、街道抑或是空间的翻新，而更应该是满足人们工作生活需求的更新体系。从工业时代到信息时代，生活与工作本身在变化，二者的相互关系也在变化。作为城市更新的引领者，在当今时代如何创享美好生活，加强人居环境建设，促进城市高质量发展，是锦上未来工作规划的重点，亦是我们企业肩负的重要使命和不可推卸的社会责任。

　　金秋时节，硕果飘香。历时两年，《城市更新与生活美学研究》一书即将付印，希望本书能让越来越多的人思考未来城市更新的更多可能性，向美而行，创享美好生活！

林建忠
2022年10月8日